Jürgen Drews

Die verspielte Zukunft

Wohin geht die Arzneimittelforschung?

Springer Basel AG

Die Deutsche Bibliothek – CIP-Einheitsaufnahme

Drews, Jürgen:
Die verspielte Zukunft : wohin geht die Arzneimittelforschung? /
Jürgen Drews.
  ISBN 978-3-7643-5841-9   ISBN 978-3-0348-5003-2 (eBook)
  DOI 10.1007/978-3-0348-5003-2

© 1998 Springer Basel AG
Ursprünglich erschienen bei Birkhäuser Verlag 1998

Umschlaggestaltung: Atelier Jäger, Kommunikations-Design, Salem
Gedruckt auf säurefreiem Papier, hergestellt aus chlorfrei gebleichtem Zellstoff. ∞

ISBN 978-3-7643-5841-9

9 8 7 6 5 4 3 2 1

Inhaltsverzeichnis

3. Ein Medikament entsteht – Forschung, Entwicklung und Registrierung

4. Innovationsmanagement: Die Führung von Forschung und Entwicklung

5. Die Zukunft von Forschung und Entwicklung in der Pharmaindustrie

Anhang

Vorwort

Wir leben in einer Zeit der schnellen technischen und sozialen Umbrüche. Industrielle Strukturen, die den europäischen Ländern durch Jahrzehnte hindurch wirtschaftlichen Wohlstand bescherten, sind obsolet geworden, und neue Industrien, die die Rolle der traditionellen Firmen übernehmen könnten, entwickeln sich nur langsam. In dieser Situation wird viel über Innovation geredet, aber die innovative Kraft der Industrie, besonders der pharmazeutischen Industrie, von der in diesem Buch die Rede ist, läßt oft zu wünschen übrig.

Unter diesen Umständen erscheint es angebracht, einmal zu zeigen, welche technischen und sozialen Impulse dazu führten, daß sich Ende des 19. Jahrhunderts eine moderne Arzneimittelforschung entwickeln konnte und daß diese neue interdisziplinäre Aktivität in der aufblühenden pharmazeutischen Industrie ihre Heimat fand. Ein Jahrhundert lang erwies sich diese Konstellation als überaus erfolgreich. Wir verdanken ihr praktisch den gesamten heute verfügbaren Arzneimittelschatz. Mehrere Technologieschübe während dieses Jahrhunderts prägten die Pharmaforschung und eröffneten der sie unterstützenden Industrie neue Handlungsräume. Heute hat sich die Situation abermals verändert. Einerseits sind neue Wissenschaftszweige und Technologien wie Genomwissenschaften, kombinatorische Chemie, Automatisierung und Bioinformatik im Begriff, der Arzneimittelforschung neue Impulse zu geben. Andererseits zwingen rasch ansteigende Entwicklungskosten die Pharmafirmen, bei der Auswahl ihrer Entwicklungssubstanzen ökonomische Maßstäbe anzulegen, die mit den medizinischen Bedürfnissen der Bevölkerung nicht immer im Einklang stehen.

Die Situation wird dadurch kompliziert, daß die neuen Technologien zum großen Teil außerhalb der pharmazeutischen Industrie entstanden und daß junge Unternehmen wie die Biotechfirmen in den USA sich anschicken, Teile der traditionellen Aufgaben der Pharmaindustrie in eigener Regie zu übernehmen. Dieses Buch versucht, Zukunftsszenarien für die Arzneimittelforschung, die Pharmaindustrie und die Biotechindustrie zu entwerfen. Es soll einen Beitrag zu der Diskussion liefern, die zur Zeit in den europäischen Ländern über Biotechnologie, Arzneimittelforschung und über Innovation im weiteren Sinne geführt wird.

Ich möchte vielen Freunden und Kollegen danken, mit denen ich die in diesem Buch erörterten Themen diskutieren konnte: mein besonderer Dank gilt Dr. Stefan Ryser und Dr. Markus Hosang von Roche, außerdem den Professoren Eric Lander (Whitehead Institute), Robert Tijan (University of California) und Stuart Schreiber (Harvard University). Die im Hever Club vertretenen Forschungsleiter der großen pharmazeutischen Firmen waren mir ebenfalls wichtige Gesprächspartner. Die in diesem Buch geäußerten Ansichten sind dennoch, wenn nicht ausdrücklich anders vermerkt, meine eigenen.

Bei der Auswahl der Abbildungen und Tabellen waren mir Dr. Nouchine Soltanifar und Herr Eckart Gwinner behilflich, die Reinzeichnungen besorgte Herr Hanspeter Suter mit der gewohnten Zuverlässigkeit. Meine Sekretärinnen, Frau Ursula Brock und Frau Ursula Krähenbühl, leisteten unschätzbare Dienste bei der Herstellung des Manuskriptes, und Dr. Helga Drews danke ich für die kritische Durchsicht des Manuskripts. Dem Birkhäuser Verlag danke ich für sein Verständnis und Entgegenkommen bei der Gestaltung des Buches.

Basel und New York im Dezember 1997

Jürgen Drews

10

1. Einführung

Was bedeuten Arzneimittel für die Medizin?

Wer über die technischen Gegebenheiten unseres Daseins am Ausgang des 20. Jahrhunderts nachdenkt, kommt nicht an der Einsicht vorbei, daß Arzneimittel darin eine ebenso integrale und wichtige Rolle spielen wie andere zivilisatorische Errungenschaften: Flugzeuge, Autos und andere Transportmittel zum Beispiel, oder wie Radio, Fernsehen, Zeitungen, kurz die Medien der Kommunikation, die uns von früh bis spät durch den Tag begleiten. Bereits im Alltag reagieren viele Menschen auf Schwankungen ihres Befindens mit der Einnahme von Tabletten. Die Tablette gegen Kopfschmerzen, gegen Zahnweh, die Schlaf- und Beruhigungstablette, fiebersenkende, hustenstillende und schleimhautabschwellende Mittel bei Erkältungskrankheiten, Medikamente zur Dämpfung des Hungergefühls, abführende oder stopfende Arzneimittel, Mittel zur Behandlung des Sodbrennens, Medikamente zur Hemmung von Brechreiz: die Liste der zur Korrektur von Alltagsbeschwerden eingesetzten Arzneimittel ließe sich seitenlang fortsetzen. Dabei beschriebe sie nur die eine, die trivialere Seite des Gebrauches von Arzneimitteln. In der Hand des Arztes sind Medikamente unerläßliche Waffen in der Auseinandersetzung mit vielen ernsten Krankheiten. Dort haben Medikamente oft lebensrettende, zumindest aber lebensverlängernde Wirkungen. Von diesen Wirkungen wird im weiteren Verlauf des Buches ausführlicher die Rede sein.

Trotz dieser zentralen Rolle, die Arzneimittel in der heutigen Medizin und in unserer Zivilisation spielen, wissen nur wenige Menschen, woher unsere Arzneistoffe kommen, wie man heute unter industriellen Bedingungen nach ihnen sucht und wie neue Stoffe entwickelt werden. Auch haben die meisten Menschen nur vage Vorstellungen von den Kriterien der Wirksamkeit und Sicherheit, an denen moderne Medikamente gemessen werden, und sie wissen kaum etwas über die Forschung, der wir die Existenz unseres modernen Arzneimittelschatzes verdanken. Diesem Mangel an Wissen und einem weitverbreiteten, sich daraus ergebenden Unverständnis für die gesellschaftliche Rolle der forschenden pharmazeutischen Industrie und anderer Instanzen, die an der Bereitstellung neuer Arzneimittel beteiligt sind, soll dieses Buch abhelfen.

Arzneimittel als «Innovationen»

Die Arzneimittelforschung, wie wir sie heute kennen, ist noch jung: sie entstand vor etwas mehr als hundert Jahren, als mehrere wissenschaftliche Disziplinen fast synchron in ein Reifestadium eintraten, das die praktische Anwendung der von ihnen bereitgestellten Ergebnisse ermöglichte. Bei diesen Wissenschaften handelte es sich um die analytische Chemie, um die synthetische Chemie und um die experimentelle Pharmakologie. Immer da, wo sich in der Entwicklung wissenschaftlicher Fächer plötzliche Sprünge ereignen, ergeben sich besondere Möglichkeiten zur Schaffung von Innovationen. Dies ist besonders dann der Fall, wenn die in Rede stehenden wissenschaftlichen Disziplinen einander funktionell ergänzen.

Der Begriff «Innovation» wird heute von industrieller und politischer Seite als Synonym für jede Art von wirtschaftlicher, technischer oder wissenschaftlicher Erneuerung verwendet. In dieser Breite der Anwendung ist der Begriff fast bedeutungslos geworden. In der klassischen Definition von Joseph Schumpeter, einem aus Österreich stammenden amerikanischen Nationalökonomen, bezeichnet dieses Wort aber etwas ganz Konkretes: nämlich ein neues Produkt oder ein neues Verfahren zum Zeitpunkt seiner Markteinführung.[1] Neue Arzneimittel oder therapeutische Verfahren wären nach dieser Definition also Innovationen. Daß solche Innovationen Ende des 19. Jahrhunderts plötzlich in großer Zahl möglich wurden, lag daran, daß um diese Zeit aus Chemie und experimenteller Pharmakologie eine moderne Arzneimittelforschung entstand. Und nicht nur das: diese neue wissenschaftliche Disziplin, deren Ziel in der Entdeckung und der Charakterisierung neuer Wirkstoffe bestand, fand damals in der sich gerade formierenden pharmazeutischen Industrie auch eine institutionelle Basis. Die Zeit der Jahrhundertwende bot den sich

12

entfaltenden Wissenschaften und den sich daraus entwickelnden industriellen Anwendungen ein freundliches Klima – ein innovatives Klima, wie viele Manager heute sagen würden.

In diesem Buch sollen die Entwicklungslinien, die zur Entstehung der modernen Arzneimittelforschung führten, nachgezeichnet werden. Auch sollen die historischen, wirtschaftlichen und institutionellen Grundlagen pharmazeutischer Innovationen beschrieben werden. Auch heute, hundert Jahre später, leben wir wieder in einer Zeit wissenschaftlicher, institutioneller und wirtschaftlicher Umbrüche. In diesem Zusammenhang muß die Frage nach der Zukunft der Arzneimittelforschung und der sie tragenden Institutionen gestellt werden. Wir werden im Verlauf dieser Darstellung sehen, daß die Arzneimittelforschung durch große technische Umwälzungen gefördert und bereichert wurde. Die jüngste dieser technischen Revolutionen, die molekulare Biologie, ist im Begriff, Biologie und Medizin auf eine neue begriffliche und technische Grundlage zu stellen. Davon bleibt auch die Arzneimittelforschung nicht verschont. Hundert Jahre lang war die Suche nach neuen Arzneimitteln und deren Entwicklung Angelegenheit der großen pharmazeutischen Firmen. Die pharmazeutische Industrie hatte während des ganzen 20. Jahrhunderts für die Entdeckung, Entwicklung sowie für die Herstellung und die Verteilung von Arzneimitteln eine Art Monopol inne. Jetzt erscheinen neue Spieler auf der Bildfläche: kleine, hochtechnisierte Firmen, die aus dem Bereich der Molekularbiologie, aber auch aus verschiedenen Bereichen der Chemie und der Galenik kommen, oder sogenannte «Contract Research Organizations», Firmen also, die einzelne Segmente des Forschungs- und Entwicklungsprozesses für Arzneimittel im Auftrag durchführen. Dazu kommt der Umstand, daß viele Universitäten, zumindest diejenigen in den Vereinigten Staaten, sich intensiver an den grundlegenden Aspekten der Arzneimittelforschung beteiligen wollen. Die Karten werden also neu gemischt. Und wie vor hundert Jahren werden Erfolgsrezepte nicht aus Bedenken und Verweigerung entstehen, sondern aus der Mitgestaltung und Lösung der großen Fragen der biomedizinischen Forschung, der klugen Umsetzung von wissenschaftlichen Ergebnissen in neue Produkte und Verfahren, in «Innovationen» also, und in dem sensiblen Eingehen auf gesellschaftliche Bedürfnisse überall auf der Welt. Denn wie andere menschliche Unternehmungen sind auch Arzneimittelforschung und -behandlung keine nationalen, sondern globale Anliegen. Der Beitrag des einzelnen, auch der einzelnen Institution, einer einzelnen Firma oder eines Landes, wird nach dem resultierenden Nutzen für alle, zumindest für sehr viele, bewertet werden. Für die folgenden Abschnitte werden medizinische Ausdrücke entweder direkt im Text oder im Glossar erläutert werden.

Medikamente bewirken Heilung ...

In der modernen naturwissenschaftlich geprägten Medizin nehmen Arzneimittel eine zentrale Stellung ein, die sie in früheren Epochen nicht besaßen. In älteren medizinischen Kulturen waren Arzneimittel oder arzneimittelähnliche Zubereitungen oft nur marginale Teile eines umfassenderen Therapieprogrammes, das auf die Umstimmung des Kranken, also auf seine gesamte psycho-soziale Wiederherstellung abzielte. Arzneimittel spielten hier eine unterstützende, keineswegs eine beherrschende Rolle. Dies hat sich in vielen Bereichen der modernen Medizin geändert. Die Behandlung von Infektionen zum Beispiel ist ohne Chemotherapeutika und Antibiotika nicht vorstellbar. Eine durch Pneumokokken verursachte Lungenentzündung, eine Wundrose, eine durch Bakterien verursachte Mittelohrentzündung oder eine Bauchfellentzündung *nicht* mit Antibiotika zu behandeln, gilt heute als ärztlicher Kunstfehler. Ähnliches gilt für die Behandlung vieler Pilzinfektionen mit antifungalen und in zunehmendem Maße auch für die Therapie von Virusinfektionen mit antiviralen Substanzen. Einem Patienten mit einer HIV-Infektion (human immunodeficiency virus) die Behandlung mit einer Kombination aus Inhibitoren der reversen Transkriptase und mit einem Proteasehemmer vorzuenthalten, wird heute ebenfalls als ärztlicher Kunstfehler angesehen. Und so sehr besonders die älteren Ärzte unter uns von der Synergie aller medizinischen Maßnahmen überzeugt sind, in deren Mittelpunkt der Kranke als einmalige und unverwechselbare Persönlichkeit zu stehen hat, so deutlich ist, wie einige hier skizzierte Beispiele zeigen, auch die oft entscheidende Rolle von Medikamenten geworden. Dies bezieht sich ebenso auf die Wahl des richtigen Arzneimittels oder einer Arzneimittelkombination wie

14

auch auf deren korrekte Anwendung. In der Behandlung vieler Infektionen und Infestationen (Befall mit Parasiten) sind Antibiotika und Chemotherapeutika absolute Maßnahmen, «absolut» in dem Sinne, daß ihr Einsatz durch andere Maßnahmen flankiert werden muß, nie aber ersetzt werden kann (Abb. 1.1). Ein Blick in andere Therapiegebiete macht deutlich, daß Arzneimittel in der modernen Medizin eine fast universelle Rolle spielen. Eine sinnvolle Behandlung des Bluthochdrucks und seiner arteriosklerotischen Komplikationen sollte zwar durch Gewichtskontrolle, diätetische Maßnahmen wie die Beschränkung der aufgenommenen Kochsalzmenge, durch ausreichenden Schlaf, Vermeidung von Nikotin und größeren Alkoholmengen und durch körperliche Bewegung erfolgen. Moderne Arzneimittel wie β-Blocker, Kalziumantagonisten, zentrale Blut-

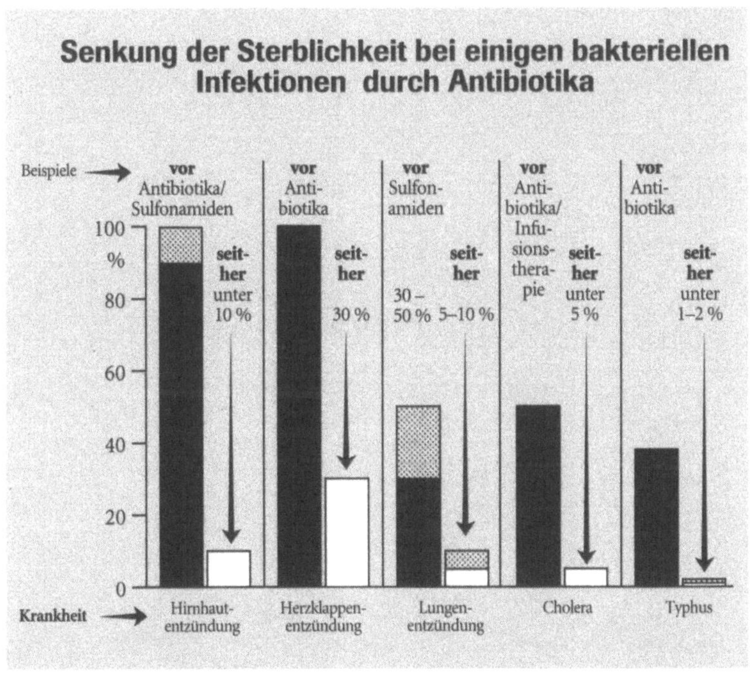

Abb. 1.1: Sterblichkeit in Prozent der Erkrankten. Einfluß der antibakteriellen Therapie.

drucksenker, Angiotensin Converting Enzyme (ACE) Inhibitoren, um nur die wichtigsten Stoffe zu nennen, sind dennoch unverzichtbare Bestandteile, vielleicht sogar das eigentliche Rückgrat dieser Therapie (Tab. 1.1). Ohne diese Substanzen würde die Herzkreis-

Verbesserte Therapien dank innovativer Arzneimittel

Ausgewählte Therapiebeispiele

	1960	1970	1980	1990	2000
Transplantationen			Azathioprin	Cyclosporin A	Mycophenolat mofetil, Tacrolimus, mAK (monokl. Antikörper)
Herzinfarkt/ koronare Herzerkrankung	Heparin	Streptokinase, β–Blocker		t-PA, ASS, ACE-Hemmer	Lipidsenker, Endothelin-Antagonisten
Bluthochdruck		β-Blocker	Kalciumantagonisten	ACE-Hemmer	Angiotensin-II-Rezeptor-Antagonisten
Magen-Darm-Ulcera			H_2-Blocker	Protonenpumpenhemmer	Antibiotika
Krebs		Vincristin, Clorambucil	Mitomycin, Methotrexat	α-Interferon, Interleukin-2, Cisplatin	Paclitaxel, mAK, Retinoide, G-CSF (therapieunterstützend)
AIDS				HIV-Reverse–Transkriptase-Hemmer	HIV-Protease-Hemmer
Bakterielle Infektionen	Halbsynthetische Penicilline	Cotrimoxazol	Cephalosporine, Rifampicin, Vancomycin	Fluorchinolone, Carbapeneme	

Jahr →

Tab. 1.1: Wichtige neue Arzneimittel. Die Anfangsbuchstaben der Wirkstoffe bezeichnen auf der Zeitachse etwa das Jahr ihrer Ersteinführung.

16

lauf-Sterblichkeit, die in allen Industrieländern seit einigen Jahren rückläufig ist, wieder zunehmen.

Magen- und Zwölffingerdarmgeschwüre waren früher häufiger Anlaß zu ausgedehnten chirurgischen Maßnahmen. Heute sind sie weitgehend medikamentös beherrschbar. Die H_2-Histaminblocker wie Cimetidin oder Ranitidin brachten eine wesentliche Reduktion der mit diesen Krankheiten verbundenen Kosten mit sich. Einer Mitteilung des Bundesverbandes der pharmazeutischen Industrie (1980) war zu entnehmen, daß sich in diesem Jahr in Deutschland 400 000 Patienten wegen eines Zwölffingerdarmgeschwürs in ärztliche Behandlung begeben mußten. 59 000 Patienten mußten wegen dieser Erkrankung hospitalisiert werden. Die volkswirtschaftlichen Gesamtkosten für Fälle von Zwölffingerdarmgeschwüren lagen damals bei 943,5 Mio. DM. Davon entfielen 514 Mio. auf den Verlust von Arbeitszeit. Die Behandlungskosten von 430 Mio. DM waren etwa zur Hälfte ambulanten und stationären Behandlungen zuzuordnen. Gegenüber 1977, dem Jahr also, in dem Cimetidin in der Bundesrepublik verfügbar wurde, konnten 1980 bereits 200 Mio. DM an Behandlungskosten eingespart werden. Zieht man die Kosten des Medikamentes selbst, 43,1 Mio. DM davon ab, verbleibt immer noch ein volkswirtschaftlicher «Reingewinn» von mehr als 150 Mio. DM.[2] 1984 hatte sich diese Situation noch weiter verbessert (Abb. 1.2).

Heute, nach der Entdeckung des Bakteriums *Heliobacter pylori* als eines wesentlichen Mitverursachers der Ulcuskrankheit, können Zwölffingerdarmgeschwüre durch eine medikamentöse Behandlung «geheilt» werden: nicht nur das akute Geschwür kommt zur Abheilung; durch die Elimination des *Heliobacter pylori* werden auch Rückfälle weitgehend verhindert. Viele akute Krankheiten wie Herzinfarkt und durch Blutgerinnsel verursachte Schlaganfälle sind, wenn frühzeitig erkannt, durch Thrombolyse so behandelbar, daß Spätschäden vermieden oder zumindest stark eingeschränkt werden können. Auf die – vielleicht nicht immer lebenswichtige, aber die Lebensqualität verbessernde – Rolle von Schmerzmitteln soll hier nur kurz hingewiesen werden. Es gibt kaum einen Menschen in den Industrieländern, der die Existenz solcher Arzneimittel nicht irgendwann schon einmal als großen Segen empfunden hätte.

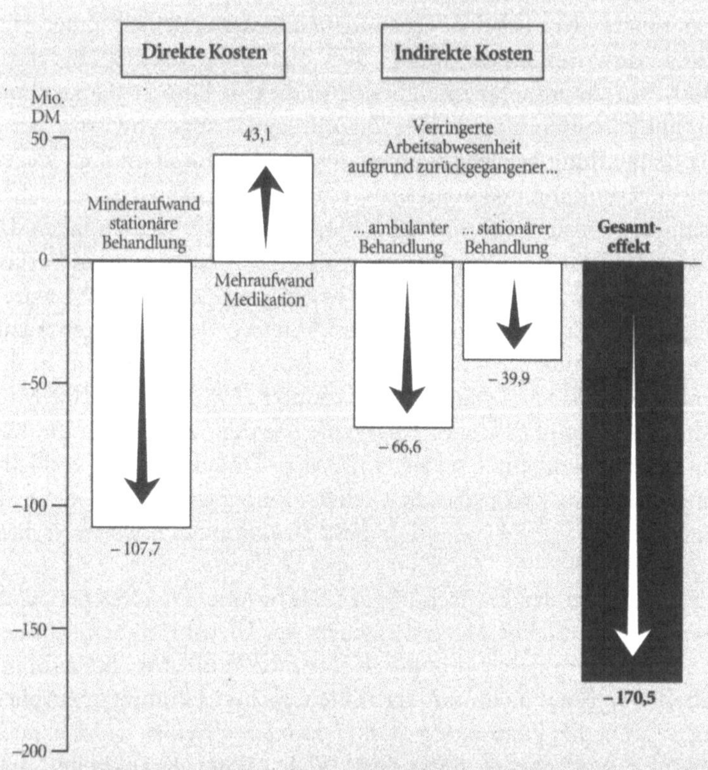

Abb. 1.2: Die abwärts gerichteten Pfeile bezeichnen Kosteneinsparungen, der nach oben zeigende Pfeil zusätzliche Ausgaben. Die gesamte Einsparung betrug 1984 170 Millionen DM.

... und ermöglichen andere Therapieformen

Nicht nur in ihrer direkten Einwirkung auf Krankheiten aber sind Medikamente wichtig, sondern auch in ihrer sekundären Funktion, in der sie andere therapeutische Techniken unterstützen oder überhaupt erst ermöglichen. Alle chirurgischen Fächer sind auf Schmerzfreiheit und meistens auch auf Muskelentspannung angewiesen. Ohne ein großes Reservoir an Medikamenten, die eine gesteuerte Narkose und Muskelentspannung ermöglichen, gäbe es keine moderne Chirurgie. Ohne Immunsuppressiva gäbe es, um ein weiteres

Wichtige Wirkstoffe seit Mitte der achtziger Jahre

Wirkstoffe gegen kardiovaskuläre Krankheiten	• HMG-CoA-Reduktasehemmer *(Lipidsenker)* • ACE-Hemmer *(Indikationserweiterung bei Herzinsuffizienz)* • Angiotensin-II-Rezeptor-Antagonisten • t-PA *(Gewebeplasminogen-Aktivator)* • T-Kalzium-Kanalblocker • Endothelin-Antagonisten
Wirkstoffe gegen Krebs	• Zytokine (IFN-alpha, IL-2) • Paclitaxel • Retinoide • humanisierte monoklonale Antikörper
Wirkstoffe gegen AIDS und Folgekrankheiten	• HIV-Reverse-Transkriptase-Hemmer • HIV-Proteinase-Hemmer • Fluconazol ⎱ *(systemische Pilzinfektionen)* • Itraconazol ⎰ • Ganciclovir *(CMV-Infektionen)*
Impfstoffe	• Hepatitis A und Hepatitis B • Meningitis durch Haemophilus influenza b
Sonstige bedeutende Neueinführungen	• Erythropoietin *(Anämie bei Dialysepatienten)* • G-CSF, GM-CSF *(Neutropenien etc.)* • Ondansetron *(Antiemetikum)* • Interferon beta *(Multiple Sklerose)* • Virusinaktivierte Blutprodukte • Rekombinante Blutprodukte (Faktor VII/IX) • Acarbose (Diabetes) • Lipstatin (Fett-Resorption) • Mycophenolat, Tacrolimus (Transplantationen) • selektive Serotonin-uptake-Hemmer ⎱ *(Depressionen)* • selektive Monoaminooxydase-Hemmer ⎰

Tab. 1.2: Diese Liste enthält nur die wichtigsten neuen Medikamente.

Beispiel innerhalb der Chirurgie zu nennen, keine Transplantations-
chirurgie. Stünden Steroide, Cyclosporin A, Azathioprin, Mycophe-
nolat und gegen T-Zellen gerichtete Antiseren durch irgendeine Katastrophe plötzlich nicht mehr zur Verfügung, dann könnte es
auch keine Transplantation von Organen mehr geben. Das Versagen
eines Organs – etwa der Leber – wäre dann tödlich. Selbst ein chro-
nisches Nierenversagen wäre, wie am Beispiel ständiger Dialysen
erkennbar wird, mit einem «normalen» Leben nicht vereinbar.

Die Psychopharmaka haben in der Psychiatrie eine Revolution
herbeigeführt, die von jüngeren Ärzten gar nicht mehr übersehen
wird. Waren psychiatrische Anstalten vor der Entdeckung und Entwicklung der Antipsychotika, der Antidepressiva und der Tranquili-
zer wirkliche Anstalten, das heißt oft makabre Orte des Irreseins,
des Schreckens, der Gewalt, so glichen sie nach der Einführung der
Phenothiazine und anderer sogenannter Neuroleptika immer mehr
inneren Kliniken; auf grob einengende Maßnahmen wie Zwangsjak-
ken, Isolierzellen und auf drastische Schocktherapie kann heute
weitgehend verzichtet werden. Diese Medikamente sind nicht nur in
ihrer Beeinflussung der Krankheitssymptome wichtig: sie ermöglichen auch die Interaktion des Arztes mit den Patienten, ebnen also
Wege für die Psychotherapie (Tab. 1.2).

Arzneimittel als diagnostische Werkzeuge

Weiterhin sind Arzneimittel oder Stoffe, die den Wirksamkeits- und
vor allem den Sicherheitskriterien von Arzneimitteln genügen, wichtige Bestandteile diagnostischer Programme. Röntgenkontrastmittel
zur Sichtbarmachung von Gefäßen, Organen (Niere, Nierenbecken,
Gallenblase etc.), neue metallorganische Verbindungen zum Einsatz
in modernen bildgebenden Verfahren wie in der Positron-Emissions-Tomographie (PET), jodierte organische Verbindungen im CAT
Scan (Computer Aided Tomography) seien als Beispiele genannt.
Diese Methoden gestatten eine Darstellung von Organen und Geweben, deren Auflösung und Anschaulichkeit weit über das mit herkömmlichen Röntgenaufnahmen Erreichbare hinausgehen. Über
ihre Rolle in der Medizin, also über Diagnostik und Therapie hinaus, spielen Arzneimittel eine wichtige Rolle im gesamten gesell-

schaftlichen Leben. Erprobte und als weitgehend unschädlich erkannte Arzneimittel werden ohne Rezept und ohne ärztliche Kontrolle abgegeben und werden spontan bei einer großen Zahl von alltäglichen Beschwerden eingenommen (Kopfschmerzen, Erkältungskrankheiten, Menstruationsbeschwerden, Muskelverspannungen).

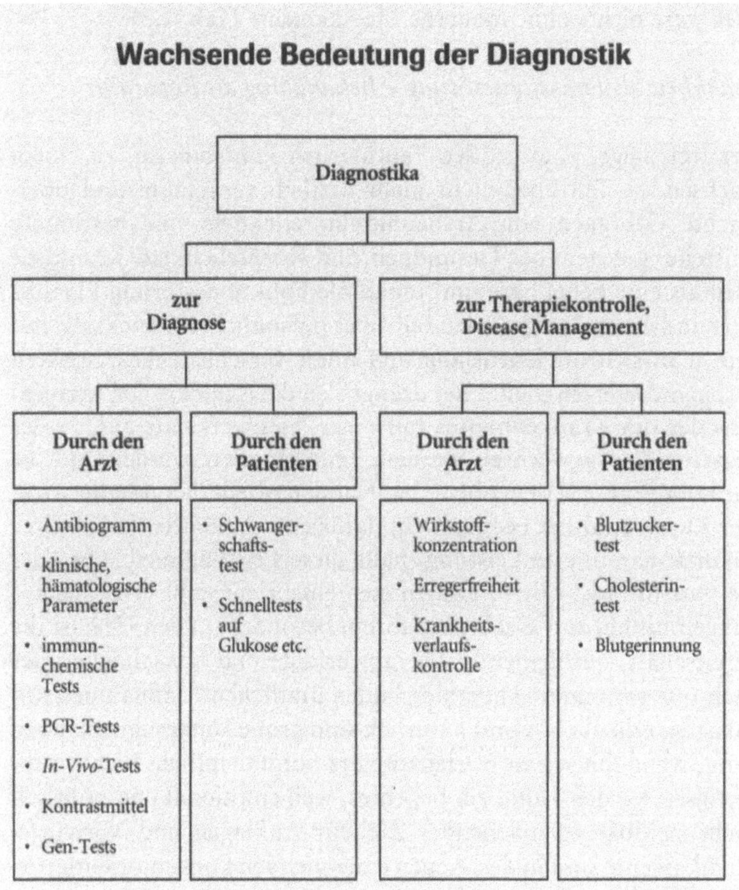

Tab. 1.3: Diagnostika dienen der Erkennung von Krankheiten und der Überwachung des Behandlungserfolges. Einfachere Tests können vom Patienten selbst verwendet werden.

Die Liste ließe sich mühelos verlängern, ohne daß damit viel Neues gesagt würde. Hier soll nicht der Eindruck erweckt werden, Medikamente seien die Lösung für alle medizinischen oder gar alle Lebensprobleme. Es sollte nur in aller Kürze skizziert werden, daß die moderne Medizin in ihren diagnostischen und besonders in ihren therapeutischen Auswirkungen ohne Arzneimittel nicht vorstellbar wäre. Arzneimittel sind nicht alles in der Medizin – aber fast alles wäre nichts ohne moderne Medikamente (Tab. 1.3).

Krankheit als Funktionsstörung – Behandlung als Reparatur

Der freizügige, zum großen Teil ärztlich kontrollierte, zu einem wachsenden Teil aber nicht mehr ärztlich veranlaßte und überwachte Gebrauch von Arzneimitteln reflektiert eine bestimmte Einstellung gegenüber Gesundheit und Körperlichkeit. Krankheit wird als eine behebbare und reparable Funktionsstörung klassifiziert und nicht als integraler Teil eines persönlichen Schicksals, mit dem man sich oft lebenslang und unter verschiedenen Aspekten auseinandersetzen muß. Hier drängt sich die Analogie der Arztpraxis oder des Krankenhauses mit einer Autowerkstatt auf, in der Ersatzteile ausgewechselt werden, Teile repariert werden und die Funktion zur Zufriedenheit des Kunden wiederhergestellt wird. Der Kunde zahlt, er beansprucht dafür eine definierte und in ihrer Qualität garantierte Leistung. Falls diese Leistung ausbleibt oder die Qualität nicht den Erwartungen entspricht, gibt es Beanstandungen bis hin zu Gerichtsverfahren. Besonders in den USA ist die Bereitschaft, ausbleibende Therapieerfolge und tatsächliche oder auch nur vermutete Therapieschäden ärztlichen Maßnahmen anzulasten, erheblich.[3] Und natürlich sind große Unternehmen, auch dann, wenn ihnen eine Verletzung der Sorgfaltspflicht nicht nachgewiesen werden kann, ein beliebtes, weil emotional und politisch leicht sichtbar zu machendes Ziel für Anklagen und Vorwürfe. Medikamente sind in den Augen einer vielfach konsumorientierten Gesellschaft Artikel, die man mit einem bestimmten Anspruch einnimmt und die zu funktionieren haben. Daß diese Einstellung in den USA so viel stärker ausgeprägt ist als in Europa, kann auch damit zusammenhängen, daß die Amerikaner in weit größerem

22

Maße als die meisten Europäer ihre Rechnungen für Arzneimittel selbst bezahlen.

Medikamente haben also bei der Säkularisierung der Medizin, beim Ablösen medizinischer Inhalte von einem metaphysischen und religiösen Daseinsverständnis eine sehr wichtige Rolle gespielt. Wie sehr die Überzeugung von der Manipulierbarkeit des menschlichen Körpers, die utilitaristische Vorstellung von seiner Funktionserhaltung durch die Zufuhr von Medikamenten in unserer Gesellschaft Platz ergriffen hat, wird am Beispiel der Vitamine deutlich. Die wichtige Rolle dieser Stoffe als «Biokatalysatoren» ist in der ersten Hälfte dieses Jahrhunderts ausführlich beschrieben worden, und einige Stoffe, wie zum Beispiel die D-Vitamine und die Retinoide (Abkömmlinge des Vitamins A), bleiben aufgrund ihrer zell- und gewebsdifferenzierenden Aktivität auch heute für die Wissenschaft interessant. Die ernährungsphysiologische Rolle dieser Stoffe ist ebenfalls hinlänglich beschrieben worden, und für praktisch alle Vitamine existieren «empfohlene täglich einzunehmende Dosen» (RDAs = recommended daily allowances). Nun ist die Aufnahme der benötigten Vitaminmengen bei ausgewogener Ernährung heute kein Problem mehr – zumindest nicht in den Industrieländern, in denen die Lebensmittelhersteller die von ihnen angebotenen Produkte (Milch-, Getreideprodukte, Fruchtsäfte und andere) in einigen Fällen zusätzlich mit Vitaminen anreichern. Trotzdem ist die regelmäßige zusätzliche Zufuhr von Vitaminen bei vielen Menschen zu einer lieben Gewohnheit geworden, auch da, wo der medizinische Nutzen solcher «Überdosierungen» nicht erwiesen ist und bestenfalls aus theoretischen Überlegungen abgeleitet werden kann. Dem Herzinfarkt wird mit Aspirin vorgebeugt. Dies allerdings ist eine erwiesenermaßen wirksame Maßnahme. Viele angeblich «bioaktive» Stoffe, die meisten mit Placebocharakter, fast alle ohne einen angemessenen Wirksamkeits- oder Sicherheitsnachweis, werden in prophylaktischer oder selbstmedizinierender Absicht eingenommen. Die Absicht dabei erinnert an die Pflege, die manche Autofahrer ihren Fahrzeugen angedeihen lassen. Man hat viel Geld in diese Maschine «Körper» investiert, sie ist unersetzbar und wenn es auch nichts nützt, so schadet es doch wohl kaum etwas. Also führt man ihr alles zu, was von Nutzen sein oder was selbsterzeugten

Schäden (Alkohol, Nikotin, Bewegungsarmut) entgegenwirken könnte.

Bedenklicher als eine derartige «innere Körperpflege» mit Arzneimitteln oder arzneimittelähnlichen Stoffen ist der Gebrauch von Medikamenten zu Zwecken, die nichts mit der Heilung oder Verbesserung von Krankheiten zu tun haben. Die hormonelle Empfängnisverhütung gehört in diesen Zusammenhang. Sie dient aber immerhin der Familienplanung oder der Planung des eigenen Lebens. Außerdem sind auf diesem Gebiet die Risikoabschätzungen wegen der sehr hohen Zahlen der involvierten Konsumentinnen besonders gut möglich. Alle Daten sprechen für eine etwas höhere Thrombosegefährdung der Frauen, die hormonelle Antikonzeptiva verwenden. Dieses Risiko wird aber offenbar durch therapiebedingte verminderte Risiken bei anderen Krankheiten (Brustkrebs, Osteoporose) wieder aufgewogen.[4] Außerdem muß das zahlenmäßig winzige Thromboserisiko im Vergleich zu den schweren sozialen, ökonomischen und gesellschaftlichen Belastungen gesehen werden, die durch unerwünschte Schwangerschaften entstehen können.

Derartige Relativierungen sind nicht angebracht, wenn Hormone von Sportlern zur Verbesserung der Muskelkraft eingenommen werden. Die Verwendung anaboler Steroide zur Erzielung von Muskelzuwachs, der Einsatz von Amphetaminen zur Erzeugung schnellerer Reaktionsfähigkeit und höherer Wachheit – dies sind eindeutig Beispiele für den Mißbrauch von Medikamenten auch dann, wenn sie von Verbänden und gelegentlich von Sportärzten verharmlost werden.[5]

Mit noch offeneren und flagranteren Beispielen des Mißbrauchs von Medikamenten brauchen wir uns hier nicht aufzuhalten. Wer bestimmte Benzodiazepine, die wirksamen Bestandteile vieler Beruhigungsmittel, allein oder zusammen mit Alkohol einnimmt, um damit Hemmungen abzubauen, Rauschzustände hervorzurufen oder – bei Partnern – Willenlosigkeit mit partiellem Gedächtnisverlust zu erzeugen, handelt kriminell, an sich selbst und/oder an anderen. Die Tatsache, daß Medikamente mißbraucht werden können, spricht nicht gegen das Medikament an sich, sondern gegen die Individuen, die Mißbrauch treiben, und vielleicht auch gegen die Ge-

24

sellschaft, die ihnen dies erlaubt und nicht imstande ist, derartigen Mißbrauch wirkungsvoll zu unterbinden. [6]

Es gibt aber keinen einzigen zivilisatorischen Fortschritt, der nicht auch mißbraucht werden könnte. Auf ein wertvolles Arzneimittel zu verzichten, weil einige wenige Individuen es zu zweifelhaften, manchmal sogar zu kriminellen Zwecken verwenden, wäre in den meisten Fällen unsinnig. Dennoch sind die Hersteller von Arzneimitteln ebenso wie die verordnenden Ärzte verpflichtet, alles zu tun, was den falschen oder gar mißbräuchlichen Einsatz der von ihnen verkauften und verordneten Stoffe verhindert.

Die Rolle der Pharmaindustrie in der Arzneimitteltherapie

Arzneimittel dienen der Heilung oder der Linderung von Krankheiten. Menschen haben zu allen Zeiten nach wirksamen Mitteln gegen ihre Krankheiten und Gebrechen gesucht. In dem Maße, wie sich Gesellschaften zu größeren arbeitsteiligen Verbänden organisierten, fiel diese Funktion den Ärzten und später den Apothekern zu. Der Arzt rezeptierte zunächst individuell, und der Apotheker bereitete die Arznei nach den ihm gegebenen Richtlinien zu. Daß beide, Arzt und Apotheker, für ihre Leistungen ein Honorar forderten, war als prinzipielle Tatsache wohl nie kontrovers. Sie leisteten bestimmte Dienste, zu denen sie durch eine langjährige Ausbildung qualifiziert waren, und ließen sich dafür bezahlen. Die Höhe der Honorarforderungen richtete sich nach dem Umfang und der Komplexität der erbrachten Leistungen. Natürlich wurden Arzthonorare manchmal als überhöht empfunden. Solange eine Gesellschaft aber dafür sorgt, daß niemand auf eine medizinisch notwendige Behandlung, etwa auf ein teures Arzneimittel oder einen chirurgischen Eingriff, verzichten muß, nur weil er diese Behandlung nicht selbst bezahlen kann, ist dem Streit über die Höhe der Honorare die Spitze genommen; er wird zu einer technischen Frage. Über zwei Dinge scheint in den meisten Industriegesellschaften Einigkeit zu bestehen: erstens darüber, daß ein Arzt für seine Leistungen bezahlt werden muß (darf), und zweitens, daß niemand aus wirtschaftlichen Gründen von einer lebenswichtigen Behandlung ausgeschlossen bleiben darf.

Medizinischer «Luxus», wie immer man ihn definiert, darf denen vorbehalten bleiben, die dafür bezahlen wollen und können; wesentliche medizinische Leistungen, also alles, was Tod, Invalidität oder ernsthafte Schmerzen abwendet, muß grundsätzlich allen zur Verfügung stehen. So etwa könnte, auf einen sehr einfachen Nenner gebracht, das medizinische Credo moderner Industriegesellschaften lauten, die entweder von einem religiösen oder von einem sozialen Ethos oder von einer Mischung aus beiden geprägt sind.

An dieser Stelle muß man auf die durchaus unterschiedliche Umsetzung dieser Grundüberzeugungen in medizinischen Versorgungssystemen zu sprechen kommen. Hier wäre zu erwähnen, daß die Vereinigten Staaten bis heute Schwierigkeiten damit haben, einen wesentlichen Teil wirtschaftlich minderbemittelter Mitbürger (etwa 35 Millionen von zirka 280 Millionen) in das System einer geordneten medizinischen Versorgung einzubeziehen. Das Medicaid-Programm funktioniert leidlich in der Behandlung von Notfällen, hat in der chronischen Versorgung armer Bevölkerungsschichten aber viele Lücken. Andererseits haben viele europäische Länder Vorkehrungen geschaffen, um derartige Ungleichheit zu vermeiden. Man kann sich fragen, ob hier unterschiedliche Wertsysteme zugrunde liegen oder ob es sich um ein Steuerungsproblem handelt. Vermutlich spielt beides eine Rolle. Die Mehrzahl der Amerikaner würde aus rein christlich-ethischen Gründen zustimmen, daß arme, ohne Schuld ins Elend geratene oder hilfsbedürftige Mitbürger umsonst oder zu Kosten behandelt werden sollten, die ihren wirtschaftlichen Möglichkeiten entsprechen. Die unternehmerisch-kapitalistisch orientierte amerikanische Kultur («the pursuit of happiness» anstelle der «fraternité» der Europäer) hat aber verhindert, daß für die Umsetzung einer aus christlichem Ethos stammenden Krankenversorgung die geeigneten Instrumente geschaffen wurden.

Medizinische Bedürfnisse und wirtschaftliche Zwänge

Wie passen moderne Arzneimittel in diese gesellschaftlichen Bilder? Oder wichtiger: inwieweit entspricht die Zielsetzung der modernen Arzneimittelforschung noch den Maximen allgemeiner therapeutischer Bedürfnisse? Moderne Arzneimittel sind nur durch kompli-

26

zierte, vielstufige Forschungs- und Entwicklungsprozesse herstellbar. An beiden sind Wissenschaftler und Ärzte beteiligt, die sehr unterschiedliche Disziplinen vertreten. Diese Interdisziplinarität ist zur Zeit nur in der pharmazeutischen Industrie erreichbar. Es gibt keine andere Institution, die unter einem Dach alle Funktionen vereinigt, die zur Erfindung, Entwicklung und Herstellung eines Arzneimittels oder eines Medikamentes nötig sind. Diese pharmazeutischen Unternehmen aber sind gewinnorientierte Firmen, meistens größere Aktiengesellschaften, die ihren Aktionären verpflichtet sind. Das heißt, sie müssen Gewinne erwirtschaften, aus denen sie ihre Kapitalgeber bedienen. Die Entdeckung und Entwicklung neuer Arzneimittel ist durch ihre Einbettung in die Industrie also nicht mehr ausschließlich medizinischen und wissenschaftlichen Kriterien, sondern auch wirtschaftlicher Effizienz verpflichtet. Einfacher ausgedrückt: man kann in dieser Umgebung nur Arzneimittel suchen und entwikkeln, die «sich rechnen». Wir haben es also mit zwei Gruppen von Kriterien zu tun, denen moderne Arzneimittel genügen müssen, einer wissenschaftlichen und einer ökonomischen. In die erste Kategorie gehören Wirksamkeit und Sicherheit. Unwirksame Stoffe oder Arzneimittel, deren Toxizität in einem ungünstigen Verhältnis zu ihrem therapeutischen Wert steht, haben heute in der industrialisierten Welt kaum noch eine Chance, zugelassen zu werden. Zweitens, und hier haben wir es bereits mit wirtschaftlichen Kriterien zu tun, muß sich das Medikament gegen eine Krankheit richten, die häufig ist: Herz- und Kreislaufkrankheiten wie Bluthochdruck, Asthma bronchiale, Osteoporose, verschiedene Krebsarten, primär-chronische Polyarthritis und andere Autoimmunkrankheiten gehören in diese Kategorie. Die Größe der Zielgruppe spielt bei der Entscheidung für oder gegen die Entwicklung eines Arzneimittels eine entscheidende Rolle.

Medizinische Waisenkinder ...

Seltene Krankheiten – im Englischen nennt man sie «Orphan Diseases» (wörtlich: «Waisenkrankheiten») – sind heute in den großen Pharmafirmen kaum noch ein Thema. Man faßt unter diesem Begriff Krankheiten zusammen, die in der Bevölkerung der Vereinigten

Staaten in nicht mehr als 200 000 Fällen auftreten. Dies entspricht etwa einer Häufigkeit von 1,5 pro Tausend.[7] Gelegentlich entwikkelt eine der Biotechfirmen ein Medikament gegen eine solche Krankheit. Pulmozyme®, ein aus gentechnisch gewonnener menschlicher DNase bestehendes Präparat, das die Firma Genentech gegen zystische Fibrose, eine unbehandelt früh zum Tode führende Erkrankung der Atemwege und der Bauchspeicheldrüse, entwickelte, ist ein wichtiges und positives Beispiel. DNase ist ein Enzym, das Desoxyribonukleinsäure (DNA) spaltet. Wäßrige Lösungen von DNA sind sehr zähflüssig. Bei Patienten mit zystischer Fibrose enthält der Bronchialschleim hohe Konzentrationen an DNA, die aus abgestorbenen weißen Blutkörperchen stammen. Er wird dadurch zähflüssig und schwer abhustbar. DNase kann den Schleim verflüssigen und auf diese Weise die Atemwege wieder freilegen. Wenn nach solchen Arzneimitteln auch meistens nicht bewußt gesucht wird, wie es im Fall von Pulmozyme® geschah, dann kann eine kluge Gesetzgebung die Entwicklung von Stoffen, die in anderen Forschungsprogrammen gefunden wurden, für seltene Krankheiten immerhin ermutigen. Das amerikanische «Orphan Drug»-Gesetz erlaubt Firmen, ihre Entwicklungskosten für Orphan Drugs von der Steuer abzusetzen, und gibt der Firma, die ein solches Medikament als erste einführt, unabhängig von der Patentsituation eine Exklusivität für den amerikanischen Markt von sieben Jahren. Dieses Gesetz, das leider in Europa noch keine Parallele hat, stellt für den amerikanischen Markt immerhin einen Anreiz dar, der das beschriebene Problem etwas mildert.[8]

... verwaiste Medizin

Tropenkrankheiten wie Malaria, Schistosomiasis, Filariose, Leishmaniose befallen jährlich Millionen von Menschen. Das therapeutische Bedürfnis (medical need), von dem in der Industrie ständig geredet wird, ist also riesig. Dennoch haben alle großen Pharmafirmen ihre Forschungsprogramme auf dem Gebiet der Tropenkrankheiten aufgegeben oder stark eingeschränkt. Diese Krankheiten kommen überwiegend oder ausschließlich in den Ländern der dritten und vierten Welt vor, die entweder zu arm sind, um teure Medi-

28

kamente zu kaufen, oder ihre wirtschaftlichen Prioritäten so setzen, daß für Medikamente, zumal für teure Arzneimittel, kein Geld mehr übrig bleibt. Das Resultat: hohe therapeutische Bedürfnisse, die sich nicht in funktionierende Märkte umsetzen lassen und aus diesem Grunde von der Pharmaindustrie weitgehend ignoriert werden (müssen?), obwohl die wissenschaftlichen Voraussetzungen zur Entdeckung neuer Wirkstoffe gegen diese Krankheiten nie besser waren als heute.[9]

Manchmal ergibt sich die Vermeidung bestimmter Zielsetzungen auch aus wirtschaftlichen oder technischen Schwierigkeiten. In dem Maße, wie klar wurde, daß die Chemotherapie der meisten Krebsarten sich langsam und in kleinen Schritten weiterentwickeln würde, zogen sich Pharmafirmen aus diesem Gebiet zurück und überließen es «Spezialisten», die in der Onkologie bereits Fuß gefaßt hatten, dieses Gebiet weiterzuentwickeln.[10]

Der Herstellungspreis für einen neuen Stoff kann der Entwicklung ebenfalls entgegenstehen, selbst wenn der neue Stoff unbestreitbare therapeutische Vorteile verspricht. Oft ist die Kompliziertheit eines Syntheseweges oder eines biotechnologischen Prozesses der Grund für hohe Herstellungskosten. Aber auch teure Ausgangsmaterialien können dazu beitragen. Denken wir in diesem Zusammenhang an die Herstellung des Krebsmedikamentes Taxol, für dessen Gewinnung große Mengen der Baumrinde einer Eibenart bereitgestellt werden müssen.

Als eine große Pharmafirma einen der ersten Proteasehemmer gegen AIDS entwickelte, der in ihrem Forschungszentrum in England entdeckt worden war, bestanden lange Zeit Zweifel, ob man für diesen Stoff jemals eine wirtschaftlich tragbare Synthese entwickeln würde. Eine sehr teure Synthese kann wirtschaftlich sein, wenn ein Stoff nur in niedriger Dosierung verabreicht werden soll, man also relativ geringe Mengen der Substanz benötigt. Hier aber lagen die vorgesehenen Dosen nicht bei einigen Milligramm pro Tag, sondern im Bereich von ein bis zwei Gramm! Zunächst schien es so, als ob die Substanz – wenn überhaupt – nur in einer Dosierung von 1,2 g/Tag auf den Markt gebracht werden könnte. Die Sorge um die Wirtschaftlichkeit dieses Medikamentes ging so weit, daß ein leitender Mitarbeiter der Firma die klinische Prüfung des

Medikamentes in höheren Dosen, die vom wissenschaftlichen Standpunkt aus dringend notwendig erschien, verbieten wollte. Er war davon überzeugt, daß dieses Medikament in einer höheren Dosierung als 1,2 g, später 1,8 g, unprofitabel bleiben müßte. «Wie wirksam es in höheren Dosen ist, will ich gar nicht wissen», war die Reaktion. Glücklicherweise blieb es nicht dabei. Die Synthese wurde verbessert und wesentlich verbilligt, höhere Dosen wurden geprüft und als wirksam und fast nebenwirkungsfrei befunden. In dem Maße, wie die pharmazeutische Industrie selbst unter großen Kostendruck gerät, gibt es immer mehr Fälle, in denen wertvolle Forschungsansätze nicht weiterverfolgt werden, weil die Rentabilität der aus ihnen hervorgehenden Medikamente in Zweifel steht. Eine neuartige bronchialerweiternde Substanz gegen Asthma wird aus dem Entwicklungsportfolio genommen, weil ihre Herstellung zu teuer ist und die Wirtschaftlichkeit des Medikamentes daher bezweifelt werden kann. Ein neuer immunsuppressiver Antikörper gerät unter Beschuß, weil seine Verwendung unter Umständen den Umsatz eines bereits auf dem Markt befindlichen Immunsuppressivums der gleichen Firma gefährden könnte. Das heute zum Standard der immunsuppressiven Therapie gehörende Cyclosporin A war in den frühen Phasen seiner Entwicklung oft in Gefahr, aus dem Portfolio genommen zu werden. Grund: die Entwicklung war teuer, teurer als die Entwicklung von Migräne- und Venenmitteln, und das notorisch zukunftsblinde Marketing hatte für diese Substanz Umsätze errechnet, die nur etwa zehn Prozent dessen betrugen, was dann später tatsächlich verkauft wurde.[11]

Die Liste ähnlicher Beispiele ließe sich beliebig verlängern. Es geht ja auch nicht um die Kritik an einzelnen Firmen oder Personen. Es geht um die grundsätzliche Frage, bis zu welchem Punkt wirtschaftliche Erwägungen die Zielsetzungen der Arzneimittelforschung beeinflussen sollten. Solange die Suche nach neuen Arzneimitteln und vor allem deren Entwicklung fast ausschließlich eine Angelegenheit gewinnorientierter Unternehmen ist, kann man den Zusammenhang zwischen wirtschaftlichem Kalkül und medizinischer Zielsetzung nicht lösen.

Die Zukunft ist «offen»

Man kann lediglich besser oder schlechter damit umgehen. Ein intelligenter Umgang mit diesem Zusammenhang muß immer in Rechnung stellen, daß die Zukunft neu und offen ist und nie eine Extrapolation der Vergangenheit darstellt. Ein sehr neuartiges Medikament, wie das bereits erwähnte Cyclosporin A, hatte zum Zeitpunkt seiner Entwicklung noch keinen Markt. Es schaffte ihn sich, weil es neue therapeutische Möglichkeiten eröffnete. Die Zukunftsaussichten eines solchen Präparates nach den Umsätzen seiner rudimentären Vorläufer zu beurteilen, ist einfach falsch. Medikamente können die medizinische Praxis verändern, und je neuartiger ein Arzneimittel ist, desto größer ist die Chance, daß es dies auch tut. Diese Veränderung vorwegzunehmen und die Chance des neuen Arzneimittels in diesem – noch hypothetischen – neuen Rahmen zu interpretieren: dies wäre der richtige gedankliche Ansatz zur Beurteilung eines neuartigen Stoffes und seiner Erfolgsaussichten. Zu derartigen Extrapolationen gehören jedoch gewisse Voraussetzungen: medizinische oder naturwissenschaftliche Kenntnisse, ein Gespür für soziale und politische Entwicklungen, die sich im Gesundheitswesen auswirken, Phantasie und Mut zum Risiko. Diese Eigenschaften sind in den leitenden Gremien der pharmazeutischen Firmen nicht immer in genügendem Umfang vertreten. Sie finden sich viel eher bei kleinen oder mittelgroßen Gentechnikfirmen. Die Zukunftsaussichten einzelner Pharmafirmen und natürlich auch der Pharmaindustrie insgesamt hängen aber davon ab, daß an der Spitze die richtigen Entscheidungen getroffen werden, und «richtig» heißt hier soviel wie «die Zukunft mit einbeziehen».

Die Stimme der Patienten – die AIDS-Lobby

Aber selbst wenn dies geschähe, wären nicht alle Probleme gelöst. Die kompetitiven Mechanismen innerhalb der Pharmaindustrie und die Sparversuche der Regierungen in den Industrieländern begünstigen vor allem die Entwicklung von Präparaten gegen sehr häufige Krankheiten. Die Industrie braucht hohe Umsätze und Gewinne, um ihre Forschungskosten bezahlen zu können. Regierungen sind daran interessiert, daß medizinische, auch neuartige Präparate nicht zu teuer sind. Preisbeschränkungen einerseits und Kapitalbedarf andererseits lassen sich nur dann vereinbaren, wenn hohe Stückzahlen von Medikamenten verkauft werden können. Dies ist nur bei häufigen Krankheiten möglich und setzt überdies voraus, daß die Herstellungspreise neuer Medikamente niedrig sind. Die Industrie wird im derzeit wirksamen politischen und ökonomischen Klima versuchen, neuartige Medikamente gegen häufige Krankheiten zu finden, die billig in der Herstellung sind. Auf lange Sicht bleiben dabei viele Krankheiten unberücksichtigt. Dies führt dazu, daß bestimmte Patientengruppen sich von der Pharmaindustrie und vom Gesundheitswesen insgesamt schlecht betreut fühlen. Wenn solche Empfindungen von unangemessener Behandlung eine gewisse Intensität erreichen, führen sie zu kritischen Reaktionen. Das aggressive Lobbying von AIDS-Patienten, die sich in vielen Ländern und auch international zu Interessensgruppen zusammengeschlossen haben und Druck auf Pharmafirmen und Regierungen ausüben, bietet ein gutes Beispiel für diese Entwicklung. In der ersten Phase ihrer Existenz neigten Gruppen wie «Act Up», «Gay Men's Initiative» und viele andere zu irrationalen Argumenten und zu Demonstrationen bis hin zur Anwendung physischer Gewalt. In der Öffentlichkeit, bei Regierungen und besonders bei Zulassungsbehörden wie der FDA (amerikanische Zulassungsbehörde) hatten sie damit einen gewissen Erfolg. Sie erzwangen zum Beispiel sogenannte «compassionate use»-Programme oder auch «large simple trials», große klinische Studien also von zweifelhaftem wissenschaftlichen Wert, deren ganz von der Industrie getragene Kosten oft in keinem Verhältnis zu den Erkenntnissen standen, die mit diesen halbgaren Studien gewonnen wurden. Ironischerweise trug dieser «Druck der Straße» dazu bei, daß viele Firmen ihre AIDS-Forschung reduzierten. Einige entwickelten nur noch, was bereits gefunden war, während andere Firmen wie Lilly und Upjohn sich ganz aus diesem Gebiet zurückzogen. Die AIDS-Lobby hat diese Entwicklung schließlich verstanden und hat ihr Verhalten korrigiert. Viele Interessensgruppen haben heute sehr gute Kenner der durch das HIV-Virus ausgelösten Krankheit in ihren Reihen. Überdies sind sie oft hervorragend über technische, statistische und regulatorische Aspekte klinischer Studien und über andere

Schlüsselfragen der Arzneimittelentwicklung informiert. An die Stelle aggressiver Slogans setzen sie heute zunehmend klare und zwingend geführte Argumente. Das Verhältnis zwischen der Pharmaindustrie und den Interessensvertretern der AIDS-Szene hat sich durch diesen taktischen Wandel gebessert, zumal Firmen, die der Aggressivität der AIDS-Gruppen ihrerseits mit Verschwiegenheit und Feindseligkeit begegneten, inzwischen gelernt haben, freundlicher und konstruktiver mit den Vertretern der Patienten umzugehen, denen ihre Anstrengungen letztendlich zugute kommen sollen. An der Grundeinstellung der Industrie hat dies aber nichts geändert. Der Enthusiasmus für die AIDS-Forschung ist weiterhin gedämpft – nicht weil die technischen oder wissenschaftlichen Voraussetzungen für die Auffindung neuer Wirkprinzipien schlecht wären, auch nicht weil AIDS eine zu «kleine» Indikation darstellte, sondern weil man Angst davor hat, in den Entscheidungen über die Entwicklung neuer Präparate nicht frei zu sein.

Inzwischen gibt es andere, wenngleich weniger lautstarke Interessensvertreter, die sich für am Morbus Alzheimer erkrankte Patienten oder für Patientinnen mit Brustkrebs einsetzen; auch sie fordern, daß Medikamente, die sich noch in klinischer Prüfung befinden, über die man also noch relativ wenig weiß, bereits breiten Patientenkreisen verfügbar gemacht werden. Auch hier besteht für die Industrie das Problem, daß die ohnehin hohen Entwicklungskosten durch derartige Programme noch weiter verteuert werden, ohne daß ein angemessener Gewinn an Erkenntnissen daraus resultiert. Im Gegenteil: der zu frühe, schlecht kontrollierte oder unkontrollierte Einsatz von Medikamenten birgt die große Gefahr, daß Nebenwirkungen auftreten, die zum Zeitpunkt der Prüfung noch unverstanden und nicht vorhersagbar sind, und daß solche Nebenwirkungen die Entwicklung eines Präparates, in das schon Millionen investiert wurden, gefährden. Ein systematisches, schrittweises Vorgehen bietet weit bessere Möglichkeiten, unerwünschte Befunde zu analysieren, zu erklären und in Zukunft zu vermeiden.

Dennoch: die Zunahme von Patienteninitiativen und ihre ebenfalls wachsende Fähigkeit, sich öffentlich und politisch zu artikulieren, sind ernst zu nehmende Phänomene. Sie sind Ausdruck von Unzufriedenheit mit den existierenden Gesundheitssystemen, oft sogar Ausdruck von Auswegslosigkeit und Verzweiflung. Die Industrie ist nur ein Teil unseres Gesundheitswesens, allerdings ein sehr wichtiger, wenn es um die Bereitstellung neuer Therapien geht. Wenn der Druck von Interessensverbänden auf bestimmten Gebieten weiter wächst, könnten sich Regierungen gezwungen sehen, darauf stärker zu reagieren, als es bisher der Fall war. Dies könnte bedeuten, daß staatliche Forschungsinstitute, wie zum Beispiel die NIH (National Institutes of Health) in den USA, der Medical Research Council in England, Großforschungsinstitute in der Bundesrepublik Deutschland, um nur einige zu nennen, eigene Programme zur Entdeckung neuer Arzneimittel starten. Klinische Forschung könnte im Auftrag staatlicher Gesundheitsbehörden genauso abgewickelt werden wie im Auftrag der Pharmaindustrie. Und wir dürfen nicht vergessen, daß es heute schon eine leistungsfähige Industrie gibt, die praktisch jeden Aspekt der Arzneimittelentwicklung abdecken kann. «Contract Research Organizations» (CROs), also Forschungsfirmen, die bestimmte Leistungen nach Vereinbarung erbringen, hatten 1994 weltweit Umsätze von 3 Milliarden Dollar, 40000 Angestellte, einen Nettogewinn von 300 Millionen Dollar und einen Kapitalisierungswert von 4,2 Milliarden Dollar bei steigender Tendenz. Es gibt heute mehr als 1000 solcher Firmen, meist sind sie in den USA oder Europa lokalisiert, zuweilen aber auch schon im asiatischen Raum.[12]

Es kann also kein Zweifel daran bestehen, daß Arzneimittel auch außerhalb der Pharmaindustrie entdeckt und entwickelt werden könnten. Die Schwierigkeiten wären zunächst beträchtlich, denn die Existenz von Forschung, Entwicklung, Produktion, Qualitätskontrolle und allen in diese breiten Kategorien gehörenden Teilfunktionen unter einem Dach ist ein großer Vorteil für die Bewältigung der komplexen und schwierigen Aufgabe, Arzneimittel bereitzustellen. Auch außerhalb der pharmazeutischen Industrie aber gibt es genügend Möglichkeiten zur Auffindung und Entwicklung von Arzneimitteln, und die dafür verantwortlichen Strukturen werden eher stärker als schwächer werden.

Eine Industrie, die sich ihrer eigentlichen Aufgabe entfremdet, wäre also allmählich ersetzbar. An die Stelle der großen Firmen könnten, zumindest auf lange Sicht, kleine, agile, entdeckungsorientierte Firmen treten, von denen es allein in den USA auf medizinischem Gebiet schon weit über tausend gibt. Staatlich finanzierte Institute könnten Arzneimittelentdeckung betreiben. Für die klinischen und präklinischen Entwicklungen stünde eine ohnehin auf Kontrakte angewiesene Industrie bereits zur Verfügung. Noch kann man sich die Bereitstellung moderner Arzneimittel ohne eine pharmazeutische Industrie nicht vorstellen, aber die Dinosaurier schienen auch einmal recht fest auf diesem Planeten etabliert und verschwanden dennoch – ziemlich plötzlich. Pharmaforschung und -entwicklung wird es geben, so lange Menschen versuchen, ihr Los auf dieser Welt durch Medikamente, das heißt durch chemische oder auch gentherapeutische Eingriffe, zu erleichtern. Ob aber diese Forschung und Entwicklung im Rahmen der heute so mächtig scheinenden pharmazeutischen Industrie stattfinden wird, steht durchaus noch dahin.

2. Die Geschichte der Pharmaindustrie und der Arzneimittelforschung – vom Pflanzenextrakt zur Molekularbiologie

Um die Situation der Pharmaindustrie in der Gegenwart zu verstehen, müssen wir einen kurzen Blick auf ihre Geschichte werfen. Vor allem gilt es, die technischen und wissenschaftlichen Einflüsse deutlich zu machen, denen die Pharmaindustrie ihre Entstehung verdankt und die sie bis in unsere Tage hinein geprägt haben.

Die Entwicklungsgeschichte der Pharmaindustrie

Die pharmazeutische Industrie entstand aus zwei Quellen. Eine davon ist die Teerfarbenindustrie, die im Gefolge der industriellen Herstellung von Leuchtgas entstand. Die andere ist die Apotheke, die bis weit ins vorige Jahrhundert hinein alle Arzneimittel herstellte, die vom Arzt verschrieben wurden.

Werfen wir zunächst einen Blick auf das industrielle Umfeld. Um die Mitte des 19. Jahrhunderts wurde Stadtgas zu einem wichtigen Energieträger für Industrie und Gewerbe. Immer stärker wurde es besonders in den großen Städten zur Straßenbeleuchtung verwendet, und auch in den Haushalten spielte es als Licht- und Heizquelle (Kochherde!) eine schnell zunehmende und noch weit bis in dieses Jahrhundert hinein dominierende Rolle.

Leuchtgas und Steinkohlenteer

Dieses Stadtgas wurde zunächst ganz überwiegend durch die Verkokung von Steinkohle gewonnen. Bei diesem Prozeß wird Kohle unter Luftabschluß auf etwa 1000°C erhitzt. Bei der Verkokung von Steinkohle entstand neben dem Hauptrückstand Koks, der zur Beheizung von Hochöfen verwendet wurde, auch eine zunächst wenig beliebte schwarze, zähflüssige Masse, der Steinkohlenteer. Als sich herausstellte, daß dieser Teer viele Farbstoffe enthielt, die in der Textilfärbung verwendet werden konnten, bekam dieser Rückstand plötzlich eine hohe wirtschaftliche Bedeutung. Das Interesse am Teer als Rohstoff wuchs noch, nachdem man erkannt hatte, daß Farbstoffe auch wichtige Ausgangspunkte für die Herstellung von Medikamenten sein konnten und daß diese unansehnliche Masse alle die ring- oder kettenförmigen Kohlenstoffverbindungen enthielt, die als Ausgangsmaterial für die sich rasch entwickelnde synthetische Chemie dienen konnten. Ein unansehnlicher und zunächst als lästig empfundener Rückstand, der aus der Gasgewinnung stammte, erhielt also plötzlich Bedeutung als Rohstoff, als Quelle für Farbstoffe, Arzneimittel, Desinfektionsmittel, Lösungsmittel, Riechstoffe und Explosivstoffe. In dem Maße, in dem ein innerer Zusammenhang zwischen Farbstoffen, die sich an bestimmte Gewebe und Zellen selektiv binden konnten, und Chemotherapeutika sichtbar wurde (siehe Abschnitt über Chemotherapie, Seite 75), gewann die Teerfarbenindustrie Bedeutung als Quelle neuer Arzneistoffe und ihrer Vorläufer. Und es ist gewiß kein Zufall, daß chemische Farbfabriken später häufig pharmazeutische Aktivitäten entfalteten. Oft wurden sie dafür berühmt. Bayer und Hoechst sind Beispiele für diesen Zusammenhang in Deutschland, Ciba begann in den achtziger und neunziger Jahren des vorigen Jahrhunderts in der Schweiz, Pharmazeutika aus Bestandteilen des Steinkohlenteers herzustellen. Geigy in Basel begann zwar als Drogenhandlung, entwickelte sich aber ebenfalls zu einem Teerfarbenunternehmen, das mit diesem Schritt seine Arzneimittelforschung und -herstellung auf eine breitere Basis stellte.

Arzneipflanzen und Apotheken

Dies war der eine Strang der Entwicklungsgeschichte der pharmazeutischen Industrie. Die andere Entwicklungslinie ging von den Apotheken aus. Bis in das 19. Jahrhundert hinein waren Apotheken die ausführenden Organe der verschreibenden Ärzte. Der Arzt schrieb Rezepte, die Anweisungen zur Herstellung einer Arznei und zu ihrer Verwendung enthielten. Mit dem Aufstieg der Chemie wurde im 19. Jahrhundert immer häufiger nach den wirksamen Inhaltsstoffen der bis dahin bekannten, meist pflanzlichen Arzneimittel gefragt. Die ersten erfolgreichen Arbeiten, die zur Isolierung von Morphin aus dem Opium, Emetin und Strychnin aus der Brechwurzel, Koffein aus der Kaffeepflanze und des Chinins aus der Chinarinde führten, wurden auch von Apothekern in Deutschland und Frankreich ausgeführt. Mit der Gewinnung der reinen Substanzen und mit der Charakterisierung dieser und anderer Wirkstoffe aber stellte sich eine neue Frage. Um diese «neu» entdeckten Inhaltsstoffe einem breiten Publikum zugänglich zu machen, mußte man größere Mengen davon herstellen und auch dafür sorgen, daß die Qualität der abgegebenen Stoffe immer gleich blieb. Wie sollte dies geschehen? Die Durchführung der nötigen chemischen Isolierungen in großem Maßstab, die Einführung und Durchsetzung von Standards für die Wirksamkeit – diese Aufgaben überstiegen die Möglichkeiten der damaligen Apotheken. Ein weiterer Gesichtspunkt kam hinzu. Aus Konkurrenzgründen hatten die Apotheken in vielen Gebieten Europas ihre Zahl bewußt klein gehalten, um sich möglichst hohe Einnahmen zu sichern. Für die Bevölkerung besonders ländlicher Gebiete brachte diese gewerbepolitische Maßnahme eine Unterversorgung mit Arzneimitteln mit sich. Zur Einlösung eines ärztlichen Rezeptes mußten oft stundenlange Wege zurückgelegt werden (s. Farbtafel 1).[1]

Die neu entstandene Situation ermöglichte nun plötzlich die Bereitstellung reiner und standardisierter Wirkstoffe und erforderte angesichts eines erwachenden Gefühls für soziale Gerechtigkeit auch die Nutzung dieser neuen Möglichkeiten für viele Menschen. Wenige Apotheken begriffen damals diese Herausforderung und entwickelten sich zu «industriellen» Apotheken oder zu pharmazeutischen Firmen. Die Goldene Apotheke in Darmstadt unter Heinrich Immanuel Merck ging diesen Weg. Die heutige E. Merck und das amerikanische Unternehmen Merck Sharp & Dohme gehen auf diese Anfänge zurück. In Berlin entstand aus der Grünen Apotheke am Wedding die spätere Schering AG. 1847 schlossen sich Christian Engelmann und C.H. Boehringer zusammen und gründeten eine Firma, aus der später die beiden Boehringer-Firmen in Ingelheim und Mannheim entstanden. Ähnliches ereignete sich in der Schweiz in den Betrieben von Wander in Bern, Siegfried in Zofingen und Sauter in Genf.[2]

Neben diesen Ereignissen, die eigentlich eine Reaktion auf eine neue wissenschaftliche und technische Dynamik waren, gab es den traditionellen Drogenhandel, der in den Drogerien aufging und der ebenfalls Ende des 19. Jahrhunderts Anschluß an die sich formierende pharmazeutische Industrie gewann. Der Gesichtspunkt des Handels im internationalen Maßstab, der später für die Pharmaindustrie so typisch wurde, hat hier vielleicht seinen Ursprung.

Es waren also mehrere Faktoren, die bei der Gründung der pharmazeutischen Industrie zusammenkamen und die sich gegenseitig beeinflußten: wissenschaftlich-technische Impulse führten zu neuen industriellen Verfahren, die neue Ausgangsmaterialien für die Chemie erzeugten und so auf die wissenschaftliche Dynamik zurückwirkten. Fortschritte der Chemie führten im medizinischen Bereich auch zur «Verwissenschaftlichung» therapeutischer Maßnahmen, die bis dahin ganz auf Empirie und Überlieferung beruht hatten. Mit der Zurückführung lang bekannter therapeutischer Wirkungen auf definierte Inhaltsstoffe entstand aber auch der Anspruch, derartige Stoffe breiten Kreisen der Bevölkerung in immer gleicher Qualität zur Verfügung zu stellen. In Europa fiel die Zeit, in der viele Unternehmen der pharmazeutischen Industrie gegründet wurden, in eine Periode des wirtschaftlichen und politischen Umbruchs. Die Entstehung neuer Industrien hatte die Zuwanderung großer Zahlen von Arbeitern in die Städte bewirkt, das Wohlstandsgefälle zwischen Unternehmern und «Arbeitnehmern» wurde zu einem zentralen politischen Thema in der zweiten Hälfte des 19. Jahrhunderts, das zur Schaffung neuer gesetzlicher Grundlagen führte, durch die Menschen gegen die Wechselfälle des Lebens wie Krankheit und Invalidität abgesichert wurden und in denen das Konzept eines arbeitsfreien Lebensabends verwirklicht wurde: 1883 wurde in Deutschland die Krankenversicherung eingeführt, 1884 die Unfallversicherung und 1889 die Altersversicherung.

Mit den Möglichkeiten, größere Bevölkerungskreise ärztlich und medikamentös zu betreuen, entstand also auch die vom Staat geschaffene, die Sozialpartner einbeziehende gesetzliche Verpflichtung, dies auch zu tun. In einem gewissen Sinn war die Gründung vieler pharmazeutischer Firmen wohl auch die unternehmerische Reaktion auf diese neue sozialpolitische Konstellation.

Arzneimittelforschung und Arzneimitteltherapie im wissenschaftlichen und technischen Wandel

Zur Arzneimittelforschung gehört zweierlei: einmal der wissenschaftlich, das heißt theoretisch und methodisch abgesicherte Weg zur Herstellung neuer chemischer Verbindungen. Solche Verbindungen können einerseits Naturstoffe sein, das heißt aus lebenden Organismen stammen, oder andererseits durch Synthese entstanden sein. Nach mehr als einer hundertjährigen Erfahrung mit beiden Wegen wissen wir heute, daß sich Naturstoffe oft mit großem Vorteil für ihre Wirksamkeit oder Verträglichkeit abwandeln lassen: die halbsynthetischen Antibiotika, hier vor allem die β-Laktame, aber auch die Tetrazykline und Makrolide sind gute Beispiele für die fruchtbare Ergänzung zweier chemischer Traditionen. Zum anderen braucht Arzneimittelforschung die Beurteilung der Wirksamkeit von chemischen Stoffen. Diese Messung, Klassifizierung und Beurteilung von Arzneimittelwirkungen war und ist das Anliegen der Pharmakologie. Die Pharmakologie begann ihren Lebensweg als experimentelle Disziplin, die sich sehr stark an der Physiologie, also an der quantitativen Erfassung und am Verständnis von Körperfunktionen, orientierte. Heute ist die Pharmakologie stärker krankheitsorientiert; sie gibt sich nicht mehr damit zufrieden, die Wirkung von chemischen Stoffen auf normale Körperfunktionen zu messen, wofür gesunde Versuchstiere die geeigneten Modelle abgeben, sondern sie interessiert sich auch für die Möglichkeit, krankhaft entgleiste Körperfunktionen mit pharmakologischen Methoden zu korrigieren. Dazu braucht sie Tiermodelle. Wir verstehen darunter die Möglichkeit, bestimmte Krankheitssymptome experimentell an Tieren zu erzeugen. Tiermodelle sollten einerseits menschliche Krankheiten in Teilaspekten nachahmen, zum anderen sollten sie «robust», das heißt beliebig oft reproduzierbar, sein. Außerdem ist die Pharmakologie heute über die Beschreibung von Arzneimittelwirkungen am Tier hinausgewachsen. Sie hat als klinische Pharmakologie ein eigenes Instrumentarium zur Messung von Arzneimittelwirkungen am Menschen entwickelt. Parallel zur Entwicklung der experimentellen Pharmakologie, die mit der Analyse normaler Körperfunktionen begann und dann zum Studium von Krankheitsmodellen fortschritt, beschränkte sich auch die klinische Pharmakologie zunächst auf das Studium normaler Funktionen am gesunden Probanden. Erst später übertrug sie die dabei gewonnenen Erfahrungen auf menschliche Krankheitsmodelle.

Die experimentelle Pharmakologie entwickelte ihre Methoden an einem sehr engen Spektrum von Substanzen, die als traditionelle Arzneimittel Bedeutung erlangt hatten. Die Arzneimittelforschung im heutigen Sinn begann in dem Augenblick, als zwei reife und dialogbereite wissenschaftliche Disziplinen, die Chemie und die Pharmakologie, eine Beziehung eingingen, die von wissenschaftlichen Prinzipien beherrscht war und deren Ziel in der Hervorbringung neuer Arzneimittel lag. Für diese Begegnung brauchte man einen institutionellen Rahmen, der an den Universitäten nicht existierte und zu dessen Schaffung sich an akademischen Einrichtungen Ende des 19. Jahrhunderts auch niemand bereit gefunden hätte. Die junge pharmazeutische Industrie bot diesen Rahmen. Man könnte sogar den Standpunkt vertreten, daß die Zusammenführung von Chemie und Pharmakologie zur Suche nach neuen Arzneimitteln eines der wichtigen Motive für die Gründung pharmazeutischer Firmen gewesen ist.

Daß die europäischen, vor allem die deutschsprachigen Universitäten sehr lange brauchten, um zwischen den Disziplinen liegende, also «interdisziplinäre» neue Betätigungsfelder zu erkennen und zu erschließen, geht daraus hervor, daß sie erst heute (1997), also ein gutes Jahrhundert nach der Gründung der meisten namhaften Pharmaunternehmen, anfangen, die traditionelle Pharmazie und Pharmakologie in den breiteren Rahmen einer auch Chemie, Genetik und Biochemie umfassenden Arzneimittelforschung einzubetten.[3]

Naturstoffe als Arzneimittel

Der Gebrauch von Pflanzen oder Pflanzenextrakten zur Behandlung menschlicher Krankheiten scheint fast so alt zu sein wie die Menschheit selbst. Jedenfalls finden sich unter den frühesten Zeugnissen

menschlicher Kultur auch Hinweise auf Heilpflanzen. So hinterließ
ein chinesischer Kaiser, Shen Nung, der wahrscheinlich um 3000 v.
Chr. lebte, seiner Nachwelt eine Aufstellung und Beschreibung von
365 Heilkräutern. Schon diese frühe Sammlung von Heilpflanzen
enthielt Ephedra-Arten, die zur Behandlung von Bronchialleiden
verwendet wurden, den Rizinus communis und den Schlafmohn,
Papaver somniferum. Diese Pflanzen und viele andere wurden ganz
unabhängig in weit entfernten Teilen der Welt ebenfalls als Arzneimittel «entdeckt» und beschrieben. Von vielen gibt es assyrische,
ägyptische, griechische und mitteleuropäische Zeugnisse. Das vielleicht umfassendste und aufschlußreichste antike Dokument über
Arzneimittel und andere Heilverfahren des alten Ägyptens ist im sogenannten Ebers-Papyrus enthalten. Diese Schriftrolle, 30 cm breit
und fast 23 m lang, wurde 1862 zwischen den Knien einer Mumie in
einem Grab in Theben gefunden und durch den Archäologen Georg
Ebers nach Europa gebracht. Diese etwa 1400 v. Chr. niedergelegte
Aufstellung enthält über 800 Therapieanweisungen, von denen viele
die Verwendung von Pflanzen, andere den Gebrauch tierischer Organe oder von Mineralien empfehlen. Auch Beschwörungsformeln
und Heilgesänge sind Teil dieser Therapieanweisung – ein frühes
Beispiel für einen «ganzheitlichen Therapieansatz».[4]
Wir können also davon ausgehen, daß therapeutische Erfahrungen mit Pflanzen und anderen Organismen (auch mit Mineralien) zu
allen Zeiten gesammelt und beschrieben wurden. Einige dieser Be-
schreibungen sind bis in unsere Zeit überliefert und haben Anschluß
an eine wissenschaftlich geprägte Medizin und Arzneimittelforschung gefunden. Im ausgehenden 18. und während des ganzen 19.
Jahrhunderts wurden viele traditionelle Arzneipflanzen einer chemischen Analyse unterzogen. Eine vollständige Beschreibung dieser
zunächst überwiegend in Frankreich, aber auch in England und später in Deutschland durchgeführten Arbeiten würde den Rahmen dieser kurzen Einführung sprengen. Deshalb soll an dieser Stelle lediglich an einigen auch aus heutiger Sicht noch wichtigen Beispielen
gezeigt werden, wie sich der Übergang von einem weitgehend empi-
rischen Wissen zu einer in chemischen und später auch in pharmakologischen Kategorien beschreibbaren Kenntnis der wirksamen Inhaltsstoffe von pflanzlichen Materialien vollzog (Tab. 2.1).

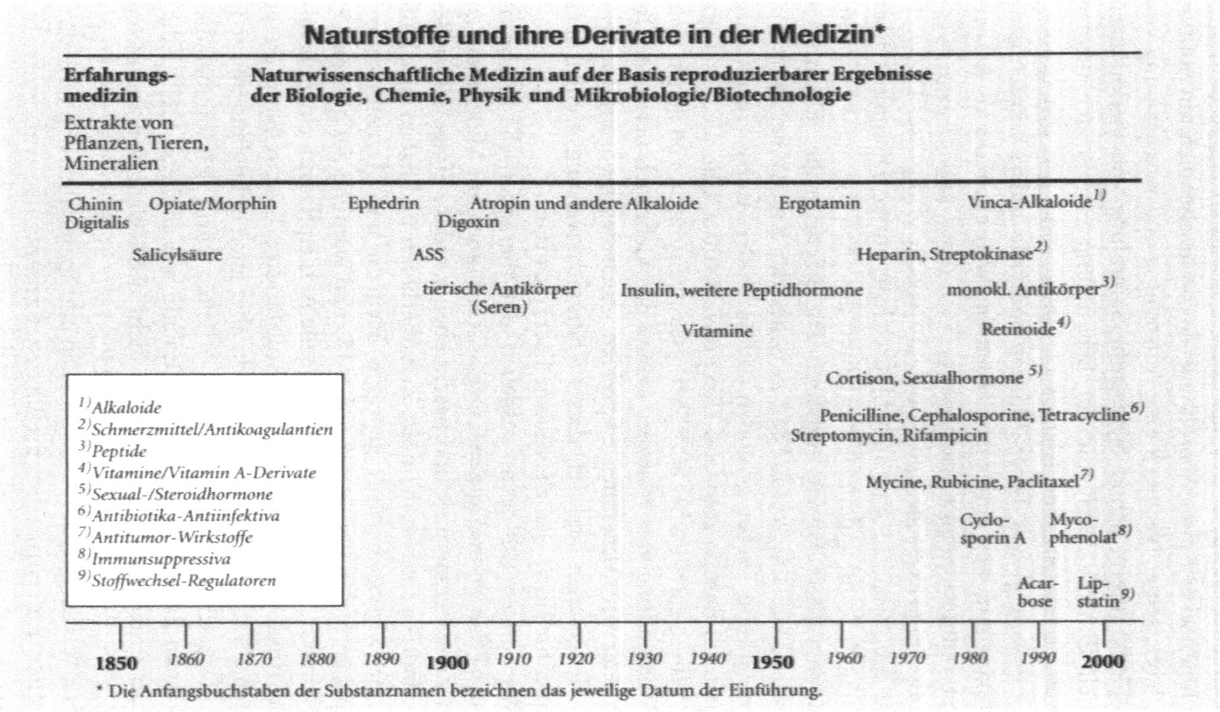

Naturstoffe und ihre Derivate in der Medizin*

Erfahrungs-medizin

Extrakte von
Pflanzen, Tieren,
Mineralien

Naturwissenschaftliche Medizin auf der Basis reproduzierbarer Ergebnisse der Biologie, Chemie, Physik und Mikrobiologie/Biotechnologie

Chinin Opiate/Morphin Ephedrin Atropin und andere Alkaloide Ergotamin Vinca-Alkaloide[1]
Digitalis Digoxin

Salicylsäure ASS Heparin, Streptokinase[2]

tierische Antikörper Insulin, weitere Peptidhormone monokl. Antikörper[3]
(Seren)

Vitamine Retinoide[4]

Cortison, Sexualhormone[5]

Penicilline, Cephalosporine, Tetracycline[6]
Streptomycin, Rifampicin

Mycine, Rubicine, Paclitaxel[7]

Cyclo- Myco-
sporin A phenolat[8]

Acar- Lip-
bose statin[9]

[1] Alkaloide
[2] Schmerzmittel/Antikoagulantien
[3] Peptide
[4] Vitamine/Vitamin A-Derivate
[5] Sexual-/Steroidhormone
[6] Antibiotika-Antiinfektiva
[7] Antitumor-Wirkstoffe
[8] Immunsuppressiva
[9] Stoffwechsel-Regulatoren

| 1850 | 1860 | 1870 | 1880 | 1890 | 1900 | 1910 | 1920 | 1930 | 1940 | 1950 | 1960 | 1970 | 1980 | 1990 | 2000 |

* Die Anfangsbuchstaben der Substanznamen bezeichnen das jeweilige Datum der Einführung.

Tab. 2.1

Papaver somniferum – *Opium*

Opium, der Saft aus *Papaver somniferum* (Schlafmohn), ist eines der ältesten wirksamen Arzneimittel. Wir haben schon erwähnt, daß die beruhigenden Wirkungen des Mohnsaftes bereits dem chinesischen Kaiser Shen Nung geläufig waren. Auch im Ebers-Papyrus wird Mohn erwähnt. In Mitteleuropa fand man Reste der Mohnpflanze schon in Steinzeitsiedlungen. Nachdem die Pflanze bereits bei Homer erwähnt wurde, lieferte Theophrastus (371–287 v. Chr.) in seiner *Historia Plantarum* ihre erste umfassende Beschreibung. Aus späterer römischer Zeit stammen Hinweise auf die zweckmäßigste Art der Gewinnung von Mohnsaft. Die beruhigenden und schmerzstillenden Wirkungen des Mohns repräsentieren also altes und offenbar an verschiedenen Orten und zu unterschiedlichen Zeiten gesammeltes und bestätigtes Wissen. Wilhelm Hufeland, ein Vertreter der romantischen Medizin, nannte das Opium «ein großes, geheimnisvolles, außerordentliches, ja in seinen Wirkungen immer noch unbegreifliches Mittel». Auch andere bedeutende Ärzte der Neuzeit von Thomas Sydenham bis G. van Swieten äußerten sich ausführlich, wenn auch in widersprüchlicher Weise zu den Eigenschaften dieses Arzneimittels (s. Farbtafel 2).

Die Geschichte der eigentlichen Opiumforschung aber begann erst 1803 in Paris und in Paderborn, beide Male in Apotheken. Jean François Derosne war der Inhaber einer bekannten Pariser Apotheke. In einem Brief an die Société de Pharmacie teilte er 1803 mit, daß er bei der Entwicklung eines neuen analytischen Tests zum Nachweis von Opium ein neuartiges Salz in Kristallform isoliert habe. Derosne konnte über die Natur seiner Kristalle wenig aussagen; er glaubte lediglich ausschließen zu können, daß es sich bei der neuen Komponente um eine pflanzliche Säure handelte. Ein Jahr später berichtete ein anderer Franzose, Armand Seguin, über die Isolierung einer pflanzlichen Säure und eines in kristalliner Form gewonnen Narkotikums aus dem Opiumsaft. Seguins Arbeit fand zuerst wenig Beachtung und wurde erst 1814 in den «Annales de Chimie» veröffentlicht. Zu dieser Zeit waren bereits Mitteilungen anderer Autoren über ähnliche Befunde erschienen.[5]

Im gleichen Jahr war es auch, als Friedrich Wilhelm Sertürner, ein junger Österreicher, der in westfälischen Diensten stand, in der Paderborner Hofapotheke seine pharmazeutische Lehre beendete. Während der folgenden zweieinhalb Jahre arbeitete Sertürner in der Adlerapotheke in Paderborn und untersuchte dort die Zusammensetzung von Opium (Abb. 2.3). Fast gleichzeitig mit Seguin fand auch Sertürner eine organische Säure, die keine narkotische Wirkungen besaß und die er Mekonsäure nannte. Nach Alkalisierung der Flüssigkeit, aus der er Mekonsäure gefällt hatte, erhielt Sertürner noch eine zweite Substanz, die in Alkohol auskristallisierte. Im Gegensatz zur Mekonsäure übte diese zweite Komponente auf Hunde eine narkotische Wirkung aus. Sertürner nannte die Substanz *«Principium somniferum»* oder «schlaferzeugendes Prinzip» und wies in einer Publikation in «Johann Trommsdorffs Journal der Pharmazie» auf ihren alkalischen Charakter hin: die neue Substanz neutralisierte freie Säuren. Der basische Charakter der Substanz wurde in weiteren Studien bestätigt. Erst 1815 begann Sertürner, Elementaranalysen der neuen Verbindung durchzuführen. Die Ergebnisse zeigten die Anwesenheit von Kohlenstoff, Wasserstoff, Sauerstoff und Stickstoff. Sie wurden 1817 in einer angesehenen Zeitschrift («Gilberts Annalen der Physik») publiziert. Diese Publikation stieß im Gegensatz zu Sertürners früheren Arbeiten auf breites Interesse. Kein Geringerer als Joseph Gay-Lussac ließ die Arbeit unverzüglich ins Französische übersetzen und veranlaßte die Veröffentlichung der übersetzten Version in den «Annales de Chimie». Er selbst schrieb für das Heft, in dem die Publikation erschien, einen Leitartikel, in dem er auf die – damals überraschende – alkalische Reaktion des narkotischen Wirkstoffes hinwies und gleichzeitig postulierte, daß noch weitere alkalische Stoffe mit Wirkstoffcharakter in Pflanzen gefunden werden würden: viele der in unreiner Form vorliegenden Inhaltsstoffe aus Pflanzen enthielten Stickstoff und reagierten alkalisch. Gay-Lussac schlug vor, solchen Pflanzenbasen die Endung «in» anzuhängen und die von Sertürner vorgeschlagene Bezeichnung Morphium in Morphin abzuändern. Der Vorschlag setzte sich durch, ebenso wie der 1818 von Wilhelm Meissner in Jena unterbreitete Vorschlag, alkalische Stoffe aus Pflanzen als «Alkaloide» zu bezeichnen.

Frankreich wurde in den folgenden Jahren zum Zentrum der Al-

Abb. 2.1: Friedrich Wilhelm Adam Sertürner (1783–1841) war der Entdecker des Morphins.
Quelle: Die Apotheke. Historische Streiflichter. 1996, Editiones Roche. F. Hoffmann-La Roche AG, Basel, Schweiz. S. 247.

kaloidforschung. Gay-Lussac bat seinen Kollegen Robiguet, der an der Ecole Supérieure de Pharmacie arbeitete, die Experimente von Sertürner nachzuarbeiten. Robiguet fand Unterschiede im Verhalten der von Derosne und von Sertürner entdeckten Salze und zog daraus den Schluß, daß es sich um unterschiedliche Pflanzenalkaloide handeln müsse. Die Vermutung erwies sich als richtig. Die von Derosne isolierte Verbindung wurde zunächst als «Narcotin», später als «Noscapin» bezeichnet. Sie hat keine narkotischen Eigenschaften mehr, wirkt aber noch dämpfend auf das Hustenzentrum und wird in dieser Indikation auch heute noch verwendet.

Schon Sertürner hatte gewußt, daß Morphin oder Morphium, wie er es noch nannte, nur 50% der Gesamtalkaloide des Papaver somniferum ausmachte und daß der Alkaloidanteil insgesamt etwa 10–20% des Opiumsaftes betrug. 1848 isolierte G. Merck ein weiteres Alkaloid aus Opium, das bei Tieren Schlaf auslöste, sich später in der Therapie aber als Spasmolytikum etablierte. Seine dämpfende Wirkung auf die Kontraktionen der glatten Muskulatur des Magen-Darm-Traktes wurde 1917 von David Macht an der Johns-Hopkins-Universität entdeckt. Papaverin, so wurde diese Substanz genannt, wurde zum chemischen Ausgangspunkt vieler wirksamer Arzneimittel, die spasmodische und/oder vom Gehirn ausgelöste unwillkürliche Bewegungen hemmen. Akineton, ein Stoff zur Dämpfung unwillkürlicher extrapyramidaler Bewegungen, wie sie nach der Behandlung mit Phenothiazinen auftreten, ist ein Beispiel.

Die korrekte chemische Struktur von Morphin wurde erst 1923 durch John Gulland und Robert Robinson in Schottland aufgeklärt (Abb. 2.2). Jedoch hatte man schon lange vorher begonnen, nach wirksameren oder im Wirkprofil verbesserten Derivaten von Morphin zu suchen, indem man die funktionellen Gruppen des Moleküls variierte. Natürlich vorkommende Opiumalkaloide wie Codein, der Methylester des Morphins, wiesen den Weg zur Synthese weiterer Ester, zum Beispiel des Aethylesters, der als hustendämpfendes Mittel oder als «Antitussivum» lange im Handel war. Diacetylmorphin oder «Heroin» wurde zunächst als schmerzstillender Stoff (Analgetikum) mit abgeschwächter atemdepressiver Wirkung bekannt, bevor seine Gefährlichkeit als Suchtgift verstanden wurde (Abb. 2.3). Rudolf Grewe von Hoffmann-La Roche gelang die erste Totalsyn-

48

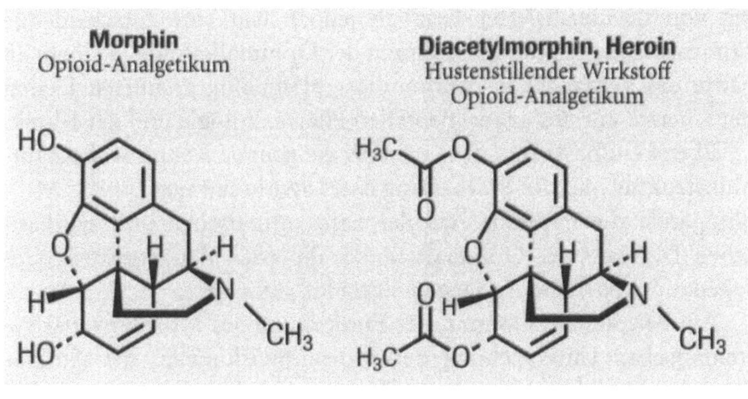

Abb. 2.2   Abb. 2.3

these des Morphingerüstes, das als N-Morphinan bekannt wurde. Das 3-OH-Derivat des N-Morphinanmethylesters, das Laevorphanol, wurde als «Dromoran» zu einem auch oral anwendbaren starken Analgetikum. Das rechtsdrehende Isomer dieser Verbindung, das Dextromethorphan, hat keine analgetischen Wirkungen, wird aber als Antitussivum weiterhin verwendet. In jüngster Zeit erweckten Dextromethorphan und Dextromorphan auch Interesse als potentielle «neuroprotektive» Agentien. Diese oder ähnliche Verbindungen können helfen, das Ausmaß zerebraler Schäden nach Traumen, Vergiftungen oder Sauerstoffmangel zu reduzieren. Besonders in der deutschen und schweizerischen Pharmaindustrie hielt das Interesse an Morphinderivaten noch lange an. Die Hoffnung, auf der Basis des Morphingerüstes Analgetika (Schmerzmittel) ohne atmungslähmende Wirkungen zu entwickeln, erfüllten sich jedoch nicht in dem erwünschten Ausmaß. Bemerkenswert aber ist, daß die Beschäftigung mit neuen Pethidin- und Methadonderivaten Paul Janssen 1958 zu einer ganz anderen Wirkung führte. Das von ihm gefundene Haloperidol (Butyrophenon) erwies sich als äußerst wirksames Antipsychotikum.

Die genaue Kenntnis der Struktur von Morphin war für die gezielte Bearbeitung dieses Moleküls eine wichtige, aber keine unabdingbare Voraussetzung. Die Bereitstellung von Morphinpräparaten von standardisierter Reinheit jedoch war eine entscheidende Voraussetzung für die Erforschung der Opiumalkaloide in einem ab Mitte des vergangenen Jahrhunderts planmäßig geführten Dialog der Chemie mit der experimentellen Pharmakologie und der Klinik.

Ebenso unbestritten aber ist, daß die genaue Kenntnis der Morphinstruktur und die Erarbeitung eines Syntheseweges für das Morphingerüst die moderne Ära der halbsynthetischen und synthetischen Derivate der Opiumalkaloide, die auch Antagonisten oder sogenannte partielle Agonisten einschloß, eröffnete.

Am Beispiel des Opiums, der Entdeckung des Morphins, der systematischen Untersuchung der Morphinwirkungen, der Aufklärung der Morphinstruktur und der darauf folgenden Verzweigung der chemischen (und pharmakologischen) Forschungsrichtungen kann man erkennen, wie intensiv wir auch heute, im Zeitalter der chemischen und molekularbiologischen Forschung, mit Erfahrungen und Beobachtungen verbunden sind, die viele Jahrhunderte oder sogar Jahrtausende zurückreichen.

Chinin

Die anläßlich der Veröffentlichung von Sertürner und Gay-Lussac geäußerte Auffassung, daß es noch viele Pflanzenalkaloide zu entdecken gebe, spornte Joseph Caventou und Joseph Pelletier, der zuerst Genannte noch ein Chemiestudent bei Gay-Lussac, der zweite bereits Professor, dazu an, nach weiteren Stoffen dieser Art zu suchen. Die Isolierung von Emetin aus der Ipecacuanha-Wurzel war das erste Resultat dieser Bemühungen. Ipecacuanha war bereits seit dem 17. Jahrhundert als Brechmittel oder Emetikum und als Mittel gegen Durchfall und Ruhr bekannt. Die Ursprünge dieses Wissens liegen bei den indianischen Einwohnern Perus und Brasiliens. Auch die Isolierung von Strychnin aus verschiedenen Arten der Strychnos-Familie geht auf das Konto von Pelletier und Caventou. Sie bestätigten damit die von Linnaeus geäußerte Hypothese, daß Pflanzen, die zu derselben Familie gehören, auch ähnliche oder sogar identische pharmakologische Eigenschaften aufweisen würden. Ihre denkwürdigste und folgenreichste Leistung aber bestand in der Isolierung von Chinin aus der Rinde des Cinchonabaumes (s. Farbtafel 3). Diese Rinde war schon zwei Jahrhunderte vor der Isolierung des Chinins (1820), also Anfang des 17. Jahrhunderts, nach Europa gebracht worden (Abb. 2.4). Ein Augustinermönch hatte damals berichtet, daß die Eingeborenen diese Rinde zur Behandlung von Malaria benutzten. Populär wurde die Cinchonarinde, deren Bereitungen schlecht schmeckten und viele Nebenwirkungen, vor allem im Magen und Darm, aufwiesen, durch den Bericht eines englischen Apothekerlehrlings, Robert Talbot. Später (1712) wurden die therapeutischen Eigenschaften der Cinchonarinde durch Francesco Torti

Abb. 2.4: Im Ospedale di Santo Spirito in Rom befindet sich ein Freskenzyklus, auf dem die Einführung des Chinins zur Bekämpfung der Malaria dargestellt wird. Angeblich hat die Gräfin von Cinchon, die Gattin des Vizekönigs von Peru, das Chinin nach Europa gebracht. Nach ihr sind auch die verschiedenen Cinchonaarten (Chinarindenbäume) – die pflanzlichen Träger des Alkaloids Chinin – benannt worden.
Quelle: Infectio, 1987. Editiones Roche. F. Hoffmann-La Roche AG, Basel, Schweiz. S. 214.

in Modena im einzelnen beschrieben. Verschiedene Formen von Fieber konnten damals nicht nach ihrer Ursache unterschieden werden, sondern bestenfalls nach phänomenologischen Gesichtspunkten. So differenzierte man zwischen «kontinuierlichen» und «periodischen» Fieberverläufen und bemerkte, daß der zuletzt genannte Typ bei Personen häufig war, die sich in warmen Klimazonen aufhielten. Bei den periodisch auftretenden Formen von Fieber unterschied man zwischen den leichteren «intermittierenden» und den schwereren «remittierenden» Verläufen. Wie John Brown, ein Mitarbeiter des damals bekannten Gründers der Glasgower Medizinischen Schule, William Cullen, postulierte, traten diese periodischen Fieberformen, besonders der intermittierende Typ, häufig bei schwächlichen oder «asthenischen» Patienten auf. Chinarinde wurde daraufhin als Tonikum des Nervensystems klassifiziert und seine Wirkung gegen Malaria anfänglich auf einen stimulierenden Effekt auf das Gehirn zurückgeführt. In einer 1820 veröffentlichten Arbeit berichteten Pelletier und Caventou über die Isolierung zweier Alkaloide aus grauer und gelber Cinchonarinde, Cinchonin und Chinin. Pelletier und Caventou setzten sich damals auch dezidiert für das Studium der reinen Cinchonaalkaloide anstelle der bis dahin üblichen Gemische ein und legten damit einen wichtigen Grundstein für die Entwicklung der Pharmakologie.[6] Daß dieser Gedanke auch heute noch aktuell ist, besagt die sprichwörtliche Aufforderung aus der Pionierzeit der Molekularbiologie «don't waste pure thinking on impure substances» oder «man sollte reines Denken nicht an unreine Substanzen verschwenden».

Auf die Reindarstellung des Chinins folgte umgehend der Nachweis seiner Wirksamkeit bei Malaria (Abb. 2.5). Das reine Alkaloid hatte gegenüber der Rinde nicht nur Vorteile in der Wirksamkeit, sondern auch in seiner Verträglichkeit. Es stand bald in hohem Ansehen und wurde in großen Mengen hergestellt und verwendet. Bald belief sich der Bedarf an Chinin auf mehrere Tonnen pro Jahr. Diese Mengen sollten darüber hinaus in gleichbleibender und verläßlicher Qualität bereitgestellt werden. Die Herstellung so großer Mengen von Chinin war nur noch im industriellen Maßstab möglich. Die Lieferung von Chinin wurde ebenso wie die Bereitstellung von Morphin in gleichbleibender Qualität zu einer wichtigen Forderung an

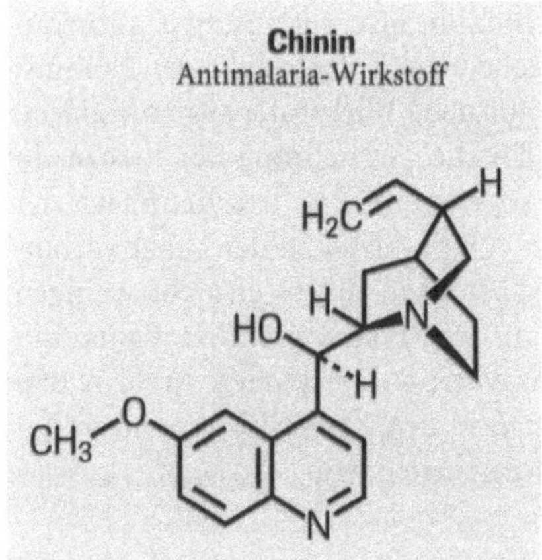

Abb. 2.5

die gegen Ende des 19. Jahrhunderts entstehende pharmazeutische Industrie.[7]

Chinin entpuppte sich – ähnlich wie Morphin – für die pharmazeutische Forschung als äußerst fruchtbare Verbindung. Sein Ruf, ein Antipyretikum, also ein fiebersenkendes Mittel, zu sein, stammte noch aus Zeiten, in denen man die wahre Ursache der Malaria nicht kannte. Natürlich wußte man damals auch nichts von der gegen Plasmodien gerichteten Aktivität des Chinins. Der Versuch, das Chinin als Ausgangssubstanz für die Suche nach neuen fiebersenkenden Stoffen zu benutzen, beruhte also auf einem Mißverständnis. Dennoch war er erfolgreich. Vom Studium der Zersetzungsprodukte des Chinins, der sogenannten Chinoline, gelangte Ludwig Knorr über semisynthetische Chininderivate schließlich zur mehr oder weniger zufälligen Synthese von Phenazon oder «Antipyrin» und damit zum meist verwendeten Arzneimittel der Jahrhundertwende.[8]

Der Selbstversuch eines Patienten mit Vorhofflimmern, der in der Einnahme von Chinin bestand, überzeugte anfangs dieses Jahrhunderts Karl Wenckebach, den prominenten Kardiologen aus Holland, von der antiarrhythmischen Wirkung des Chinins. Später stellte sich heraus, daß Chinidin, ein Isomer von Chinin, ein noch wirksameres und überdies besser verträgliches Mittel zur Wiederherstellung eines normalen Herzrhythmus (Antiarrhythmikum) ist.[9]

Überdies wurde das Aminochinolin, also ein aus zwei substituierten aromatischen Ringen bestehendes Spaltprodukt des Chinins, eine wichtige Ausgangssubstanz für neue Wirkstoffe gegen Malaria, die – im Gegensatz zu Chinin, das die Vermehrung der Erreger in den roten Blutkörperchen, die sogenannte Erythrozytenphase der Malaria, hemmt – das Überleben von Parasiten in der Leber verhindert. Die Kombination beider Substanzen führte in nicht wenigen Fällen zu einer völligen Ausheilung der Malariainfektion. Pamaquin war das erste dieser Chinolinderivate, später kamen Atebrin (ein Aminoacridin mit Angriffspunkten in den Erythrozyten und in der Leberzelle) und weitere Chinolinderivate hinzu.

Herzwirksame Glykoside

Ähnlich wie die Pflanzenalkaloide haben auch die Glykosiddrogen eine lange Geschichte. Am längsten scheint der Nieswurz *(Helleborus niger)* bekannt zu sein. Er wurde schon in der griechischen Mythologie erwähnt. Paracelsus beschrieb den Nieswurz als schleimhautreizende und stark abführende Droge. Auch eine entwässernde, diuretische Wirkung wird bei Paracelsus erwähnt.[10] Meerzwiebel, *Scilla maritima*, scheint ebenfalls schon lange als harntreibendes Mittel eingesetzt worden zu sein. Pythagoras erwähnt sie. Seine Kenntnis der Heilpflanze rührt möglicherweise aus Ägypten (s. Farbtafel 4).

Hingegen scheint die medizinische Verwendbarkeit des Maiglöckchens, der *Convallaria majalis*, eine Entdeckung der Neuzeit zu sein. Hinweise auf eine «herzstärkende» Wirkung finden sich 1530 in den *Herbarum vivae eicones* des Otto Braunfels und wenig später (1542) bei Leonhard Fuchs in seiner *Historia stirpium*.

Interessanterweise sind aus dem Altertum keine Hinweise auf die wirksamste Gruppe pflanzlicher Glykoside, nämlich auf die Inhaltsstoffe des Fingerhutes, der Digitalispflanze, überliefert. Auf den britischen Inseln dagegen war der Fingerhut als Heilpflanze seit dem Mittelalter bekannt. Er wird bereits in einer alten keltischen Schrift, dem *Meddygon Midway* aus Irland, erwähnt. Auch in dem bereits genannten Werk von Leonhard Fuchs wird die Pflanze beschrieben.[11] In England muß die Droge im 17. und 18. Jahrhundert als

Volksheilmittel bekannt gewesen sein, denn William Withering, der englische Arzt, der als der Entdecker der Heilkraft des Fingerhutes gilt, beschrieb selbst, daß er durch ein Familienrezept, das sich im Besitz einer alten Frau in Shropshire gefunden habe, auf das Mittel aufmerksam geworden sei. Withering konnte aus dem mehr als 20 Kräuter umfassenden Rezept schnell den Fingerhut *(Digitalis purpurea)* als die vermutlich wirksame Komponente identifizieren. Dekokte, also durch Kochen gewonnene Auszüge von Digitaliswurzeln und Blättern, erwiesen sich als wirksames Mittel in der Behandlung von «Wassersucht», also vermutlich von Zuständen, bei denen sich aufgrund einer Herzinsuffizienz Flüssigkeit in den Geweben angesammelt hatte. Withering selbst sprach 1777 in einem Brief an einen Wundarzt in Worcester von einer harntreibenden Wirkung. Wasseransammlungen im Brustkorb (Hydrothorax), im Rippenfell (Pleuraergüsse), im Herzbeutel (Perikardergüsse) oder in den peripheren Geweben (Ödeme) sprachen gut auf die von Withering verordneten *Digitalis purpurea*-Dekokte an. Ganz überwiegend war in seinen Berichten von einer diuretischen Wirkung die Rede, obwohl er auch schon eine direkte Wirkung auf das Herz erwähnte, die zu Heilzwecken genutzt werden könne (s. Farbtafel 5).[12]

Fälle von Herzschädigungen, die zu Herzinsuffizienz führen, müssen damals häufiger gewesen sein als zu unseren Zeiten. Der Grund dafür lag sicher in den zahlreichen bakteriellen Infektionskrankheiten, vor allem in Infektionen mit Streptokokken, die als «Fieber» eingeordnet wurden und die sehr häufig zu Entzündungen am Herzmuskel oder Klappenapparat führten und sich dann zu einer schließlich dekompensierten «Herzinsuffizienz» weiterentwikkelten. Withering und seine Zeitgenossen beobachteten aber auch bereits die Nebenwirkungen der Digitalistherapie, vor allem die typischen Zeichen der Überdosierung oder «Sättigung»: Übelkeit, Erbrechen, Durchfall, Schwindel, Farbsehen und verlangsamte Herztätigkeit (Bradykardie). Diese Wirkungen verschafften dem Digitalis den Ruf, gefährlich zu sein, obwohl die Droge von Ärzten wie Wilhelm Hufeland trotz dieser Gefahren sehr positiv beurteilt wurde.[13]

Richard Bright in London war der erste, der zwischen Wasseransammlungen zu unterscheiden lernte, die ihre Ursache in einer ungenügenden Funktion von Herz oder Nieren hatten. Er verwies in diesem Zusammenhang auf die Bedeutung des Urineiweißes als Begleiterscheinung einer auf Nierenfunktionsstörungen beruhenden Wassersucht. Man hätte aus dieser Erkenntnis sehr schnell zur Einsicht gelangen können, daß Digitalis sich nur zur Behandlung kardial bedingter Flüssigkeitsansammlungen eigne. Dies geschah aber erst im Laufe des 19. Jahrhunderts. 1855 war in den *Elements of Materia Medica and Therapeutics* noch keine Rede von dieser Unterscheidung. Hingegen finden wir in einem amerikanischen Verzeichnis von 1890 («Dispensatory of the United States of America») einen entsprechenden Hinweis.[14]

In Deutschland war die richtige Verwendung von Digitalis vor allem den Arbeiten des Internisten Lukas Schönlein (1793–1864) zu verdanken.[15] Ludwig Traube (1818–1876), Schönleins Schüler, wie er Kliniker, aber auch experimenteller Pathologe, beschrieb die pulsverlangsamende Wirkung des Digitalisextraktes am durch Curare gelähmten Hund, die durch die Durchtrennung des Vagusnerves rückgängig gemacht werden konnte.[16] Die Deutung der von Traube erhobenen Befunde stand damals sehr stark unter dem Eindruck der Entdeckungen von E. H. Weber und C. Ludwig, die gerade die Herznerven entdeckt hatten. Erst der englische Pharmakologe J. Milner Fothergill machte sich von der Vorstellung einer Verbindung zwischen Herznerven und Muskelkontraktion frei und stellte die Hypothese auf, daß die Wirkung des Digitalis einzig auf seiner die Herzkontraktion verstärkenden Kraft beruhe.

Um diese Hypothese zu bestätigen, bedurfte es neuer Methoden, die erst im Institut Oswald Schmiedebergs in Straßburg geliefert wurden. In einer 1872 erschienenen Arbeit hatte Rudolf Böhm[17] am isolierten Froschherzen und *in situ* die kardiale Wirkung des Digitoxins und Digitalins beschrieben. Die Durchtrennung der das Herz hemmenden Nerven schien auf diese Wirkung (Verlängerung der Diastole, Verstärkung der Systole) keinen Einfluß zu haben. Den endgültigen Beweis für eine direkte Wirkung des Digitoxins auf den Herzmuskel lieferte 1880 Francis Williams, der im Straßburger pharmakologischen Institut bei Schmiedeberg arbeitete. Er entwikkelte eine Methode, die es erlaubte, die Kontraktionsvorgänge am isolierten Froschherzen quantitativ zu messen, ohne dabei von Einflüssen des Tierkörpers behindert zu werden. Williams bestätigte

56

und erweiterte die Beobachtungen von Rudolf Böhm. Später verfeinerte Heinrich Dreser, ebenfalls im Labor von Schmiedeberg, diese Verfahren noch, indem er variable und kontrollierbare Strömungswiderstände in die Versuchsanordnung einbaute.[18] Dreser wurde nach seiner Habilitation in Tübingen und anschließenden Aufenthalten in Bonn und Göttingen der erste «Industriepharmakologe». Er erhielt 1897 die Möglichkeit, bei den Farbenfabriken Bayer pharmakologische Laboratorien aufzubauen. Heinrich Dreser, der uns auch im Zusammenhang mit Aspirin noch begegnen wird, personifiziert sozusagen eine der Nahtstellen zwischen der allmählich Identität gewinnenden experimentellen Pharmakologie und der in Entstehung begriffenen pharmazeutischen Forschung innerhalb der Industrie.

Bereits 1820 hatte man begonnen, nach den wirksamen Komponenten der Digitalispflanze zu fahnden, aber erst 1841 gelang es E. Homolle und Théodore Quevenne, dem leitenden Pharmazeuten der Charité in Paris, ein immer noch unreines, aber kristallines Material darzustellen, das bereits deutlich aktiver war als die bis dahin bekannten Zubereitungen. Vermutlich bestand es in der Hauptsache aus Digitoxin. Die Substanz wurde Digitalin genannt. Oswald Schmiedeberg isolierte 1875 in Straßburg Digitoxin. Dabei benutzte er Methoden, die zuvor schon von C. A. Navitelle benutzt worden waren und mit denen Navitelle 1869 eine Substanz isoliert hatte, das er als kristallines Digitalin bezeichnete. Obwohl die Reindarstellung von Digitalin und Digitoxin den therapeutischen und experimentellen Umgang mit diesen Glykosiden sehr erleichterte, dauerte es noch fast ein halbes Jahrhundert, bevor die Struktur dieser Stoffe bekannt wurde. 1928 und 1929 veröffentlichten Adolf Windaus und seine Mitarbeiter in Göttingen die korrekte Struktur von Digitoxin und Digitalin. Schließlich wurde die Palette der Digitalisglykoside durch die Beschreibung des Digoxins aus *Digitalis lanata* und des Strophantins aus dem Ouabaio-Baum *(Acanthera)* oder aus *Strophanton gratus* ergänzt.[19] Beide Glykoside erwiesen sich als therapeutisch wertvoll. Digoxin lief dem Digitoxin vielerorts den Rang ab, weil es weniger stark an Plasmaproteine und andere Körperbestandteile bindet, schneller ausgeschieden wird und wegen dieser Eigenschaften weniger zur Speicherung im Organismus neigt als

Digitoxin. Die Digitalisglykoside wurden außerhalb ihrer klinischen Bedeutung Modellsubstanzen für die im Aufschwung befindliche experimentelle Pharmakologie. Davon wird später noch die Rede sein.

Aspirin

Die Entdeckung von Aspirin verlief auf zwei ganz verschiedenen Wegen: sie war einmal das Ergebnis der Suche nach dem fiebersenkenden Prinzip der Weidenrinde. Zum anderen aber entstammte sie der gezielten Suche nach neuen synthetisch zugänglichen Verbindungen mit fiebersenkenden und schmerzstillenden Eigenschaften. Als diese beiden Forschungslinien einander kreuzten, wurde Acetylsalicylat gefunden. An dieser Stelle wurde auch seine einmalige Wirksamkeit erkannt.

Weidenrinde wurde als Quelle fiebersenkender (antipyretischer) und antientzündlicher Wirkungen durch Jahrtausende hindurch entdeckt, vergessen und wieder entdeckt. Hippokrates erwähnt Zubereitungen aus Rinde von *Salix alba* als schmerzstillendes und fiebersenkendes Mittel. Für die Neuzeit wurde die Weidenrinde durch einen englischen Pfarrer entdeckt, der nach fiebersenkenden Mitteln suchte und dabei von der magischen und in seinem Fall christlich geprägten Vorstellung ausging, daß die Vorsehung die Mittel gegen Krankheiten in der Nähe ihrer Ursachen angesiedelt habe. Edward Stone, so hieß der religiöse Mann, hatte beobachtet, daß Menschen, die in der Nähe von feuchten oder sumpfigen Gebieten lebten, besonders anfällig für fieberhafte Erkrankungen waren. Da Weiden in Sümpfen wuchsen und man überdies zu dieser Zeit (1763) schon ein Beispiel für die Gewinnung einer wichtigen Arzneiwirkung aus einer Baumrinde kannte (Cinchonarinde), entschloß sich Stone, bei Fieber aus verschiedener Ursache Weidenrinde zu verordnen. Er zerrieb ein Pfund getrockneter Weidenrinde und verabreichte das resultierende Pulver in Wasser, Tee oder Bier an fünfzig fiebernde Kranke. Diese «klinischen Versuche» dauerten mehrere Jahre. Von wenigen Ausnahmen abgesehen, beobachtete Stone nach der Verabreichung seiner Medizin eine Senkung des Fiebers und auch den Rückgang von Schmerzen. Er publizierte seine Befunde 1763 in einer Schrift der

Royal Society of London. Deutsche Wissenschaftler isolierten 1821 aus Weidenrinde gelbe, bitter schmeckende Kristalle, die sie «Salicin» nannten. Heute wissen wir, daß es sich dabei um Natrium-Salicylat handelte. Zehn Jahre später gelang es französischen Chemikern, die Salicylsäure synthetisch herzustellen. 1874 verabreichte Thomas MacLagan, ein schottischer Arzt, Salicin an Patienten mit akutem Gelenkrheumatismus. Kurz zuvor hatte Carl Buss in Berlin ähnliche Versuche durchgeführt. Beide Autoren sahen klinische Besserungen und waren von der therapeutischen Wirkung des Salicins beziehungsweise der Salicylsäure in der Behandlung des rheumatischen Fiebers überzeugt. Daß Salicin im Körper zu Salicylsäure metabolisiert wird, hatte 1870 Marcellus von Nencki in Basel gezeigt. Buss zumindest wußte bereits, daß Salicylsäure das wirksame Prinzip des schon länger bekannten Salicins war.

Entzündungshemmende und fiebersenkende Medikamente bildeten gegen Ende des 19. Jahrhunderts das attraktivste und am schnellsten wachsende Segment der jungen pharmazeutischen Industrie. 1883 hatte Ludwig Knorr das Antipyrin synthetisiert und die Rechte für diese Substanz an Meister Lucius und Brüning in Hoechst abgetreten. Zwei elsässische Ärzte, die Doktoren Kahn und Hepp, stießen 1886 bei der Suche nach antiparasitären Verbindungen auf das Acetanilid, ein Produkt aus Kohlenteer, das fiebersenkende Eigenschaften besaß, gegen Parasiten allerdings unwirksam war. Sie traten die Rechte für diese Substanz an die Firma Kalle in Wiesbaden ab, die bereits das Patent für die Herstellung dieser Substanz hielt. Acetanilid erhielt den Markennamen Antifebrin. Der Erfolg von Antifebrin veranlaßte Carl Duisberg, der damals für die Bayer-Laboratorien verantwortlich war, nach einem eigenen Antipyretikum zu suchen. Dabei ließ er sich von der chemischen Ähnlichkeit zwischen Acetanilid und p-Nitrophenol leiten, das als Abfallprodukt der Farbengewinnung aus Steinkohlenteer in größeren Mengen zur Verfügung stand. 1888, im Dreikaiserjahr, stellten die Farbenfabriken Bayer aus p-Nitrophenol ihr erstes pharmazeutisches Produkt her, Acetophenitidin oder Phenacetin. Phenacetin war das erste Arzneimittel, das von einer privaten Firma konzipiert, synthetisiert, entwickelt und vermarktet wurde. Phenacetin wurde ein großer medizinischer und kommerzieller Erfolg. Dieser Erfolg war für Carl Duisberg der Anlaß, in Elberfeld Laboratorien zu schaffen, die einzig und allein der Auffindung neuer Medikamente dienen sollten. Diese neue pharmazeutische Abteilung bestand aus den Syntheselabors, die von Arthur Eichengrün geleitet wurden, und einer pharmakologischen Abteilung unter Heinrich Dreser, der uns als Schüler von Oswald Schmiedeberg bereits einmal begegnet ist. Eichengrün hatte die Idee, nach einem zweiten Derivat der Salicylsäure zu suchen, das weniger Nebenwirkungen auf Magen und Darm haben sollte als Salicin oder die freie Salicylsäure selbst. Mit diesem Projekt beauftragte er einen jungen Chemiker, den 29 Jahre alten Felix Hoffmann. Am 10. Oktober 1897 hatte Hoffmann Erfolg. An diesem Tag findet sich in seinem Laborbuch eine Eintragung über die Synthese von Acetylsalicylsäure: Aspirin, das erfolgreichste Medikament mit einer Lebensdauer von nunmehr 100 Jahren, war geboren (Abb. 2.6). Hoffmann war allerdings nicht der erste, der Acetylsalicylat synthetisiert hatte. Die Substanz war bereits 1853 in roher Form von Charles Frédéric Gerhardt in Frankreich und 16 Jahre später von Carl Johann Kraut in Deutschland dargestellt worden. Ihre überragenden Eigenschaften aber wurden erst erkannt, nachdem diese Verbindung als Resultat einer gezielten Suche nach neuen entzündungshemmenden und schmerzstillenden Substanzen gefunden worden war. Die Geburt von Aspirin verlief nicht ohne Schmerzen. Dreser lehnte die Substanz zunächst ab: er konnte mit den damaligen pharmakologischen Methoden keine Vorteile gegenüber anderen Antipyretika entdecken. Den Salicylaten wurde damals eine herzschädigende Wirkung zugeschrieben, die Dreser auch beim Aspirin gefunden zu haben glaubte.

Acetylsalicylsäure, ASPIRIN®
Analgetikum

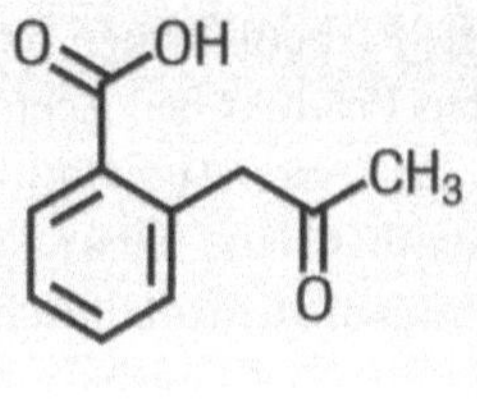

Abb. 2.6

Eichengrün gab sich mit dem negativen Bescheid von Dreser nicht
zufrieden. Er nahm den neuen Stoff zunächst selbst ein und entschloß sich dann, angesichts einer folgenlosen Einnahme, die Substanz auch an Patienten untersuchen zu lassen. Die Tatsache, daß vor
allem Berliner Ärzte dabei behilflich waren und daß einer von ihnen,
Dr. Felix Goldmann, aufgrund seiner Befunde einen enthusiastischen
Bericht über Aspirin schrieb, veranlaßte Dreser zu der Bemerkung:
«Die übliche Berliner Angeberei». Zu diesem Zeitpunkt schaltete
sich nach einem Bericht von Eichengrün Carl Duisberg selbst in die
Diskussion ein und verlangte, daß die Substanz in einem auswärtigen
pharmakologischen Labor geprüft werde. Nachdem dies geschehen
war und die Substanz aus dieser Untersuchung mit Bestnoten hervorgegangen war, stimmte auch Dreser der weiteren Entwicklung zu.
Salicylsäure kommt in Spiräen, einem weiß blühenden Strauch, vor
und trug daher in Deutschland den Namen Spirsäure. Aus «Acetyl-
Spirsäure» entstand 1899 der Name und der Begriff «Aspirin», der
von diesem Jahr an einen beispiellosen Siegeszug antrat. Aspirin wurde zu Beginn des 20. Jahrhunderts und bis weit in die Mitte des Jahrhunderts hinein besonders in den USA zu einer Art Kultdroge, die für
eine große Zahl reeller oder eingebildeter Beschwerden verwendet
wurde. Enrico Caruso verlangte von seinen Impresarios, ihn immer
mit Aspirin zu versorgen, und Franz Kafka erklärte seiner Verlobten
Felice Bauer, daß er nur mit Aspirin in der Lage sei, die Widrigkeiten
des Daseins zu ertragen. Aspirin bei allen Unpäßlichkeiten und
Schmerzen: die gute Verträglichkeit des Medikamentes trotzte allen
unvernünftigen Anwendungen. Der Mechanismus der Aspirinwir-
kung wurde erst spät im 20. Jahrhundert aufgeklärt, und die hemmende Wirkung des Aspirins auf die Plättchenaggregation, die inzwischen erwiesenen präventiven Eigenschaften im Hinblick auf
Herzinfarkte und Schlaganfälle, haben diesem Wundermittel noch
gegen Ende seines ersten Jahrhunderts einen zweiten Frühling beschert.[20]

Mutterkornalkaloide

Während des Mittelalters starben immer wieder Menschen, nachdem sie Roggenbrot gegessen hatten, das mit den Giften aus einem

Pilz kontaminiert war. Der Pilz wuchs auf Roggenähren. Sein Name ist *Claviceps purpurea*. Zuweilen erreichten die durch Claviceps verursachten Todesfälle epidemische Ausmaße. Auffällig war, daß die Befallenen an einer Gangrän ihrer Gliedmaßen litten. Ende des 11. Jahrhunderts war diese Krankheit ein so großes Problem, daß zur Behandlung der Unglücklichen, die von ihr befallen wurden, ein eigener Orden gegründet wurde. Der Schutzheilige dieses Ordens war St. Antonius und die durch *Claviceps purpurea* hervorgerufene Krankheit wurde oft als «St. Antoniusfeuer» bezeichnet. Der Grund für die Erkrankung wurde erst im 17. Jahrhundert erkannt. Seither konnte durch die Vermeidung kontaminierter Ähren das Vorkommen der Krankheit auf Einzelfälle beschränkt werden.

Noch bevor die krankmachende Wirkung von *Claviceps purpurea* oder von *Secale cornutum* erkannt worden war, wurde die aus dem Pilz gewonnene Droge aber bereits zur Beschleunigung der Wehen verwendet. Jedenfalls wird diese Anwendung schon bei Adam Lonicer in seinem 1582 erschienenen Kräuterbuch erwähnt. Die Bezeichnung «Mutterkorn» hat hier ihren Ursprung. Aber auch die Gefahren einer solchen Behandlung wurden mit der Zeit erkannt. Zu heftige Wehen konnten zu Rissen in der Gebärmutterwand oder zu Totgeburten führen. Anfang des 19. Jahrhunderts wurde *Secale cornutum* nur noch zur Stillung postoperativer Blutungen empfohlen.

In der Folge konzentrierte sich die chemische und pharmakologische Erforschung der Mutterkorn- oder Ergotalkaloide (so bezeichnet wegen ihrer Verwandtschaft zur Lys*erg*säure) auf England und die Schweiz. George Berger und Francis Carr von den Wellcome Research Laboratories standardisierten Ergotextrakte, die zu therapeutischen und experimentellen Zwecken von ihrer Firma vertrieben wurden. 1905 berichteten sie über die Isolierung eines Komplexes von reinen Alkaloiden, den sie als Ergotoxin bezeichneten. Andere Autoren zeigten 1943, daß es sich hierbei um eine Mischung aus Ergocornin, Ergocristin und Ergocryptin gehandelt hatte. Der Nestor der englischen Pharmakologie, Henry Dale, entwickelte Bioassays, mit denen die Wirkung der Ergotalkaloide gemessen werden konnte. Besonders wichtig war der Hinweis, daß Ergotoxin nicht nur die Kontraktion glatter Muskeln herbeiführen konnte

(Uterus, Arterien, Pupille), sondern an den Blutgefäßen auch das Gegenteil bewirkte, wenn es als Gegenspieler des Adrenalins eingesetzt wurde.[21]

Die Sandoz AG in Basel wurde ab 1917 zum Motor der Erforschung der Mutterkornalkaloide. In jenem Jahr trat Arthur Stoll, ein Schüler Richard Willstätters, in die Dienste des Unternehmens. Willstätter war einer der Großen in der Chemie des anbrechenden 20. Jahrhunderts.[22] Wir verdanken ihm die Isolierung und Strukturaufklärung des Chlorophylls, für die er 1915 den Nobelpreis erhielt, und Arthur Stoll war einer seiner brillantesten Schüler. Der Aufbau der Arzneimittelforschung bei Sandoz begann mit der Erforschung der Ergotalkaloide. Bereits ein Jahr nach seinem Beginn in Basel hatte Stoll Ergotamin, das erste reine Ergotalkaloid, dargestellt. Es dauerte allerdings 33 Jahre bis zur Aufklärung der Struktur von Ergotamin. Erst 1961 gelang Albert Hofmann und seinen Mitarbeitern, ebenfalls bei Sandoz, die Totalsynthese dieses komplizierten Alkaloids. Von der Ergotforschung, deren medizinische Anwendungen zunächst begrenzt erschienen, führten Wege in die Hochdrucktherapie, weiterhin zur Behandlung der Migräne und, denken wir an Bromocryptin, auch zur Behandlung der mit Schüttellähmung einhergehenden Parkinsonschen Erkrankung und zur Untersuchung halluzinogener Mechanismen (Lysergsäurederivate).[23] Die Ergotalkaloide bilden ein Beispiel dafür, daß die konsequente Bearbeitung eines Naturstoffgemisches im Dialog zwischen Chemikern und Biologen zur Entwicklung eines ganzen Segmentes der Arzneimittelforschung führen kann, im vorliegenden Fall mit Anwendungen in der Gynäkologie, der Bluthochdruck- und Migränetherapie und der Neurologie.

Diese Beispiele sollen uns vorerst genügen. Sie zeigen, daß zwischen der modernen, bis in unsere Tage hineinreichenden Arzneimittelforschung und den noch tastenden Anfängen der Behandlung von Krankheiten nachvollziehbare Zusammenhänge bestehen. Sie zeigen ebenfalls, daß die Herstellung von Extrakten und Gemischen von definierter Wirksamkeit am Anfang der Industriepharmakologie stand und daß die Reindarstellung von Inhaltsstoffen, ihre Totalsynthese und nachfolgende synthetische Abwandlung im Dialog mit der experimentellen Pharmakologie den weiteren Fortgang der Arzneimittelforschung in unserem Jahrhundert prägten. Im folgenden

Abschnitt wollen wir versuchen, die Entwicklung der experimentellen Pharmakologie kurz nachzuzeichnen.

Die Entwicklung der experimentellen Pharmakologie

Emanzipationsbewegungen

Bereits vor der Französischen Revolution hatten in vielen Bereichen der französischen und der europäischen Gesellschaft Emanzipationsbewegungen eingesetzt: Berufe, die bislang dem Adel und dem gehobenen Bürgertum vorbehalten gewesen waren, wurden plötzlich auch den Söhnen aus einfacheren Gesellschaftsschichten, also aus den handwerklichen oder bäuerlichen Berufen, zugänglich. Für die Wissenschaft bedeutete diese Annäherung eine Neubewertung des Experimentes. Waren Wissenschaft (Philosophie, Gelehrsamkeit, die vorwiegend auf überlieferten Quellen basierte) und Handwerk während des ganzen Mittelalters getrennt gewesen, so rückten sie nun näher aneinander. Damit traten die vorbehaltlose Anschauung der Natur, der Erkenntnisgewinn durch das Experiment und die nüchterne Interpretation an die Stelle der freien Spekulation, die sich bis dahin der Kontrolle durch Anschauung oder Experiment weitgehend entzogen hatte. Mit der Französischen Revolution begann in Europa eine breite, allmählich alle Nationen und Gesellschaften umfassende Bewegung, die darauf hinauslief, daß die Deutung der Welt und die geistige Aneignung ihrer Erscheinungen nicht mehr wenigen privilegierten Schichten überlassen blieben, sondern zum allgemeinen Anliegen breiter Kreise wurden. In Deutschland setzte sich diese Einstellung erst im Vormärz, also in den Jahren 1830 bis 1850, durch. Für die Medizin und für die Beschäftigung mit Arzneimitteln führten diese allgemeineren Umwälzungen zu tiefgreifenden Veränderungen. Anatomie, Entwicklungsgeschichte und Physiologie nahmen einen bedeutenden Aufschwung. Während in der Vergangenheit die Fortschreibung antiken oder mittelalterlichen Wissens, ergänzt durch eigene Spekulationen, die anatomische Wissenschaft und Lehre bestimmt hatten, traten nun, zu Anfang des 19. Jahrhunderts, vermehrt eigene manuelle Studien in den Vorder-

64

grund. Wer Anatomie betreiben wollte, mußte selbst sezieren, beobachten, beschreiben, klassifizieren und bei der Interpretation des Beschriebenen im Rahmen überprüfbarer und nachvollziehbarer Befunde bleiben. In der Physiologie eroberte sich das Tierexperiment seinen bis heute eingenommenen Platz, und die Untersuchung der ersten reinen oder zumindest standardisierten Stoffgemische aus Pflanzenbestandteilen, die in dieser Zeit gewonnen wurden, folgte diesem von der Physiologie vorgezeichneten Muster. Die Exponenten dieser neuen experimentellen Medizin kamen zum großen Teil aus den handwerklichen Schichten: François Magendie, der erste experimentelle Pharmakologe, und sein stärker anatomisch orientierter Zeitgenosse François Broussais waren Söhne von Chirurgen. Dieser Beruf war, anders als der des Arztes, damals ein handwerklicher Beruf. Magendies größter Schüler, Claude Bernard (1813–1878), war der Sohn eines Weinbauern; Johannes Müller, der Nestor der deutschen Physiologie (1801–1858), entstammte einer Arbeiterfamilie, und einer der ersten deutschen Pharmakologen, Carl Philipp Falck (1816–1880), war Sohn eines Handwerkers. Leopold Auenbrugger (1772–1809) war der Sohn eines Gastwirtes; er führte seine ersten Perkussionsversuche an Krügen mit unterschiedlichem Füllungsgrad durch und bereicherte dann die diagnostische Medizin mit einer ihrer bis heute wichtigsten handwerklichen Grundlagen, der Thoraxperkussion,[24] dem Abklopfen des Brustkorbes.

Die Medizin wurde anschaulich und begann sich an Erfahrungen und Beobachtungen zu orientieren und nicht mehr an Theorien und Spekulationen. Erst später im 20. Jahrhundert erinnerten sich die medizinischen Wissenschaften, vor allem die Molekularbiologie, daran, daß am Anfang eines jeden Experimentes eine spekulative, die Wirklichkeit vorwegnehmende Idee stehen muß. Diese Idee hält den Ergebnissen des Experimentes entweder stand, oder sie wird durch diese Ergebnisse «falsifiziert». Wissenschaft ist in ihrer kreativsten Form häufig ein Dialog zwischen intuitiven und analytisch-experimentellen Leistungen.

Weitere Umstände veränderten die Medizin. Die politische oder gesellschaftliche Idee der Republik und ihrer Organe wurde auf die Biologie übertragen. Ein Staatswesen, dessen freie und autonome Bürger dem Staat nicht mehr unterstehen, sondern ihn dadurch *bedingen*, daß sie ihrem eigenen Lebenszweck und ihren selbstgewählten Aufgaben nachgehen, wurde zum Modell des menschlichen Organismus. Einzelne Organe und Zellen wurden nun die Objekte wissenschaftlicher Studien und Beobachtungen. Hier setzte etwas ein, das man erst viel später als Reduktionismus bezeichnete und besonders in unseren Tagen und im Zusammenhang mit einer molekularen Medizin auch kritisierte. Das Zeitalter der Zellbiologie, in Deutschland durch Johannes Müller (1801–1858) und J. F. Sobernheim (1803–1846) vertreten, war angebrochen. Es gipfelte einerseits in der Zellularpathologie Rudolf Virchows, andererseits in der Ausformung der Physiologie und Pharmakologie zu Wissenschaften, die mehr und mehr das isolierte Organ, dann einzelne Zellen und schließlich subzelluläre Strukturen und Systeme in den Mittelpunkt ihrer Beobachtungen stellten. Auf dem Wege zu dieser neuen Medizin führte zunächst Frankreich. François Magendie und Claude Bernard, Lehrer und Schüler, wurden zu Begründern einer aus der Physiologie herauswachsenden Pharmakologie. In Deutschland folgten, mit einer Verspätung von etwa 30 Jahren, Rudolf Buchheim und Oswald Schmiedeberg.

François Magendie war der erste französische Mediziner, der sich von allen Ansichten emanzipierte, die nicht durch Beobachtungen oder experimentelle Befunde gestützt waren. Er glaubte fest daran, daß die Gesetze der Physik und Chemie auch im Bereich des Lebendigen Geltung haben. Sein Hauptziel bestand nach seinen eigenen Worten darin, die Physiologie wieder auf «positive Tatsachen» zurückzuführen. Er verglich sich selbst mit einem Sammler, der Tatsachen konstatierte, ohne sie zu bewerten. In der Untersuchung von Pharmaka ging er am liebsten von Drogen aus, die bereits in der Therapie eingesetzt wurden, bemühte sich aber stets um die Darstellung der Wirkstoffe aus den jeweiligen Bereitungen, bevor er ihre pharmakologischen Wirkungen beschrieb. Die durch François Magendie in die

66

Physiologie eingeführten Neuerungen lassen sich wie folgt zusammenfassen: er entwickelte als erster so etwas wie eine systematische tierexperimentelle Technik. Er bestand auf einer nüchternen und genauen Beschreibung von Körperfunktionen beim Tier. Für ihn war der Tierversuch eine notwendige Methode zur Beurteilung neuer Wirkstoffe. Und schließlich: er wollte den Einsatz von Wirkstoffen am Menschen nach den zuvor am Tier erhobenen Befunden gestalten. Mit der Durchsetzung dieser Grundsätze legte er die Grundlagen der experimentellen Physiologie. Seine Untersuchungen über die Wirkung des Strychnins und Emetins repräsentieren aber bereits ernsthafte Ausflüge in die experimentelle Pharmakologie.

Claude Bernard setzte die Arbeiten seines Lehrers fort. In der Art seiner Fragestellung näherte er sich stärker der eigentlichen Pharmakologie an. Sein besonderes Interesse galt den Giften, aber auch solchen Stoffen, die auf empirischer Grundlage bereits als Medikamente verwendet wurden. Besonders ausführlich befaßte er sich mit den durch Nikotin erzielten Wirkungen und Vergiftungsbildern. Stärker als sein Lehrer bewegte sich Claude Bernard in einem dialektischen Spiel zwischen Beobachtung, Hypothese und Versuch.[25] Wie Magendie wies er auf die physiologischen und chemischen Grundlagen der Körperfunktionen hin, ohne sich darauf einzulassen, sie in mathematischen Formeln oder auch nur in numerischen Kategorien auszudrücken. Dafür sei die Zeit noch nicht reif. Claude Bernard setzte sich bereits mit Fragen der Resorption, der Verteilung, der Kinetik und des Arzneimittelstoffwechsels auseinander und nahm viele Fragestellungen vorweg, die erst geraume Zeit später medizinisch lösbar wurden. Zum Beispiel stellte er die Frage, ob Curare nicht kontrolliert zur Erleichterung von Operationen unter Narkose eingesetzt werden könne; in analoger Weise befaßte er sich mit der Möglichkeit, Strychnin in angepaßter Dosierung zur Überwindung von Muskellähmungen anzuwenden. Weder Curare noch Strychnin erfüllten jedoch die therapeutischen Ansprüche, die Bernard im Auge hatte. Als pharmakologische und therapeutische Ansätze aber blieben viele seiner Überlegungen aktuell. Die Entwicklung muskelentspannender Mittel und ihre Einführung in die Anästhesiologie und in die Chirurgie erhellen diesen Punkt, ebenso wie die Verwendung cholinerger Substanzen zur Behandlung einer chronischen

Muskelschwäche, der *Myasthenia gravis*. Cholinerge Verbindungen ähneln dem natürlichen Überträgerstoff Acetylcholin, der die Zusammenziehung der Muskeln bewirkt.

Wirkung und Funktion – die Diktatur des Experimentes

Die Arbeiten von Magendie und Bernard fanden in Frankreich und mit einiger Verspätung auch im deutschsprachigen Raum lebhaften Nachhall. Bei der Vielzahl der involvierten Wissenschaftler fällt es schwer, die Evolution der experimentellen Pharmakologie im einzelnen nachzuzeichnen. Wenn hier Rudolf Buchheim als der Begründer dieses Faches in Deutschland genannt wird, dann deswegen, weil er als erster ein experimentelles pharmakologisches Labor aufbaute.[26] Der Ort dieser denkwürdigen Tat war die deutschsprachige Universität von Dorpat in Estland, auf deren Lehrstuhl für Arzneimittellehre, Diätetik und Geschichte der Medizin Buchheim in jungen Jahren berufen wurde. Buchheim emanzipierte die Pharmakologie von der Physiologie, indem er das Arzneimittel und seine Charakterisierung in den Mittelpunkt der Betrachtungen stellte. Methodik und Sprache des neuen Faches blieben physiologisch, aber es waren nicht mehr die Körperfunktionen als solche, die das Ziel der experimentellen Untersuchungen abgaben, sondern die Veränderungen, die sie unter dem Einfluß von Toxinen und Arzneimitteln erfuhren. Buchheim war auch der erste, der das Studium der Pharmaka von der praktischen Therapie abkoppelte. Die Beschreibung der Wirkung erfolgte am gesunden, experimentell manipulierten Tier oder an isolierten Organen oder Zellen, nicht am Patienten. Da die experimentellen Bedingungen im Tierversuch strenger und eingreifender sein können als am Patienten, konnten nun auch Arzneimittelwirkungen mit größerer Schärfe und Genauigkeit beschrieben werden. Arzneimittel wurden also unabhängig vom Kranken und von der Krankheit geschildert. Darin lagen erhebliche Vorteile: die Möglichkeit der naturwissenschaftlichen Genauigkeit, der Quantifizierung von Dosis und Wirkung und die Charakterisierung von Vergiftungsbildern. Darin lag aber auch die Gefahr, daß die Pharmakologie sich von therapeutischen Problemen entfernte. Sie verfiel dieser Gefahr und fand erst in diesem Jahrhundert wieder zurück zu ihrem eigentlichen Ausgangspunkt, der Behandlung von Krankheiten. Wenn man die Widerstände verstehen will, denen sich die junge Pharmakologie damals gegenübersah, muß man auch die allgemeine Situation der Medizin in der Mitte des vorigen Jahrhunderts in Deutschland verstehen. C. A. Wunderlich und W. Roser hatten 1842 das erste Heft ihrer neuen Zeitschrift «Physiologische Heilkunde» herausgegeben. In dieser programmatischen Schrift hatten sie alle traditionellen Heilmittel, die eine unbewiesene *a priori*-Klassifikation trugen, verworfen. Ebenso hatten sie sich gegen die auf Thomas Sydenham zurückgehenden Krankheitsbilder, also gegen den ontologischen Krankheitsbegriff, gewandt und Krankheit als funktionelle Abweichung von der Norm definiert, die in jedem Falle individuelle Züge trage und deshalb auch eine individualisierte Behandlung erfordere.[27] Eine empirische Auswahl von Arzneimitteln, die sich nach künstlich geschaffenen Krankheitsbegriffen, sogenannten «nosologischen Entitäten», richten sollte, fanden sie ebenfalls unakzeptabel. Nach den Vorstellungen der physiologischen Medizin der Wunderlich-Schule sollte ein Medikament nur dann eingesetzt werden, wenn tierexperimentelle Beweise dafür vorlagen, daß es die im Krankheitsfall gestörten Funktionen im therapeutisch erwünschten Sinne beeinflussen und korrigieren könne. In der Tat verschwanden unter dem Eindruck dieser neuen und rigorosen Auffassung achtzig Prozent der bis Mitte des 19. Jahrhunderts benutzten Medikamente aus den gebräuchlichen Arzneimittelverzeichnissen, den Pharmakopöen. Die Ärzte standen plötzlich mit sehr wenigen Medikamenten da, und in der nun stärker wissenschaftlich orientierten Medizin breitete sich ein therapeutischer Nihilismus aus, für den besonders die Wiener Schule exemplarisch wurde.

Oswald Schmiedeberg oder die Erschaffung der Pharmakologie

Den Weg einer naturwissenschaftlich begründeten und begründbaren Therapie dennoch weiterzugehen und dabei das begriffliche und experimentelle Gebäude der modernen Pharmakologie zu schaffen, war das Verdienst Oswald Schmiedebergs (Abb. 2.7). Schmiedeberg studierte in Dorpat und promovierte bei Rudolf Buchheim. Nach Buchheims Berufung auf einen Lehrstuhl in Gie-

Abb. 2.7: Oswald Schmiedeberg (1838–1921) gilt als der Begründer der modernen Pharmakologie: 1871 wurde er auf das neu gegründete Ordinariat für Pharmako-logie an der Universität Straßburg berufen und blieb dort bis 1918. Unter Schmiedebergs Leitung wurde das Straßburger Institut zu einem führenden Zentrum in Forschung und Ausbildung.

ßen übernahm der junge Schmiedeberg das von Buchheim gegründete Institut in Dorpat. Von dort wurde er 1871 auf den neu geschaffenen Lehrstuhl für Pharmakologie der ebenfalls neu gegründeten Reichsuniversität Straßburg berufen. In den nun folgenden Jahren bis 1918, dem Jahr, in dem das Elsaß zu Frankreich zurückkehrte, baute Schmiedeberg in Straßburg nicht nur ein vorbildliches Institut auf, sondern er schuf in diesem Institut und mit seinen Schülern, die diesem Institut während der langen Zeit von 46 Jahren irgendwann einmal angehörten, das Fach Pharmakologie, wie wir es heute kennen. Ein Schwerpunkt seiner Arbeit betraf die schwierige Chemie der Digitalisglykoside. Schmiedeberg und seine Mitarbeiter isolierten als erste reines Digitoxin. Aber nicht nur die Chemie, mehr noch die systematische Beschreibung von Arzneimittelwirkungen am Tier oder an isolierten Organen wurde zum Kennzeichen des Straßburger Institutes. Dosis-Wirkungs-Beziehungen und andere heute selbstverständliche Kategorien der modernen Arzneimittelforschung kamen direkt oder indirekt aus dem Arbeitskreis von Schmiedeberg.[28]

Die enge Verbindung von Biochemie und Pharmakologie fand in Arbeiten über den Arzneimittelstoffwechsel ihren Ausdruck. Die Detoxifizierung von Arzneimitteln durch Glukuronsäure, aber auch wichtige Arbeiten über die Synthese der Bestandteile des Knorpels, der Hyaluronsäure und die Beziehung dieser Säure zu Chondroitinsulfat, Kollagen und Amyloid gehörten zu den Interessen des Straßburger Instituts. Im Zeitalter der Molekularbiologie soll nicht unerwähnt bleiben, daß es das Schmiedebergsche Institut war, in dem die erste Reinigung einer Nukleinsäure gelang.

Schmiedeberg schuf die Pharmakologie auch dadurch, daß er Schüler ausbildete, die nach und nach alle neu gegründeten Lehrstühle im deutschsprachigen Raum und weit darüber hinaus besetzten. Aus seiner Schule stammten auch die ersten prominenten Industriepharmakologen wie Heinrich Dreser (Bayer) und Edwin Stanton Faust (Ciba). Im Straßburger Institut von Oswald Schmiedeberg trafen sich zwei für die Arzneimittelforschung wichtige Traditionen: einmal die auf Sertürner, Pelletier, Caventou und andere zurückgehende Isolierung reiner Wirkstoffe aus komplexen Gemischen und zweitens eine immer exakter und reduktionistischer fortschreitende

Beschreibung physiologischer Funktionen, die mit Magendie und Claude Bernard begann und sich durch Buchheim, Schmiedeberg und durch dessen Schule ständig verfeinerte. Damit waren zwei wichtige Voraussetzungen für die Entstehung der industriellen Arzneimittelforschung geschaffen. Eine weitere Voraussetzung lag in der Entwicklung der synthetischen Chemie und dem Konzept der Chemotherapie, die sich historisch aus der Farbstoffchemie entwickelte. Davon soll in den nächsten Abschnitten die Rede sein.[29]

Ursprünge in der Heterozyklenchemie

Bis etwa 1860 waren die theoretischen Grundlagen für die Entstehung einer chemischen Industrie im Unterschied zu einem chemischen Handwerk oder Gewerbe gelegt. Avogadros Atomhypothese war bestätigt, ein periodisches System der Elemente erstellt. Das heißt, die Chemie hatte eine Theorie entwickelt, die es ihr gestattete, Elemente nach ihrem Atomgewicht und nach ihrer Wertigkeit zu ordnen und darüber hinaus die Existenz neuer, noch nicht entdeckter Elemente vorauszusagen. Man verfügte über eine Theorie der Säuren und Basen. August von Kekulé formulierte 1865 seine bahnbrechende Theorie über die Struktur aromatischer Kohlenstoffverbindungen.[30] Der Begriff «aromatisch» rührte daher, daß einige zunächst in Pflanzen gefundene Kohlenstoffverbindungen aromatisch dufteten.[31] Später fand man, daß solche Stoffe weniger Wasserstoff enthielten, als man nach der für aliphatische Kohlenwasserstoffe geltenden Summenformel C_nH_{2n+2} voraussagen mußte. Für Terpentin zum Beispiel, ein Öl, das man aus Kiefernholz destilliert hatte, lautete die Summenformel $C_{10}H_{16}$. Für Xylen, ein Destillat aus einer Pinienart *(Pinus maritimus)*, fand sich die Zusammensetzung C_8H_{10}. Schließlich wurden aus dem Steinkohlenteer durch Redestillation viele Öle gewonnen, aus denen Verbindungen mit ähnlichen Eigenschaften auskristallisierten. Naphthalin war eine der ersten und wichtigsten Verbindungen dieser Art; im Laufe der Zeit wurde jedoch eine sehr große Zahl von «aromatischen» Substanzen aus Steinkohle und Teer bekannt. Kein Geringerer als Justus von Liebig wandte sich gegen eine zu intensive Beschäftigung mit diesen durch «destruktive Destillation» gewonnenen Substanzen. Seiner Meinung nach hatten diese Verbindungen nichts mit der «organisierten» – er meinte wohl «lebendigen» – Natur zu tun. Die Welt der tierischen und pflanzlichen Chemie solle das zentrale Interesse der Chemie bleiben, die wichtigsten Fragen in der Chemie hätten wenig mit der Auflösung von Zahlenverhältnissen zu tun. Die Zahl dieser durch «destruktive Destillation» hergestellten Verbindungen nahm jedoch laufend zu, denn Steinkohlenteer war das erste große Abfallprodukt des anbrechenden Industriezeitalters und erwies sich nun als Fundgrube für Chemiker, die nach neuen Verbindungen suchten. August von Kekulé hatte 1862, während er an seinem Lehrbuch schrieb, eine Vision, die das Problem intuitiv löste.

Die Vision des August von Kekulé

Viele der Widersprüche zwischen den gefundenen Summenformeln und der zuvor ebenfalls von Kekulé aufgestellten Strukturtheorie der Kohlenwasserstoffe ließen sich lösen, wenn man die Existenz ringförmiger Verbindungen annahm. Es dauerte aber drei Jahre, bis die intuitive Eingebung zur sogenannten Benzoltheorie ausgeformt war, zu der wichtige Beiträge auch von anderen, zum Beispiel von Wilhelm Körner, kamen. Körner war es, der die Bezeichnung «ortho», «meta» und «para» für die mögliche Stellung von jeweils zwei Substituenten am Benzolring vorschlug und der zusammen mit Kekulé und dessen Mitarbeitern auch das mit diesen Stellungsunterschieden zusammenhängende Problem der isomeren Bindungen im Ringsystem löste. Wie wirksam Kekulé nicht nur als intuitiver und theoretisch brillanter Wissenschaftler, sondern auch als Lehrer war, verdeutlicht die Tatsache, daß drei der ersten fünf verliehenen Nobelpreise für Chemie an seine Schüler gingen: an den Holländer Jakobus van't Hoff (1901), Emil Fischer (1902) und Adolf von Baeyer (1905). Dem zuerst Genannten verdanken wir die Erklärung der cis-trans-Isomerie, dem zweiten grundlegende Arbeiten zur Struktur der Zucker und Proteine. Adolf von Baeyer schließlich klärte die Struktur des Indigofarbstoffes auf und synthetisierte diese Verbindung als erster. Kekulés Benzoltheorie und die Arbeiten van't Hoffs, der einerseits die Stereoisomerie erklärte, andererseits mit dem Tetraedermodell eine robuste Erklärung für die cis-trans-Isomerie geliefert hatte, stellten die organische Chemie auf eine solide Grundlage.

Farbenspiele

Die Benzoltheorie gab der Erforschung der Rückstände aus Steinkohlenteer, besonders der Farbstoffe, einen entscheidenden Impuls. William Henry Perkin war ein Schüler August Wilhelm Hofmanns, der sich zwischen 1845 und 1864 als Professor am Royal College of Chemistry in London aufhielt. Hofmann hatte sich zeitlebens mit Anilin beschäftigt. Als ein neues Anilinderivat mit der Summenformel $C_{10}H_{13}N$ entdeckt worden war, versuchte Perkin, in einer oxydativen Reaktion daraus Chinin mit der Summenformel $C_{20}H_{24}O_2N_2$ herzustellen. Mit Kaliumdichromat als Oxydationsmittel erhielt er ein uncharakterisierbares Produkt; als er jedoch Anilin selbst in die Reaktion einbrachte, entstand ein schöner purpurner Farbstoff, den er Mauvëin nannte und der schnell ein kommerzieller Erfolg wurde. In der Folge wurde Anilin Ausgangspunkt für eine große Zahl neuer Farbstoffe. Die organische Chemie wurde von einem wahren Farbenrausch erfaßt. Anilinrot oder Fuchsin war ein wichtiger Vertreter unter den neuen Farbstoffen. Eine typische Ausbeute bestand in 250 g Fuchsin aus 850 g Anilin, das wiederum aus 1,4 kg Nitrobenzol hervorgegangen war. Zur Herstellung des Nitrobenzols war 1 kg Benzol verwendet worden, dieses wiederum entsprach dem Destillat aus einer Tonne Steinkohle.[32] Anilinblau und Anilinviolett, die 1858 in Hofmanns Labor von Peter Griess dargestellten Diazoverbindungen, Malachitgrün, der gelbe Farbstoff Naphthazarin, den Carl Gräbe und Carl Liebermann versehentlich herstellten, als sie nach einem synthetischen Zugang zu Alizarin, dem natürlichen Farbstoff aus der Krappwurzel, suchten, waren weitere Beispiele. Schließlich synthetisierte Adolf von Baeyer das Indigo, den «König» der Farbstoffe. Die Schnelligkeit, mit der Farbstoffsynthesen und neue Farbstoffe, die gerade im Labor gefunden worden waren, patentiert und in industrielle Prozesse umgesetzt wurden, erinnert an die heutige Dynamik, mit der neu identifizierte Gene oder Genprodukte von der Industrie aufgegriffen werden.

74

Damals aber waren zuerst Frankreich, dann Deutschland, England und Italien und am Ende wieder Deutschland die Schwerpunkte dieser Entwicklung, während das heutige Analogon, die kommerzielle Umsetzung der Biotechnologie, zu neunzig Prozent in den Vereinigten Staaten stattfindet.

Farbstoffe als Arzneimittel: Die Entstehung der Chemotherapie

Die Entstehung und Entfaltung der Farbstoffchemie hatte auch Folgen für die Medizin und hier in besonderer Weise für die Therapie. Diese Verbindung zwischen zwei scheinbar weit voneinander entfernt liegenden Gebieten ist eines der bemerkenswertesten Beispiele für die sich immer wiederholende Erfahrung, daß «Fortschritt» im weitesten Sinne nicht berechenbar und «Zukunft» nicht vorhersagbar ist. Denn welcher historisch unbefangene Leser würde erwarten, daß die Isolierung von Farbstoffen aus Steinkohlenteer, daß die Aufarbeitung eines bisweilen lästigen Rückstandproduktes des anbrechenden Industriezeitalters zu einer neuen Klasse von Therapeutika und zu einem revolutionären Therapiekonzept führen könne? Und doch war es so. Allerdings gestaltete sich der Zusammenhang zwischen Farbstoffchemie und Chemotherapie, denn um dieses therapeutische Konzept handelte es sich, nicht einfach und direkt. Zwei weitere Umstände mußten eintreten, damit Farbstoffchemie und Medizin die Chemotherapie hervorbringen konnten.

Krankheiten «von außen»

Zunächst mußte das Wesen der Infektionskrankheiten verstanden werden. Eine entfernte Ahnung davon, daß Krankheiten wie Pest, Pocken oder auch Malaria durch von außen kommende «Erreger», durch krankmachende äußere Einflüsse, ausgelöst werden, hatte es schon lange gegeben. Bereits im Altertum, zum Beispiel bei Hippokrates, war im Zusammenhang mit Epidemien von «atmosphärischen» Einflüssen die Rede. Im Mittelalter sprach man von krankheitsverursachenden Miasmen (giftige Dämpfe), und die Schutzkleidungen der Ärzte und anderer, die mit Pestkranken umzugehen hatten, verraten ja, daß man ein ansteckendes Agens vermutete, von dem die Kranken befallen waren und von dem man sich durch Kleidung und Masken (Filtrieren der eingeatmeten Luft) schützen konnte. «Malaria», das Sumpffieber, wurde, wie der Name der Krankheit verrät, auf «schlechte Luft» *(mal-aria)* zurückgeführt. Worin aber diese Schlechtigkeit der Luft bestand, welche substantielle Beschaffenheit die Miasmen hatten oder was das Wesen der atmosphärischen Einflüsse sein sollte, darüber konnte niemand Auskunft geben. Erst Girolamo Fracastoro (1478–1553) hatte die völlig intuitive, mit den Mitteln seiner Zeit nicht zu beweisende, aber auch nicht zu widerlegende Idee, daß bestimmte fieberhafte Krankheiten durch unsichtbare Partikel übertragen werden könnten. Diese Teilchen sollten nach Fracastoro spontan entstehen, sollten sich vermehren können und auch in der Lage sein, sich fortzubewegen und über Entfernungen hinweg Krankheiten zu übertragen. Fracastoros Überlegungen kamen der modernen Infektionslehre intuitiv sehr nahe. Seine Vorstellungen zeigen, wie sehr Forschung eine aktive Leistung der Phantasie ist, die zur Bildung von Hypothesen führt. Fracastoros Hypothese wurde zu seinen Lebzeiten und auch in den folgenden 250 Jahren nicht voll akzeptiert.[33] Es bedurfte der Begründung der wissenschaftlichen Mikrobiologie durch Louis Pasteur, um Fracastoros Hypothese einer ersten rigorosen Prüfung zu unterziehen (Abb. 2.8). Dabei wurde ein Bestandteil der Hypothese klar widerlegt, «falsifiziert», wie Karl Popper es formuliert hätte.[34] Mikroorganismen entstanden *nicht* spontan, sondern nur aus sich selbst heraus, durch Zellteilung bei Bakterien und, wie man später fand, durch kompliziertere Vermehrungszyklen im Falle von Parasiten und von Viren. Die anderen Grundforderungen Fracastoros aber hielten stand. Die Arbeiten Louis Pasteurs und seiner vielen Schüler, vor allem aber die Begründung der medizinischen Bakteriologie durch Robert Koch und seine Schule, bestätigten Fracastoros Vorstellungen in allen Punkten (Abb. 2.9). Die erste schlagende Nutzanwendung der im 19. Jahrhundert durch Pasteur und Koch vermittelten und präzise bewiesenen Infektionstheorie war die Desinfektion in der Chirurgie, die durch Lister geschaffen wurde (Versprühen von Carbolsäure im Operationsgebiet, Desinfektion der Instrumente). Diese Methode führte zu ei-

Abb. 2.8: Louis Pasteur (1822–1895) wurde vor allem durch seine Keimtheorie der Krankheitserreger bekannt.
Quelle: The encyclopedia americana. Grolieu incorporated. 1991, Vol. 21, S. 517.

Abb. 2.9: Robert Koch (1843–1910) verdankt die Menschheit die Entdeckung der Erreger verschiedener Infektionskrankheiten, wie Cholera, Schlafkrankheit und Tuberkulose. Erst danach konnten diese Krankheiten ernsthaft bekämpft werden. Quelle: Universitätsbibliothek Basel, Portraitsammlung.

nem drastischen Rückgang peri- und postoperativer Infektionen. Sie bezeichnete den Aufbruch in die moderne Chirurgie, der später durch die chirurgische Asepsis, also durch die primäre Keimfreiheit, abgelöst und durch die Narkosetechnik ergänzt wurde. Die Begründung der modernen Infektionslehre also bildete die erste Voraussetzung für den intuitiv schwer nachzuvollziehenden Einfluß der Farbstoffchemie auf die Medizin.

Farbenverwandtschaften

Die zweite Voraussetzung bestand in der Naivität oder Genialität eines jungen Medizinstudenten, der im Labor des berühmten Anatomen Wilhelm Waldeyer in Straßburg unter dem Mikroskop Gewebsschnitte anschaute. Viele der neu entdeckten Farben, aber auch ältere Farbstoffe wurden (und werden) dazu benutzt, um menschliches oder tierisches Gewebe anzufärben, so daß die zellulären und subzellulären Strukturen in dünnen Gewebeschnitten unter dem

Mikroskop deutlicher hervortreten. Unter Hunderten, vielleicht Tausenden von jungen Medizinern gab es einen, der sich angesichts der Farbenpracht unter dem Mikroskop wunderte. «Warum färben Silbersalze Nervengewebe? Warum nehmen bestimmte Gewebestrukturen Farbstoff wie Eosin oder Malachitgrün an, während andere von ihnen mit diesen Stoffen nur schwach oder gar nicht gefärbt werden?» Aus derartigen Fragen entstand allmählich die Vorstellung, daß zwischen bestimmten Farben einerseits und Geweben, Zellen oder Zellbestandteilen andererseits chemische Verwandtschaften bestünden und zwischen anderen nicht. Paul Ehrlich generalisierte diese Frage, das heißt, er stellte sie generell für chemische Moleküle und nicht nur für Farbstoffe. Da man für farblose Moleküle aber keine Nachweismethoden hatte, waren Farbstoffe ideale Modelle zur Erforschung der Bindungseigenschaften von biologischen Strukturen und chemischen Verbindungen. Zunächst, in der Histologie, handelte es sich dabei um «tote», das heißt «fixierte» oder denaturierte Proteine. Die Frage, ob derartige selektive Verbin-

Abb. 2.10: Der in Schlesien geborene Paul Ehrlich gilt als Begründer der Chemotherapie, nachdem er 1907 Trypanrot gegen Trypanosomiasis angewandt hatte. Zwei Jahre später gelang es ihm, gemeinsam mit seinem japanischen Assistenten Hata, das Arsenpräparat Neoarsphenamin herzustellen. Als Salvasan wurde diese Substanz das erste wirksame Heilmittel gegen die Syphilis. In dieser Rolle wurde Neoarsphenamin erst in den vierziger Jahren durch Penicillin abgelöst. Quelle: Universitätsbibliothek Basel, Portraitsammlung.

dungen und Verteilungen von chemischen Stoffen auch an lebenden Organismen nachzuweisen seien, führte Paul Ehrlich zur sogenannten Vitalfärbung, also zur Anfärbung lebender Zellen oder Gewebe, oder auch zur Injektion von Farbstoffen in Versuchstiere. Er fand auf diese Weise heraus, daß Methylenblau Nervengewebe färbt, daß aber auch Plasmodien, also die Erreger der Malaria, diesen Farbstoff aufnehmen und fest binden. An diesem «Farbstoffmodell», an der Vitalfärbung mit Methylenblau und anderen Farbstoffen, entwickelte Ehrlich im Laufe vieler Jahre eine Theorie der Chemotherapie (Abb. 2.10).

Selektive Bindung – wirksame Therapie

Er postulierte, daß alle Zellen, also auch Mikroorganismen, auf ihrer Oberfläche oder auch in ihrem Inneren bestimmte Rezeptoren trügen, die für sie typisch seien, sich also nicht unbedingt auch auf oder in anderen Zellen finden müßten. Es müsse dementsprechend Farbstoffe (oder andere Substanzen) geben, die mit hoher Selektivität an Nervengewebe, Fettgewebe, Muskeln, Epithelien oder auch an bestimmten Parasiten binden. In diesem Zusammenhang sprach Ehrlich von organspezifischer Tropie, also zum Beispiel von *neurotropen*, *lipotropen* oder auch von *parasitotropen* Substanzen. Aufgabe der Chemotherapie müsse es nun sein, solche Stoffe zu finden, die giftig sind, sich aber nur an Zellen binden, die man aus dem Körper entfernen möchte. Derartige in therapeutischer Absicht verabreichte Substanzen müßten einen spezifisch «bindenden» Anteil und einen «giftenden» Anteil haben, der die gebundenen Strukturen – und nur diese – verändert und abtötet. Ehrlich wollte von den vorhandenen und in immer größerer Zahl verfügbar werdenden Farbstoffen ausgehen und deren Wirkung durch chemische Manipulation systematisch und schrittweise dem geforderten Ideal annähern. Dabei sollte ihm der Tierversuch, also die selektive Wirkung von Farbstoffen auf Krankheitserreger im Tier, die Orientierung für die chemischen Abwandlungen liefern. Hier also wird der Dialog zwischen Chemie und Biologie, der für die industrielle Arzneimittelforschung geradezu sprichwörtlich wurde, zum ersten Mal ausdrücklich gefordert. Wie wichtig Tiermodelle zur Entwicklung der

80

Chemotherapie sind, geht daraus hervor, daß Ehrlich seine Arbeiten über die Behandlung der Malaria mit Methylenblau zehn Jahre lang unterbrach, weil ihm kein Plasmodiummodell zur Verfügung stand. Er hatte zusammen mit Paul Guttmann am Krankenhaus Moabit in Berlin zwei an Malaria erkrankte Patienten mit Methylenblau behandelt. Die Patienten waren unter dieser Therapie genesen. Ehrlich wußte aber, daß er den Anspruch auf eine neuartige Therapie nicht auf zwei Fällen begründen konnte. Malaria war in Berlin nicht eben eine häufige Krankheit, und so erschien die Aussicht, diese klinischen Versuche bis zum Beweis der Wirksamkeit von Methylenblau weiterführen zu können, sehr ungünstig. Tiermodelle gab es nicht, deshalb entschloß sich Ehrlich, dieses Gebiet vorerst zu verlassen, um später unter günstigeren Umständen wieder darauf zurückzukommen.

Ehrlichs Weg zur Chemotherapie wird vielleicht noch verständlicher, wenn man bedenkt, daß er während der neunziger Jahre des vorigen Jahrhunderts im Institut von Robert Koch zusammen mit Emil von Behring über Antikörper oder, wie man damals sagte, «Antitoxine» arbeitete. Die Erzeugung eines Diphtherieantitoxins und die Begründung der passiven Immunisierung, der Serumtherapie, waren Leistungen, für die Paul Ehrlich und Emil von Behring mit dem Nobelpreis für Medizin ausgezeichnet wurden.

Ehrlich selbst war von der Selektivität der Antitoxine beeindruckt und nannte diese Moleküle «Zauberkugeln», weil sie rein parasitotrop und nicht organotrop, also auf den Parasiten und nicht auf die Organe gerichtet, wirkten. «Aber wir kennen», so äußerte sich Paul Ehrlich 1909, «eine Reihe von Infektionskrankheiten, insbesondere von Protozoen verursachte, bei denen der Serumweg gar nicht oder nur unter außerordentlichem Zeitverlust gangbar ist. Ich erwähne hier besonders die Malaria, die Trypanosomenkrankheiten und vielleicht eine Reihe von Infektionen mit Spirillen. In diesen Fällen müssen chemische Mittel zur Hilfe kommen! Es muß also anstelle der Serumtherapie die Chemotherapie treten.» Die Idee der selektiv wirkenden Chemotherapeutika ist in ihrer späten Ausformung sicher auch durch die experimentellen und klinischen Erfahrungen mit der Serumtherapie geprägt worden.

In dem Maße wie Tiermodelle verfügbar wurden, begann Ehrlich mit seinen Mitarbeitern systematisch nach selektiv antiparasitär wirkenden Stoffen zu suchen. An einem von Laveran 1902 beschriebenen Trypanosomenmodell (Maus und Ratte) wurden Hunderte von Farbstoffen untersucht. Trypanrot erwies sich schließlich als selektives Mittel gegen die Schlafkrankheit der Nagetiere. Leider blieb es gegen die entsprechende menschliche Erkrankung wirkungslos. Ehrlich hatte ja schon früh darauf hingewiesen, daß Farbstoffe für die Chemotherapie lediglich ideale Modellsubstanzen seien. Als Laveran und Mesnil an ihrem Trypanosomenmodell eine trypanozide Wirkung von Arsenit entdeckten, hatte dieser Befund zuerst nur eine theoretische Bedeutung. Das Natriumsalz der Arsensäure kam wegen seiner Giftigkeit für eine Behandlung nicht in Betracht. Allerdings zeigten Breul und Thomas 1905, daß Atoxyl (p-Aminoarsenobenzol) eine echte Heilwirkung bei Trypanosomeninfektionen entfaltete. Sofort begann Ehrlich neue Versuchsreihen mit organischen Arsenverbindungen, zunächst noch am Trypanosomenmodell, später, als es gelungen war, den Syphiliserreger auf Kaninchen zu übertragen, mit diesem ersten Modell einer experimentellen Infektion mit *Treponema pallidum*. Das Arsphenamin, die Ehrlich-Hata-Verbindung 606, wurde schließlich als beste Substanz für Humanversuche ausgewählt. Als «Salvarsan» wurde diese Verbindung das erste wirksame Heilmittel gegen die Syphilis und der erste durchschlagende Erfolg der jungen Chemotherapie überhaupt.

Paul Ehrlich hatte nicht nur eine Theorie entwickelt und mit dieser Theorie eine experimentelle Grundlage sowie eine eigene Methodik geschaffen, er hatte auch die Probe aufs Exempel geliefert: das erste wirksame Chemotherapeutikum, das von den Farbwerken Hoechst, mit denen Ehrlich zusammenarbeitete, entwickelt und auf den Markt gebracht wurde. Wir verdanken Paul Ehrlich die theoretischen Grundlagen der Chemotherapie: die Idee der selektiven Bindung von Farbstoffen und Arzneimitteln an Chemorezeptoren, das Konzept bindender (haptophorer) und toxischer (toxophorer) Gruppen am Wirkstoffmolekül, die Berechnung eines therapeutischen Quotienten (wirksame Dosis dividiert durch toxische Dosis) und, wie bereits ausgeführt, den systematischen Dialog zwischen synthetischer Chemie und Biologie. Wir verdanken ihm aber auch das Salvarsan, das erste wirksame Heilmittel gegen Syphilis.[35]

Nach Ehrlich bewegte sich die chemotherapeutische Forschung in der Industrie zunächst auf zwei Bahnen weiter: einmal wurden die organischen Arsenverbindungen weiterentwickelt, zum anderen wurde das Farbstoffgebiet ausgebaut. Der erste Weg führte zu weiteren Wirkstoffen gegen die Syphilis, Tryparsamid und Oxyphenarsin; auf der «Farbstoffschiene» kam man schließlich zum Acriflavin und dann zum Suramin, dem ersten wirksamen Stoff gegen die Schlafkrankheit. Über einen längeren Zeitraum und auf Umwegen aber führte die Farbstofftradition auch zu den Sulfonamiden.

Von den Farben zum ersten Sulfonamid

Der seit 1877 bekannte Farbstoff Chrysoidin, das Hydrochlorid des 2,4-Diaminoazobenzols, war zum Anfärben von Bakterien verwendet worden. Eisenberg fand 1893, daß Chrysoidin in einer Verdünnung von 1 : 10 000 das Wachstum grampositiver Bakterien hemmte. In höheren Konzentrationen entfaltete der Farbstoff auch eine Hemmwirkung auf gramnegative Keime. *In vivo* allerdings erwies sich die Substanz als weitgehend unwirksam. Lediglich zur Behandlung von Infektionen der ableitenden Harnwege gewann sie eine Zeitlang Bedeutung. Mietzsch und Klarer stellten 1932 das Sulfonamid des Chrysoidins her, und 1935 fand Gerhard Domagk, daß diese Verbindung, das sogenannte Prontosil, eine bis dahin nie gesehene antibakterielle Aktivität an mit Streptokokken infizierten Mäusen entfaltete (Abb. 2.11). *In vitro* hingegen war Prontosil inaktiv. Domagk konnte zeigen, daß Prontosil mit Streptokokken oder Staphylokokken infizierte Mäuse nicht nur klinisch zu heilen vermochte, sondern auch imstande war, die Bakterien aus den infizierten Tieren zu eliminieren. Es wurde also auch eine bakteriologische Heilung herbeigeführt. Angesichts der Unwirksamkeit der Substanz *in vitro* stellte sich natürlich sofort die Frage nach der wirksamen Form des Prontosils. Das französische Forscherehepaar Trefouël vertrat bereits 1935 die Ansicht, daß Sulfanilamid der aktive Metabolit sein müsse. In der Tat fanden sich im Blut und im Urin

Abb. 2.11

Chrysoidin
(2,4-Diaminoazobenzol)

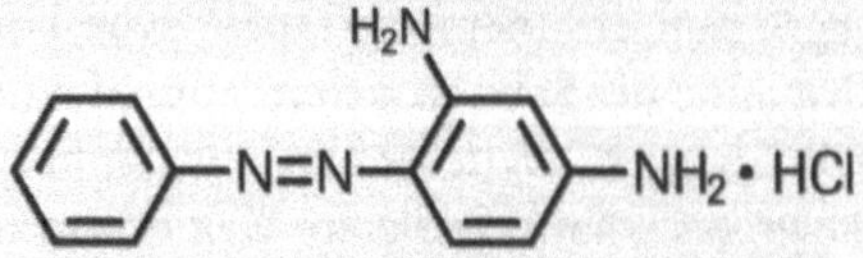

Prontosil® „rubrum"
(2,4-Diaminoazobenzol-4'-sulfonamid, *Sulfachrysoidin*)

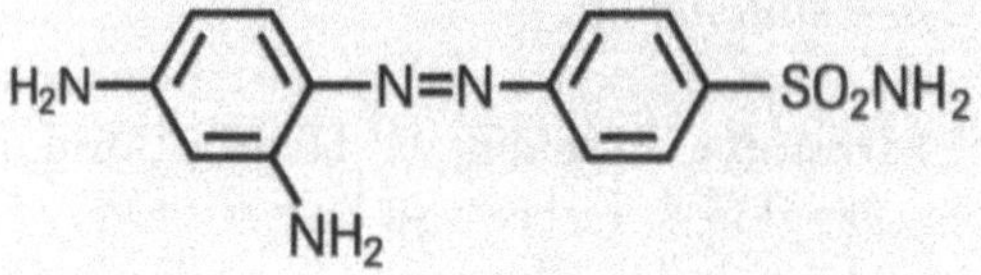

von mit Prontosil behandelten Patienten Konzentrationen von Sulfanilamid, die genau den verabreichten Dosen von Prontosil entsprachen. Darüber hinaus stellten Colebrook und seine Mitarbeiter fest, daß Sulfanilamid das Bakterienwachstum auch *in vitro* hemmte. Domagk und seine Mitarbeiter hingegen standen so fest auf dem Boden der durch die Verwendung von Farbstoffen begründeten Chemotherapie, daß sie diese Theorie zunächst nicht akzeptieren konnten. Daß der Farbstoff Chrysoidin für die antibakterielle Wirkung ohne Bedeutung sein sollte, schien allen Erfahrungen zu widersprechen. Aber so war es. Der Farbstoff entpuppte sich am Ende lediglich als das Vehikel für die wirksame Verbindung, nämlich das Sulfanilamid. Dessen Synthese war im übrigen bereits im Jahre 1908 beschrieben worden, mithin patentrechtlich ungeschützt und jedermann zugänglich. Das Sulfanilamid aber wurde bald zum Ausgangspunkt für die Suche nach neuen, wirksameren und verträglicheren Sulfonamiden. Diese Suche war, wie wir heute wissen, überaus erfolgreich. Ein Farbstoff wurde so zu einem Werkzeug, das die Entdeckung einer neuen Stoffklasse ermöglichte und die Ära der antibakteriellen Chemotherapie einleitete.[36]

Technologieschübe und Paradigmenwechsel
in der Arzneimittelforschung

Wir haben gesehen, wie Ende des 19. Jahrhunderts verschiedene wissenschaftliche Traditionen aufeinandertrafen: die analytische Chemie isolierte aus traditionellen Arzneipflanzen reine und gut charakterisierte Wirkstoffe. Die experimentelle Pharmakologie beschrieb die Wirkungen dieser reinen Substanzen am Tier in den Kategorien der Physiologie. Die Isolierung von Farbstoffen aus dem Steinkohlenteer führte einerseits zur Chemotherapie, andererseits bewirkte sie eine entscheidende Erweiterung der theoretischen und praktischen Basis der synthetischen Chemie. Im Steinkohlenteer fanden sich viele zyklische und heterozyklische Bausteine für die Synthese neuer Wirkstoffe. Analytische Chemie, synthetische Chemie, Pharmakologie und Chemotherapie trafen in einem engen Zeitraum aufeinander und führten zur Begründung einer neuen wissenschaftlichen Disziplin, der modernen Arzneimittelforschung, in einem ebenfalls neuen institutionellen Rahmen: der pharmazeutischen Industrie.

In ihrer nun etwa hundertjährigen Geschichte entwickelte sich die Arzneimittelforschung kontinuierlich mit dem Fortschritt, der in den Disziplinen erzielt wurde, die sie begründet hatten. Darüber hinaus aber war sie immer wieder «positiven Krisen» ausgesetzt, die durch neue Technologien ausgelöst wurden.

Technologieschübe – positive Krisen

Nach Chemie, Chemotherapie und Pharmakologie, die den Beginn und die erste Phase der industriellen Arzneimittelforschung markierten, waren es die Mikrobiologie und die Fermentation, die der Arzneimittelforschung eine neue Richtung gaben und ihr einen neuen, fast sensationell zu nennenden Aufschwung bescherten: 1929 entdeckte Alexander Fleming das Penicillin, das Stoffwechselprodukt eines Schimmelpilzes *(Penicillium notatum)*, der eine seiner Staphylokokkenkulturen verunreinigt hatte (Abb. 2.12). Im Umkreis des Schimmelpilzes waren alle Staphylokokkenkulturen aufgelöst, «lysiert» wie die Bakteriologen sagen: die Kulturplatte war dort vollständig klar und transparent. Flemings anschließende Beschreibung des Phänomens allerdings stieß damals noch auf recht wenig Interesse. Das beobachtete Phänomen war nur ein weiteres Beispiel in einer langen Reihe von Beobachtungen, die gezeigt hatten, daß manche Mikroorganismen Stoffe herstellen und an ihre Umgebung abgeben, die andere Mikroorganismen in ihrem Wachstum hemmen (Abb. 2.13). Begonnen hatte es 1877 mit einem Bericht von Pasteur und Joubert. Diese Autoren hatten beobachtet, daß Kulturen von *Bacillus anthracis* in Gegenwart «gewöhnlicher» Bakterien nicht wuchsen. Dieses Phänomen konnte auch *in vivo* reproduziert wer-

Abb. 2.12/2.13: Im Jahre 1929 entdeckte Alexander Fleming, daß Bakterien in der Umgebung des Schimmelpilzes Penicillin in ihrem Wachstum gehemmt wurden. Der dafür verantwortliche Stoff war das natürliche Antibiotikum Penicillin. Man erkennt, daß im Umkreis der Penicilliumkolonie in Abb. 2.13 (bei 12 Uhr) keine Bakterienkolonien wachsen. Quelle: Ingenieure des Lebens. Spektrum. Akademischer Verlag, Heidelberg-Berlin-Oxford. S. 82.

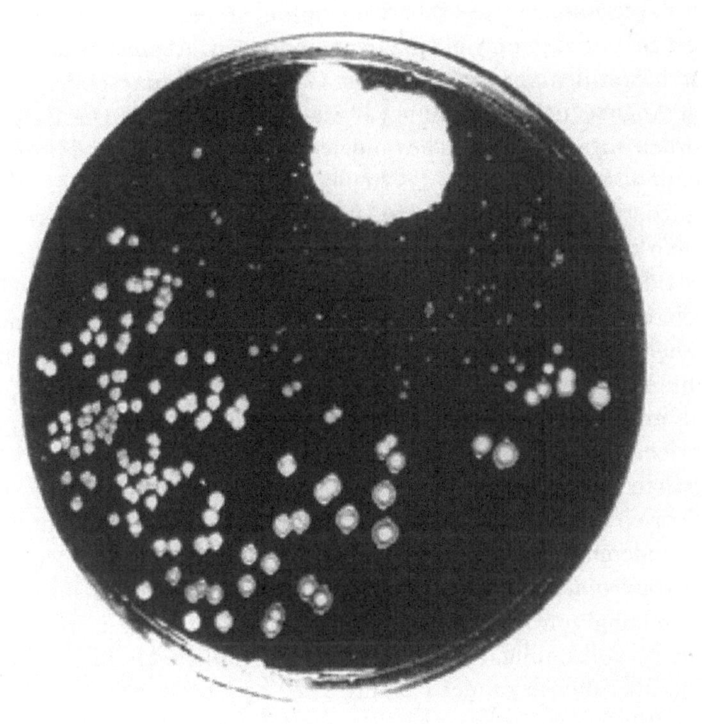

Abb. 2.13

den: Mäuse, denen man Anthraxbazillen injiziert hatte, starben. Wurden den Tieren jedoch Kulturen von *Bacillus anthrax* injiziert, die mit einem anderen Keim verunreinigt waren, so überlebten sie. In den folgenden Jahren wiederholten sich derartige Befunde. Ein Extrakt von *Pseudomonas pyocyanea*, der offenbar ein Enzym enthielt, das als Pyocyanase bezeichnet wurde und das andere Bakterien wie Anthraxbazillen, Corynebakterien, *Salmonella typhimurium* und *Pasteurella pestis* lysieren konnte, wurde von Emmerich und Löw zur lokalen Antisepsis verwendet, nachdem die systemische Anwendung im Tierexperiment keine eindeutigen Effekte gezeigt hatte. Die klinische Anwendung des Extraktes wurde von namhaften Bakteriologen wie Escherich empfohlen und erstreckte sich auf die Behandlung von Bindehautentzündungen, Abszessen und einer durch Spirillen verursachten, mit Geschwürsbildung einhergehenden Angina: der sogenannten Plaut-Vincent-Angina. Die Extrakte wurden sogar in die Trachea injiziert oder in Fällen von Hirnhautentzündung intrathekal, das heißt in die Rückenmarksflüssigkeit, appliziert. Von Rappin wurde 1912 in Frankreich auf die hemmende Wirkung hingewiesen, die Kulturen von *B. subtilis*, *B. mesentericus* oder *B. megeterium* auf Tuberkelbakterien hatten. Er zeigte auch, daß der tuberkulostatische Effekt durch die filtrierten Kulturbrühen erzeugt wurde, in denen die Stämme gewachsen waren, und nannte die wirksamen Komponenten «Diastasen». Bis 1929 wurde eine große Anzahl ähnlicher Beobachtungen in der Literatur beschrieben: Lieske wies 1921 auf die bakterienlysierenden Eigenschaften eines Actinomyceten hin. Gratia, ein italienischer Forscher, beschrieb die Wachstumshemmung eines *E. coli*-Stammes durch einen anderen, Kimmelstiel und seine Mitarbeiter fanden einen «*Bacillus mycoides*»-Stamm, der ein Lysin produzierte, das später zur Herstellung von Impfstoffen verwendet wurde. Diese Liste ist keineswegs vollständig. Sie macht aber verständlich, daß die Beobachtung, über die Alexander Fleming 1929 berichtete und die sich auf die antibakteriellen Eigenschaften eines Schimmelpilzes bezog, der eine Staphylokokkenkultur kontaminiert hatte, keine Sensation mehr sein konnte: zu viele Beobachtungen ähnlicher Art waren ihr vorausgegangen.

Antibiose – der lange Weg zu den Antibiotika

Bereits im Jahre 1889 hatte Paul Vuillemin in Frankreich das Phänomen einer mikrobiellen Interferenz als «Antibiose» bezeichnet. Die Entscheidung von Ernst Chain und Howard Florey, in ihrer Suche nach antimikrobiellen Wirkstoffen aus Schimmelpilzen mit dem von Fleming entdeckten Penicillin zu beginnen, erwies sich als überaus fruchtbar. Es gelang der Oxford-Gruppe in kurzer Zeit, das wirksame Prinzip zu isolieren und zuerst in Tierversuchen, bald darauf aber auch an Patienten seine neuartige antibakterielle Wirkung zu beweisen. Während des Krieges wurde dann die amerikanische Industrie damit beauftragt, Penicillin großtechnisch herzustellen. Mit der Entwicklung von schwimmenden Submerskulturen (im Gegensatz zu den zunächst gebräuchlichen Oberflächenkulturen) konnten Mengen von Penicillin hergestellt werden, die gegen Ende des Krieges den hohen, überwiegend durch Verwundungen verursachten Bedarf an diesem Medikament abdecken konnten. Penicillin, das bald nach dem Krieg auch von Herstellern in Europa (in Deutschland Grünenthal, in Österreich Biochemie Kundl) produziert werden konnte, trat einen beispiellosen Siegeszug an, der auch heute noch nicht beendet ist. Wenn der Erfolg von Medikamenten nach der Zahl der durch sie geretteten Lebensjahre beurteilt würde, gebührte dem Penicillin sicher der erste Platz unter allen Wirkstoffen im 20. Jahrhundert. Aber Penicillin war nicht nur als Arzneimittel erfolgreich: es war auch der Prototyp aller modernen Antibiotika. Das von Vuillemin so bezeichnete Prinzip der *Antibiose* hatte sich mit dem Penicillin als glanzvolles Rezept erwiesen. Nun konnte man nach weiteren antimikrobiellen Wirkstoffen suchen. Salomon Waksman, der große amerikanische Mikrobiologe, isolierte 1944 aus *Streptomyces griseus* das Streptomycin. Schon 1939 hatte Dubos aus *Bacillus brevis* Tyrothricin, einen antibakteriellen Wirkstoff mit Peptidcharakter, isoliert. Waksman prägte für diese antimikrobiellen Wirkstoffe, die selbst Produkte von Mikroorganismen sind, in Anlehnung an Vuillemin die Bezeichnung «Antibiotika».[37] In rascher Folge wurden bis in die Mitte der sechziger Jahre nun fast alle wichtigen antibiotischen Grundkörper entdeckt. Viele dieser neuen Stoffe wurden auch semisynthetisch abgewandelt. Die antibakterielle, später auch die antifungale Therapie war in eine neue Phase getreten. Innerhalb von zwei Jahrzehnten entwickelte die pharmazeutische Industrie ein beeindruckendes antimikrobielles Instrumentarium. Die bakteriellen Infektionen, die seit Menschengedenken gefürchtete Seuchen verursacht und mehr Menschenleben vernichtet hatten als irgendeine andere Krankheit, ja selbst mehr als alle Kriege und Katastrophen zusammen, schienen besiegt zu sein. Der Sieg aber war nicht von Dauer. Das Erbmaterial von Bakterien, die DNA, ist genauso wie die Erbsubstanz aller anderen Zellen ständigen Veränderungen unterworfen. Solche «Mutationen» ereignen sich zufällig. Häufig haben sie keine strukturellen oder funktionellen Konsequenzen für das betroffene Bakterium, manchmal führen sie zu Funktionsverlusten, zuweilen resultieren auch Funktionsgewinne. Zum Beispiel können Bakterien durch solche sich rein zufällig ereignenden Mutationen resistent gegen Antibiotika oder Chemotherapeutika werden. Finden solche Mutationen in Abwesenheit von Antibiotika statt, dann bleiben sie folgenlos: die resistenten Bakterien haben keinen Vorteil gegenüber der übrigen Population. Ereignen sie sich hingegen in Gegenwart des Antibiotikums, gegen das Resistenz entwickelt wurde, so sind die Folgen dramatisch. Nur das resistente Bakterium überlebt und wächst in Gegenwart des Antibiotikums zu einer resistenten Population heran. Genau das passierte in Bereichen, in denen Antibiotika allgegenwärtig sind: in Krankenhäusern, Arztpraxen, auf Farmen, in denen antibiotikahaltiges Futter verwendet wurde. Je sorgloser man mit Antibiotika umgeht, desto größer ist die Gefahr der Resistenzentstehung. Das aber wurde den Therapeuten und Gesundheitsbehörden erst allmählich klar.

Ein weiterer Umstand tritt erschwerend hinzu: die Entstehung von Resistenz in Bakterien folgt nicht nur dem einfachen Muster von Mutation und Selektion. Bakterien können genetisches Material untereinander austauschen – selbst über Speziesgrenzen hinweg. Erworbene Resistenzeigenschaften werden also nicht nur «vertikal» von einer resistenten Zelle auf die Tochterzellen weitergegeben, sondern können sich in einer Bakterienpopulation auch «horizontal» ausbreiten. Diese Ausbreitung geschieht durch direkten Kontakt von Bakterien untereinander oder durch die Vermittlung bakterieller Viren, sogenannter Bakteriophagen. Jede antimikrobielle Therapie schafft also selektive Bedingungen, unter denen sich resistente Mutanten behaupten und vermehren können. Bakterielle Resistenz wurde bereits in den siebziger Jahren zum wissenschaftlichen und epidemiologischen Gesprächsthema. Bis vor kurzem aber schien es, als würden die Therapeuten die Nase vorn behalten, als könnten die Arzneimittelforscher und -hersteller neue Wirkstoffe schneller auf den Markt bringen, als die pathogenen Bakterien Resistenz entwikkelten. In den letzten Jahren ist diese Zuversicht etwas in Zweifel gezogen worden. In den Krankenhäusern sind multiresistente Bakterienstämme, Bakterien also, die gegen eine größere Anzahl von Antibiotika resistent sind, überaus häufig. Lange Zeit waren von dieser Resistenzentwicklung hauptsächlich gramnegative Bakterien wie Enterobacteriaceae (Darmbakterien) oder die weitverbreiteten Pseudomonaceae betroffen. Seit einigen Jahren sind nun aber auch sogenannte grampositive Keime, unter denen sich viele gefährliche Krankheitserreger wie Streptokokken und Pneumokokken (Erreger von Lungenentzündung und Hirnhautentzündung) befinden, mit Resistenz gegen Penicillin auf der Bildfläche erschienen und haben zum Versagen antibiotischer Behandlungen geführt. Das Auftreten von Staphylokokken, die gegen alle Penicilline und vereinzelt nun auch schon gegen die *«ultima ratio»*, das Vancomycin, resistent sind, zeigt, daß sich die Medizin möglicherweise einer Situation nähert, in der wir dem Angriff bakterieller Krankheitserreger annähernd wehrlos gegenüberstehen.[38]

Die Auffindung und Entwicklung neuer Antibiotika wurde für die pharmazeutische Forschung Mitte der vierziger Jahre ein wichtiges Ziel, das sie bis heute nicht aus den Augen verloren hat. Im Gegenteil: immer neue Organismen wurden in die Suche nach Antibiotika einbezogen. Schließlich wurde auch das Spektrum der Wirkungen, nach denen man fahndete, bedeutend erweitert. Stand zunächst die Suche nach antibakteriellen Wirkstoffen ganz im Vordergrund, so folgten bereits in den fünfziger Jahren antifungale Wirkstoffe. Darüber hinaus wurde immer häufiger die Frage gestellt, ob Mikroorganismen nicht auch Wirkstoffe mit ganz anderen Eigenschaften herstellen können. Heute wissen wir, daß sich dies tatsächlich so verhält. Die anthelminthische Substanz «Ivermektin», ein souverän gegen die tropische Filariose wirkender Stoff, Cyclosporin A und FK 506, zwei neuartige Immunsuppressiva, Enzymhemmer wie Mevinolin und viele andere Wirkstoffe aus Mikroben haben inzwischen gezeigt, daß Mikroorganismen nicht nur eine Quelle für antibiotisch wirksame Substanzen sind, sondern daß sich unter ihren Produkten auch viele Verbindungen mit interessanten *pharmakologischen* Eigenschaften finden. Mikrobiologie, Fermentationstechniken sowie neue Isolationsmethoden wurden im Laufe einiger Jahre zum Standardrüstzeug der therapeutischen Forschung. Wir verdanken diesen Methoden die Erforschung und Produktion vieler neuer Wirkstoffe. Als die Molekularbiologie Mitte der siebziger Jahre die Herstellung

rekombinanter Proteine ermöglicht hatte, erfuhren Methoden der
Fermentation und der Zellzüchtung im industriellen Maßstab einen
neuen Aufschwung. Was selbst in den vierziger Jahren als Revolution der pharmazeutischen Forschung begonnen hatte, stellte nun die
technischen Instrumente zur Verfügung, die eine schnelle Umsetzung einer noch tiefer greifenden zweiten Revolution ermöglichten.[39)]

Der Aufstieg der Biochemie – Enzyme und Rezeptoren

Während die Pharmakologie zu Zeiten Oswald Schmiedebergs und
auch noch zu Zeiten der ersten Nachfolgergeneration überwiegend
von physiologischen Methoden geprägt war, wurde sie ab Mitte der
vierziger Jahre immer biochemischer. Schon Louis Pasteur hatte in
den sechziger Jahren des vorigen Jahrhunderts die Existenz von
Stoffen nachgewiesen, die für den Vorgang der Fermentation verantwortlich sind. Er nannte sie folgerichtig Fermente. In der Auffassung Pasteurs waren Fermente noch Bestandteile lebender Zellen. Später konnte Buchner in Deutschland zeigen, daß Fermente,
die dann Enzyme genannt wurden, im Preßsaft von Hefe vorkommen und in Abwesenheit von lebenden Zellen funktionieren. Ein
«Lebensprozeß» wie die Fermentation konnte also auf chemische
Prozesse zurückgeführt werden. Zum erstenmal wurde 1926 ein
Enzym gereinigt und kristallisiert. Es handelte sich um die Urease.
Enzyme erwiesen sich in der Folge als Proteine, die ihre katalytischen Leistungen oft zusammen mit sogenannten Coenzymen bewerkstelligen. Hierbei handelt es sich um niedermolekulare organische Verbindungen, die bestimmte chemische Reaktionen wie Reduktion, Oxydation, Hydroxylierungen und andere ermöglichen.
Coenzyme haben häufig Vitamincharakter. So ist zum Beispiel das
Riboflavin, das zur Übertragung von Wasserstoff (Protonen) dient,
identisch mit dem Vitamin B2. Enzyme erwiesen sich bald als weitverbreitete Biokatalysatoren, die Energie bereitstellen, Biosynthe-
sen von großen Molekülen katalysieren (Proteine, Fettsäuren, Fet-
te) und Kohlenhydrate und andere Moleküle unter Energieabgabe
spalten können, kurz als die eigentlichen Akteure aller Lebensvorgänge. Ab Mitte dieses Jahrhunderts war die Enzymologie metho-

92

disch so weit entwickelt, daß Eingriffe in die Aktivität dieser Biokatalysatoren auch zu therapeutischen Zwecken vorgenommen werden konnten: Hemmstoffe der Nukleotidsynthese wurden als Zytostatika zur Hemmung der Zellvermehrung eingesetzt. Bereits bekannte Stoffe wie die Sulfonamide wurden als Hemmstoffe einer für die Bakterienzellen unverzichtbaren Biosyntheseleistung, nämlich der Synthese von Dihydrofolat, verstanden. Zufallsbeobachtungen führten auf neue Spuren: N. U. Meldrum und F. J. Roughton beschrieben 1933 ein Enzym in roten Blutkörperchen, das die Reaktion:

$$CO_2 + H_2O \rightleftarrows H_2CO_3 \rightleftarrows H^+ + HCO_3^-$$

katalysiert. Sie nannten es Carboanhydrase.[40] Viele Jahre später stellte sich heraus, daß Sulfanilamid, die aktive Form des Prontosils, eine Übersäuerung des Blutes hervorruft, die als Folge der Hemmung dieses Enzyms verstanden werden kann. Davenport und Wilhelmi zeigten dann, daß Carboanhydrase reichlich in den Nieren vorkommt. 1949 faßte dann W. B. Schwartz diese Beobachtungen in der Hypothese zusammen, daß Sulfanilamid durch die Hemmung der Carboanhydrase das Angebot an Wasserstoffionen in den Nieren einschränken müsse. Er prüfte diese Hypothese an Patienten mit chronischer Herzinsuffizienz und Ödemen: unter Sulfanilamid kam es zu einer vermehrten Ausscheidung von Natrium (Natriurese) und damit auch zur vermehrten Ausscheidung von Wasser. Von Sulfanilamid führten dann Wege zu besseren Carboanhydrasehemmern wie dem Acetolamid und später auch zu besser wirkenden harntreibenden Mitteln (Diuretika) wie den Hydrochlorothiaziden und dem Furosemid.[41] In jüngerer Zeit gelangten Hemmer der Coenzym-A-Hydroxyglutamylreduktase (HGR-CoA), Stoffe, welche die Cholesterinsynthese hemmen, in der Behandlung der familiären Hypercholesterinämie zu einiger Bedeutung. Hemmstoffe des «Angiotensin Converting Enzyme» zeigten in der Behandlung verschiedener Hypertonieformen sehr überzeugende Wirksamkeit. Auch in der Chemotherapie, zum Beispiel in der Behandlung der HIV-Infektionen, sind Enzymhemmer wichtig: die neuen Proteasehemmer haben zusammen mit den schon seit Jahren gebräuchlichen Hemmstoffen der reversen Transkriptase die Therapie dieser Virusinfektion wesentlich verbessert (s. Farbtafel 6).[42]

Unter den knapp 500 Zielmolekülen, die von den heute als wirksam und hinreichend sicher bekannten Arzneimitteln erreicht werden, befinden sich mehr als 200 Enzyme. Die Hemmung von Enzymaktivität repräsentiert also bisher – bewußt oder unbewußt – die erfolgreichste Strategie bei der Auffindung neuer Arzneimittel. Von

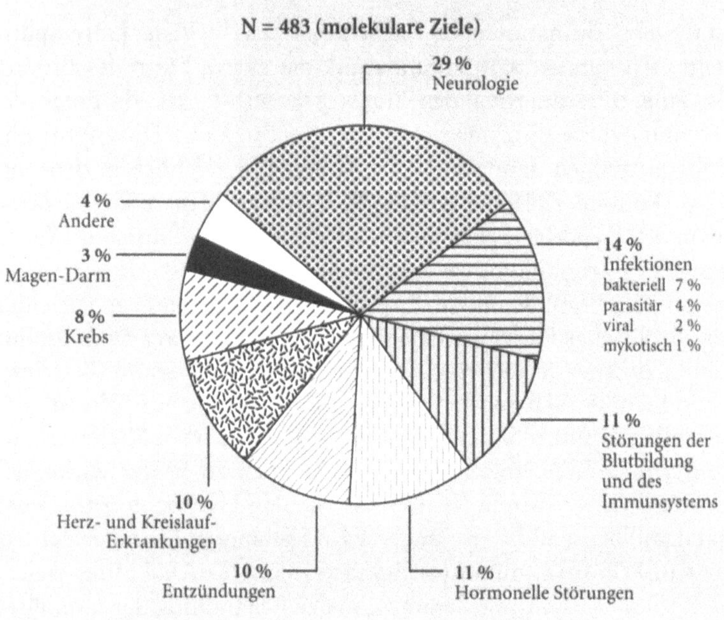

Quelle: Goodman and Gilman, The Pharmacological Basis of Therapeutics, 1996, McGraw Hill

Abb. 2.14: Anhand eines modernen Standardwerkes der Pharmakologie (Goodman and Gilman. The Pharmacological Basis of Therapeutics, 1996) wurden die molekularen Ziele aller bis heute bekannten und als wirksam und sicher eingestuften Arzneimittel gezählt und nach den Hauptindikationsgebieten klassifiziert.

94

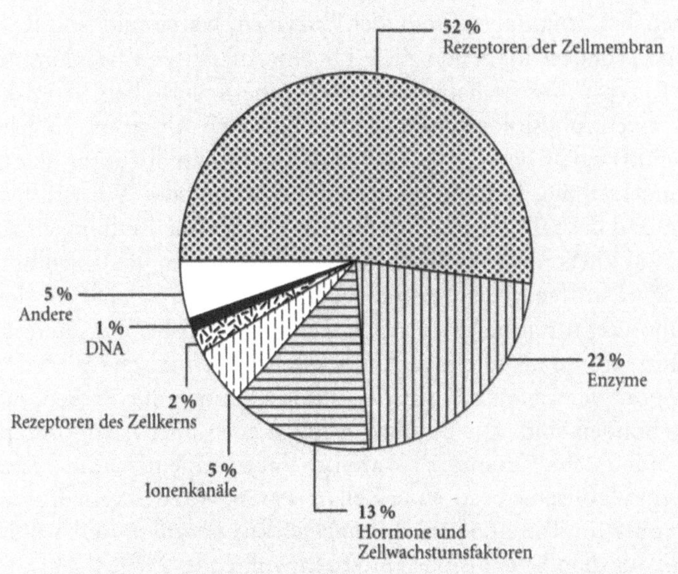

Quelle: Goodman and Gilman, The Pharmacological Basis of Therapeutics, 1996, McGraw Hill

Abb. 2.15: Die bereits in der vohergehenden Abbildung aufgeführten Arzneimittel nach biochemischen Kriterien geordnet. Rezeptoren der Zellmembran und Enzyme übertreffen als molekulare Ziele für Arzneimittel alle übrigen Kategorien.

den zur Zeit (1996) 100 umsatzstärksten Medikamenten der Welt sind 36 Enzymhemmer, 22 blockieren oder aktivieren sogenannte G-Protein-gekoppelte Rezeptoren, 12 interferieren mit Ionenkanälen, 9 binden an nukleare Hormonrezeptoren, und die restlichen 21 verteilen sich auf andere biochemische Ziele. Maßgebend für die Entwicklung der Enzymologie waren neue Techniken. In erster Linie sind hier die Chromatographie, die Spektroskopie und die Verwendung radioaktiver Isotope zu nennen (vgl. Abb. 2.14 und 2.15).[43]

Zwei Rezeptorbegriffe

Neben den Biokatalysatoren, den Enzymen, waren und sind Rezeptoren besonders lohnende Ziele für den Angriff von Arzneimitteln. Der Rezeptorbegriff hatte einen chemotherapeutischen (P. Ehrlich) und einen physiologisch-pharmakologischen Ursprung. Ehrlichs Rezeptorbegriff bezeichnet einfach eine zelluläre Struktur, die eine besonders hohe Affinität für einen Farbstoff oder Wirkstoff aufweist und deshalb mit solchen Stoffen eine stabile Bindung eingeht. Für Paul Ehrlich waren Rezeptoren Zellstrukturen, die zur Bindung von Wirkstoffen geeignet sind; über die zelluläre Funktion dieser Chemorezeptoren machte er sich wenig Gedanken. Ihn interessierten Rezeptoren als selektive Andockstellen für toxische Wirkstoffe. *«Corpora non agunt nisi fixata»* – Stoffe können nur wirken, wenn sie gebunden sind. Die Bindung erfolgte eben über Chemorezeptoren. Nur solche Rezeptoren waren chemotherapeutisch interessant, die typisch für eine bestimmte Zellart waren, vorzugsweise für Parasiten oder für Tumorzellen, die man selektiv vergiften und auf diese Weise aus dem Organismus entfernen wollte.

Demgegenüber war der pharmakologische Rezeptorbegriff das logische Korrelat des Neurotransmitterkonzeptes. In dem Maße, wie sich herausstellte, daß die neurale Erregung des Herzmuskels oder der glatten beziehungsweise quergestreiften Muskulatur durch bestimmte, chemisch definierte Überträgerstoffe wie Acetylcholin, Adrenalin oder Noradrenalin ausgelöst wird, stellte man sich die Frage, mit Hilfe welcher Strukturen eine solche Erregung übermittelt wird. Der englische Pharmakologe J. L. Langley führte 1906 das von ihm bereits 1878 erwähnte Konzept eines spezifischen Rezeptors in die Pharmakologie ein.[44] Sein Modell war damals die neuronale Endplatte im Muskel und die erregende beziehungsweise lähmende Wirkung von Nikotin und Curare auf diese Struktur. R. P. Ahlquist publizierte 1948 seine berühmt gewordene Arbeit «A study of the adrenotropic receptors», in der er die Existenz zweier unterschiedlicher Typen von adrenergen Rezeptoren vorschlug.

96

Farbtafel 1: Rezepturzimmer (Offizin) im 19. Jahrhundert.
Quelle: Die Apotheke. Historische Streiflichter. 1996, Editiones Roche. F. Hoffmann-La Roche AG, Basel, Schweiz. S. 123.

Farbtafel 2: *Papaver somniferum*. Der Saft dieser Pflanze ist eines der ältesten wirksamen Arzneimittel.
Quelle: Die deutschen Arzneigewächse, 1815–1830, Friedrich Gottlob Hayne. Aus den Archiven von Pharmainformation, Basel.

Farbtafel 3: Blütenzweig der Cinchona, deren alkaloidhaltige Rinde, zu Pulver gemahlen, als Heilmittel gegen Malaria verwendet wurde. Die Nachfrage nach dieser Arznei war so groß, daß die Holländer und die Engländer Mitte des vorigen Jahrhunderts den Baum auch auf Java und in Indien anzupflanzen begannen. Heute kann Chinin auch synthetisch hergestellt werden.
Quelle: Aus Köhlers Medizinalpflanzen, Vol. 1, in: Die Apotheke. Historische Streiflichter. 1996, Editiones Roche. F. Hoffmann-La Roche AG, Basel, Schweiz. S. 53.

Farbtafel 4: Filtrieren eines Meerzwiebelweins. Einzelblatt aus einem arabischen Dioskurides-Manuskript von 1222. Bagdader Schule.
Quelle: Walters Art Gallery, Baltimore.

Farbtafel 5: Fingerhut (*Digitalis purpurea*) war seit dem Mittelalter als Heilpflanze bekannt. Dekokte von Digitaliswurzeln und Blättern wurden zur Behandlung von «Wassersucht» eingesetzt.
Quelle: Aus den Archiven von Pharmainformation, Basel.

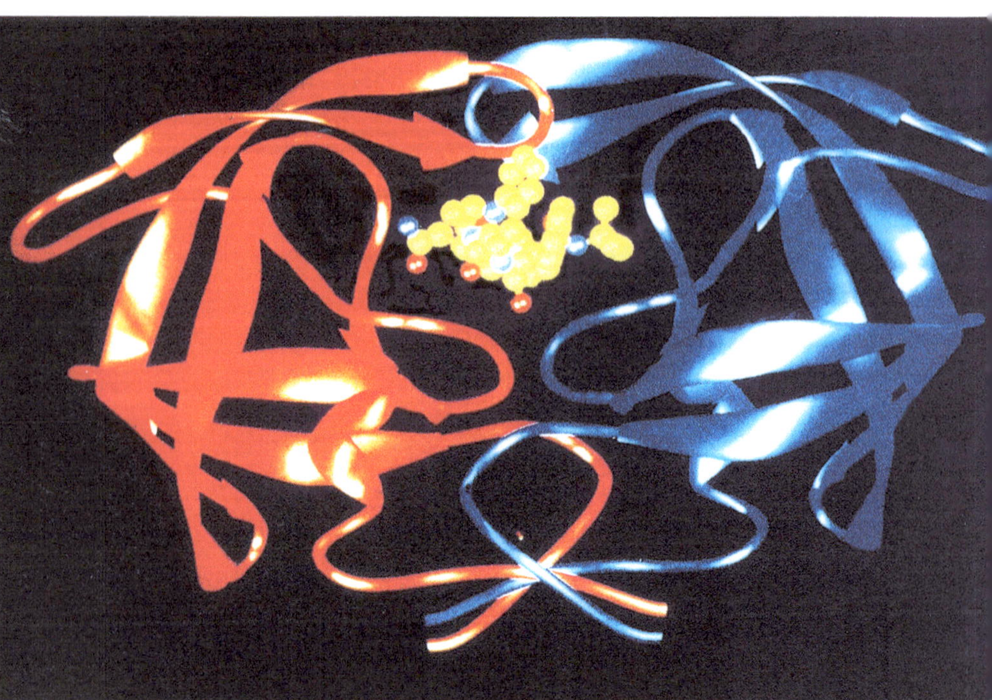

Farbtafel 6: Modell einer Protease des HIV-Virus mit einem Protease-Inhibitor (Saquinavir, Invirase®) im katalytischen Zentrum. Die HIV-Protease ist ein symmetrisches, aus α-helikalen Anteilen und sogenannten «β-sheets» aufgebautes Molekül. Die beiden symmetrischen Hälften der Protease sind hier rot und blau wiedergegeben. Saquinavir, der Hemmstoff (gelb), liegt genau an der Stelle, die normalerweise für die Spaltung des HIV-Vorläuferproteins in funktionelle Virusproteine gebraucht wird. Man sieht, daß der Hemmstoff den freien Raum, die sogenannte «Tasche», zwischen den beiden Molekülhälften fast ausfüllt.
Quelle: Roche.

Farbtafel 7: Eine homeotische Mutation. Die hier gezeigte *Drosophila melanogaster*-Fliege ist eine «Antennapedia»-Mutante. Die Antennen der Fliege sind durch eine Mutation des Antennapedia-Genes in Beinstrukturen umgewandelt.
Quelle: Molecular Biology of the Cell. Third Edition. Garland Publishing, Inc. New York, London. Seiten 1093, 1077.

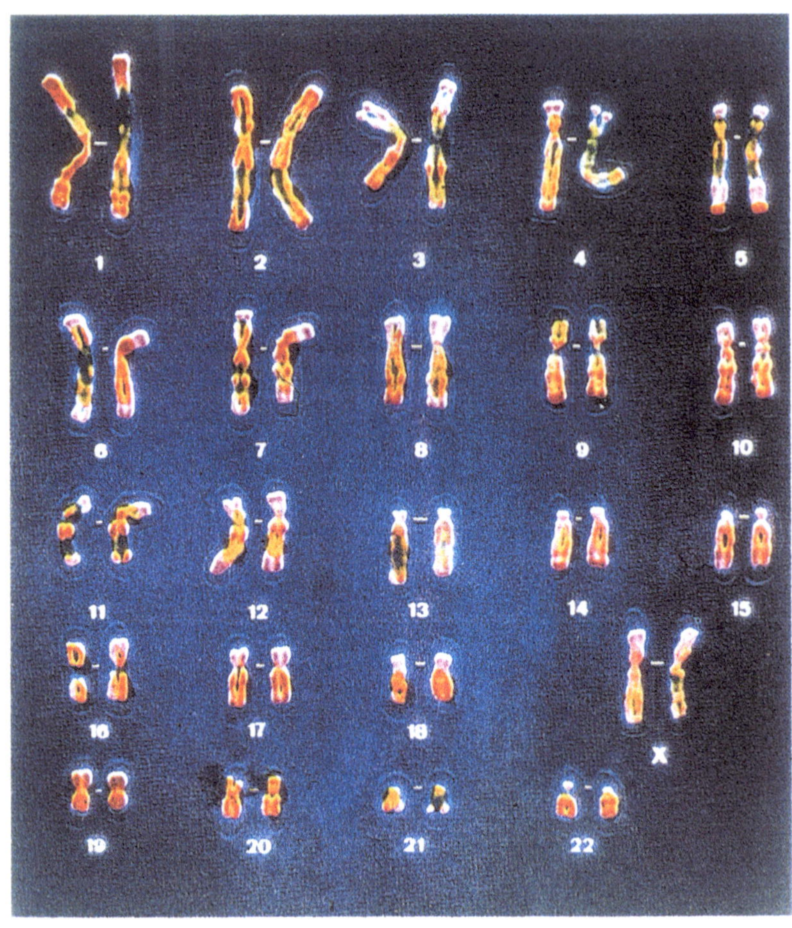

Farbtafel 8: Der geordnete menschliche Chromosomensatz mit 22 durchnumerierten Chromosomenpaaren und hier zwei X-Chromosomen (bei einem Mann wären es ein X- und ein Y-Chromosom). Auf der DNA dieser Chromosomen liegen 50000 bis 100000 Gene, kodiert von insgesamt sechs Milliarden Basenpaaren (diploider Chromosomensatz). Die Gene machen nur fünf bis zehn Prozent der gesamten DNA aus, der Rest sind nicht-kodierende Abschnitte. Im Rahmen des Human Genom-Projektes werden alle Gene «geortet» und sequenziert. Es wird aber auch die nicht-kodierende DNA sequenziert.
Quelle: Ingenieure des Lebens. Spektrum. Akademischer Verlag, Heidelberg, Berlin, Oxford. S. 255.

Es lohnt sich, die Zusammenfassung seiner experimentellen Resultate hier (übersetzt) zu zitieren: «Es gibt zwei unterschiedliche Typen von adrenotropen Rezeptoren. Dies ergibt sich aus ihrer relativen Empfindlichkeit gegenüber einer Reihe razemischer sympathicomimetischer Amine, die strukturell dem Epinephrin verwandt sind. Der α-adrenerge Rezeptor ist mit den meisten exzitatorischen Wirkungen verbunden (Vasokonstriktion, Uterusstimulation, Nickmembran, Ureter und Dilatator pupillae) sowie einer wichtigen hemmenden Funktion (Darmmotilität). Der β-adrenotrope Rezeptor hingegen ist meistens mit Hemmfunktionen assoziiert (Vasodilatation, Hemmung der uterinen und bronchialen Muskulatur) und mit einer exzitatorischen Funktion (Stimulation des Myokards).» [45]

Von dieser Klassifikation der adrenergen Rezeptoren führt ein gerader Weg zu den verschiedenen adrenergen Blockern, die in den sechziger Jahren entwickelt wurden und seither in der Therapie große Bedeutung erlangt haben. In der pharmakologischen Definition waren Rezeptoren also spezifische Reiz- oder Signalempfänger. Ihre Funktion bestand nicht nur in der selektiven Interaktion mit einem spezifischen Signal, sondern auch in dessen Weiterleitung zu den intrazellulären Erfolgsorganellen. Historisch gesehen führt der Rezeptorbegriff also direkt zum Konzept der intrazellulären Signaltransduktion, das heute eines der meistuntersuchten Arbeitsgebiete der Zellbiologie geworden ist. Sowohl die Rezeptorforschung als auch das Gebiet der Signalweiterleitung oder Signaltransduktion bekamen durch die Molekularbiologie zusätzlichen Antrieb, weil es ab Mitte der siebziger Jahre möglich wurde, die Gene, die für diese Strukturen kodieren, zu klonieren, zu exprimieren und auf diese Weise die molekulare Struktur von Rezeptoren direkt zu untersuchen. Ähnliches gilt für die Rezeptoren von Steroidhormonen, Schilddrüsenhormonen und Retinoiden am Zellkern sowie für Ionenkanäle und andere Proteine. Die Möglichkeit, Enzyme, Rezeptoren und Ionenkanäle funktionell zu verstehen und ihre Aktivität zu messen und dann – meistens auf empirischer Grundlage – Substanzen zu suchen, die diese biochemischen Ziele mit einer gewissen Selektivität angreifen, hat die Arzneimittelforschung ungeheuer bereichert. Man könnte das Eindringen biochemischer Konzepte in die Arzneimittelforschung sogar für die sogenannte Arzneimittelrevolution verantwortlich machen, die uns in den fünfziger und sechziger Jahren eine Fülle von neuen Wirkstoffen beschert hat. Psychopharmaka, β-Blocker, Kalziumantagonisten, Diuretika, neue Anästhetika, antiinflammatorische Substanzen seien hier als Hauptvertreter dieser Arzneimittelrevolution genannt.

Durch die Molekularbiologie war die Arzneimittelforschung seit Mitte der siebziger Jahre wiederum einem sich schnell verstärkenden Technologieschub ausgesetzt, der diese angewandte wissenschaftliche Disziplin bereits tief verändert hat und noch weiter verändern wird. Zunächst beschränkten sich die Veränderungen auf die gentechnische Herstellung von Proteinen: dadurch, daß man menschliche Gene (genauer: die Transkripte menschlicher mRNS) in Bakterien klonieren und exprimieren konnte, wurden Proteine, deren Gewinnung bis dahin schwierig oder unmöglich gewesen war, plötzlich zugänglich. Menschliches Insulin, menschliches Wachstumshormon und α-Interferon waren die ersten therapeutisch einsetzbaren Proteine, die auf diese Weise verfügbar wurden. Eine medizinische Revolution stellte diese Bereicherung der therapeutischen Palette allerdings noch nicht dar. Die Zahl der rekombinanten Proteine wuchs jedoch rasch. Allmählich umfaßte sie auch ganz neuartige Stoffe wie koloniestimulierende Faktoren, G-CSF, Erythropoietin, GM-CSF und Interleukin-3. Weitere Interferone wie γ-Interferon, eine Reihe von Interleukinen und thrombolytische Enzyme wurden durch rekombinante Techniken verfügbar. Heute liegt die Zahl der von der FDA zugelassenen rekombinanten Proteine bereits bei vierzig. Diese Zahl schließt allerdings auch therapeutisch verwendete monoklonale Antikörper ein.[46] Alljährlich kommen neue Proteine hinzu. Bis zum Jahre 2000 wird die Zahl der jährlich auf den Weltmarkt gelangenden rekombinanten Proteine und monoklonalen Antikörper 12–20 betragen. Das ist ein beträchtlicher Teil der alljährlich eingeführten neuen Wirkstoffe. Nach neueren Schätzungen kodieren 10 000–15 000 menschliche Gene für lösliche Proteine.[47] Natürlich werden nur wenige dieser Proteine als Medikamente in Frage kommen, vielleicht nur einige Prozent. Aber selbst wenn die Zahl der Therapeutika unter den löslichen Proteinen nur ein Prozent betrüge (eine eher konservative Schätzung), dann wären insgesamt 100–150 neue Wirkstoffe auf Proteinbasis zu finden und herzustellen. Wenn man die bereits gefundenen und therapeutisch bewährten Proteine zusammenzählt, dabei Doppelzählungen, die durch die Herstellung desselben Stoffes durch verschiedene Firmen bedingt sind, vermeidet und monoklonale Antikörper außer acht läßt, dann könnte man eine *Verzehnfachung* des heutigen Bestandes an therapeutisch nützlichen rekombinanten Proteinen erwarten. Und wie gesagt – dies ist eine eher konservative Schätzung. Wenn drei bis fünf Prozent aller löslichen Proteine zu neuen Medikamenten führen könnten, dann läge diese Zahl bedeutend höher. Außerdem können zellständige Rezeptoren löslich gemacht oder «solubilisiert» und gentechnisch an lösliche Proteine wie Antikörper gekoppelt werden. Ein bereits in der Entwicklung befindliches Fusionsprotein aus dem TNF-α-Rezeptor und einer schweren Antikörperkette bietet dafür ein Beispiel. Es ist also aus der Richtung der «klassischen» Biotechnologie noch einiges zu erwarten.

Die eigentliche Veränderung der Arzneimittelforschung aber kommt wohl aus einer anderen Richtung. Das menschliche Genom enthält etwa 100000 Gene, vielleicht sogar eine etwas größere Zahl. In diesem Genom sind alle art- und individualspezifischen Merkmale enthalten, also auch die Neigungen zu bestimmten Krankheiten wie Asthma, Osteoporose, Bluthochdruck, Diabetes mellitus, Krebs, Arteriosklerose und vielen anderen. Wenn wir anhand moderner Lehrbücher für innere Medizin, Neurologie und Psychiatrie und einige kleinere Fächer wie Ophthalmologie einmal die Krankheiten zählen, die für die Arzneimittelforschung medizinisch und kommerziell lohnende Ziele darstellen, kommen wir ungefähr auf die Zahl 100. In der Entstehung aller dieser Krankheiten mischen sich genetische Faktoren und Umweltfaktoren in unterschiedlicher Weise. Sewall Wright hat in den zwanziger Jahren dieses Jahrhunderts eine Formel entwickelt, mit der man die Zahl der an einem komplexen Phänotyp beteiligten Gene bei Labortieren (Mäusen und Ratten) errechnen kann. Für die spontane Hypertonie der Ratte liegt die Zahl der beteiligten Gene bei vier. Für einen anderen Rattenstamm mit Diabetes mellitus Typ II beträgt die Zahl der an dem Phänotyp beteiligten Gene sechs. Nach Schätzungen führender Genetiker sollten auch bei menschlichen Krankheiten nicht mehr als zehn Gene wesentlich zu einem komplexen Krankheitsbild wie zum

Beispiel Hypertonie beitragen. Wir können also annehmen, daß etwa 1 000 Gene in unserem Genom an den häufigen, multifaktoriellen Krankheiten beteiligt sind. Es ist durchaus nicht sicher, ob die von diesen Genen spezifizierten Proteine selbst gute Ziele für Arzneimittel darstellen. Aber alle oder fast alle dieser Proteine werden Teile von häufig überlappenden Signalwegen sein, an denen sich viele, zum Beispiel 20 oder 100 verschiedene Proteine beteiligen. Wenn wir – wiederum sehr konservativ – davon ausgehen, daß jedes «Krankheitsgen» mit drei bis fünf Proteinen «korrespondiert», die geeignete Zielmoleküle darstellen, dann ergäbe diese Rechnung zwischen 3 000 und 5 000 potentielle Zielmoleküle für neue Medikamente. Das ist etwa das Zehnfache der biochemischen Ziele, die von den heute verfügbaren Arzneimitteln beeinflußt werden. Die wirkliche Zahl der molekularen Ziele für neue Arzneimittel könnte wesentlich höher liegen, denn die hier getroffenen Annahmen liegen alle auf der «konservativen» Seite.[48]

Man sieht – hier öffnet sich wirklich eine neue Dimension. Dabei ist nicht in Rechnung gestellt, daß eine genaue Kenntnis des Genoms (oder vieler Genome) und der darin enthaltenen Gene und Steuerungselemente auch helfen wird, physiologische Vorgänge wie zum Beispiel das Altern sowie Differenzierungsvorgänge und Organentstehung zu verstehen und möglicherweise zu beeinflussen. Genomforschung, kombinatorische Chemie und moderne Verfahren des Screenings mit hohen Durchsätzen werden das Gesicht der Arzneimittelforschung in den nächsten Jahren stark verändern.

Paradigmenwechsel – Chemie und Molekularbiologie

Die moderne Arzneimittelforschung entstand zu dem Zeitpunkt, als die analytische und die synthetische Chemie einen hohen Grad von Reife erlangt hatten und einerseits über die Reindarstellung und Charakterisierung traditioneller Wirkstoffe, andererseits über die Farbstoffchemie und die sich unter ihrem Einfluß entwickelnde Chemotherapie zur Industrialisierung drängten. Wir haben dargelegt, daß zu dieser Zeit auch die experimentelle Pharmakologie im Begriff war, eine eigene, sich von der Physiologie emanzipierende medizinische Disziplin zu werden. Das Zusammenwirken dieser wissenschaftlich-technischen Impulse führte zur Entstehung der Arzneimittelforschung, die in der pharmazeutischen Industrie ihren angemessenen institutionellen Rahmen fand. Die Kultur der pharmazeutischen Industrie war eindeutig von der Chemie bestimmt. Sie blieb es auch unter dem Einfluß der weiter oben geschilderten Technologieschübe durch die Mikrobiologie/Fermentation sowie durch die Biochemie. Selbst die Molekularbiologie, die ja eine eigene Industrie hervorbrachte, hat an dieser Tatsache nichts Entscheidendes geändert. Ihrem tiefsten Wesen nach ist die pharmazeutische Forschung immer noch chemisch. Sie beruht auf der Erfahrung und der inzwischen auch theoretisch und experimentell untermauerten Annahme, daß Lebensvorgänge in chemischen Kategorien geschildert und daß Krankheiten als meßbare Abweichungen von «normalen» chemischen Vorgängen verstanden werden können. Solche Abweichungen können auch zu Veränderungen in der chemischen Zusammensetzung von Körperbestandteilen und Organen führen. Die Arzneimitteltherapie stellt in dieser Perspektive lediglich den Versuch dar, gestörte Fließgleichgewichte und Zusammensetzungen durch die Zufuhr definierter chemischer Stoffe wieder zu normalisieren. In welcher Weise dies geschieht, ist in den vorangegangenen Abschnitten an Beispielen erläutert worden. Die Einbeziehung von Hormonen, also von Steuerungssubstanzen, in die Therapie stellt ebenso wie die Verwendung von Cytokinen, die ebenfalls Signalfunktionen ausüben, lediglich den Versuch dar, die Änderung von Reaktionsabläufen durch die Beeinflussung von Steuerungsmechanismen herbeizuführen. Diese Spielarten der Arzneimitteltherapie beeinflussen chemische Steuerungsmechanismen, um gestörte chemische Gleichgewichte wiederherzustellen. Der Grundcharakter der pharmazeutischen Forschung wird durch sie nicht verändert. Man könnte auch so weit gehen, die Arzneimittelforschung und die Behandlung mit Arzneimitteln als Ausdruck eines chemischen Paradigmas in der Medizin zu verstehen.

Bekanntlich stammt der Begriff des wissenschaftlichen Paradigmas von Thomas Kuhn.[49] Mit diesem Terminus kennzeichnete Kuhn, der selbst Physiker war, ein in sich geschlossenes und widerspruchfreies System von Erfahrungen, Annahmen und Beispielen, die eine wissenschaftliche Disziplin zu einer bestimmten Zeit prägen und die ihr Vorgehen charakterisieren. Erst wenn neue, mit den alten Überzeugungen (dem alten Paradigma) nicht mehr vereinbare Tatsachen bekannt würden, könne (meist im Laufe einer Generation) ein neues Paradigma entstehen, das nun seinerseits den Rahmen für konzeptuelles und experimentelles Arbeiten innerhalb der betreffenden Disziplin abgebe. Dies ist in aller Kürze der Kern der Kuhnschen These. Nun ist die Medizin keine Wissenschaft wie die Physik oder die Chemie; vielmehr war sie während der vergangenen 150 Jahre ein interdisziplinärer, von wissenschaftlichen Methoden geprägter Versuch, menschliche Krankheiten zu verstehen und aus diesem Verständnis Methoden zur Diagnose und Therapie abzuleiten. Mit dieser modifizierenden Einschränkung aber kann man den Begriff «Paradigma» auch in der Medizin verwenden, und zwar mit um so größerer Berechtigung, als sich das jeweilige «Paradigma» generalisieren läßt. Die Annahme, daß Krankheiten durch äußere Erreger verursacht werden, daß man sie nach der Natur der Erreger klassifizieren und beschreiben kann und daß die Beseitigung von Krankheitskeimen auch zur Genesung von der jeweiligen Krankheit führt, ist richtig. Sie ist aber nicht in dem Maße generalisierbar wie die These, daß Krankheiten die Folgen gestörter chemischer Gleichgewichte sind, daß Krankheiten sich aufgrund biochemischer Abweichungen von der Norm beschreiben lassen, daß eine wirksame Therapie in der Wiederherstellung der durch die Krankheit gestörten chemischen Abläufe bestehen muß und daß dies in vielen, wenn nicht in allen Fällen durch die Zufuhr von chemisch definierten Stoffen geschehen sollte. So etwa könnte man ein chemisches Paradigma in der Medizin umschreiben, und in diesem Rahmen wäre die moderne Arzneimitteltherapie bis zum heutigen Tage widerspruchslos unterzubringen.[50)]

Die Arzneimittelforschung stammt also aus einer chemischen «Weltanschauung», und die kulturellen Merkmale der Chemie zu der Zeit, als die chemische und bald darauf die pharmazeutische Industrie entstanden, haben auch die Arbeitsweise und die Kultur dieser Industrie geprägt. Es handelt sich um eine recht strenge Kultur der Genauigkeit und Objektivität, aber auch der hierarchischen Abhängigkeit, der Disziplin und der Unterordnung. Die Atmosphäre der erfolgreichen chemischen Institute der Jahrhundertwende hat sich in der Industrie fortgesetzt. Sie ist, wenn auch abgeschwächt und von anderen Einflüssen überlagert, auch heute noch spürbar.

Wenn man diese strenge, hierarchische, zum Formalismus und zur Schematisierung funktionaler Abläufe neigende Kultur mit der Kultur der Biotechindustrie vergleicht, wird einem bewußt, wie sehr sich die Rahmenbedingungen für die Pflege von Wissenschaft in den vergangenen 50–100 Jahren verändert haben. Im Gegensatz zur Chemie stammt die Molekularbiologie aus einer überwiegend demokratischen, liberalen, ja libertären Gesellschaft, in der formale Hierarchien eine weit geringere, persönliche Entfaltung und Freiheit dagegen eine viel größere Rolle spielen als in der Gesellschaft der Wende vom 19. zum 20. Jahrhundert. Als industriebegründende Kraft war die Chemie ein Phänomen des ausgehenden 19. Jahrhunderts, die Molekularbiologie hingegen ist zumindest in ihren industriebegründenden und prägenden Eigenschaften ein typisches Kind des ausgehenden 20. Jahrhunderts. Die chemische Industrie stammte in ihrer stärksten Ausprägung aus den kontinentaleuropäischen Ländern, besonders aus Deutschland und der Schweiz, während die moderne Biologie überwiegend in den angelsächsischen Ländern aufwuchs.

Information, ein neues Paradigma in der Medizin

Die molekulare Genetik ist im Begriff, in der Medizin wiederum einen paradigmatischen Wandel zu bewirken. In dem neuen *informationellen Paradigma*, das sich als die bisher umfassendste Möglichkeit erweisen wird, Krankheit zu verstehen, zu diagnostizieren und zu behandeln, spielt der Begriff der genetischen Information die zentrale Rolle.

Das menschliche Genom enthält haploid, das heißt im halben Chromosomensatz, 3×10^9 Basenpaare. In diesem Genom wird die Existenz von etwa 100 000 Genen vermutet. Diese Gene nehmen ungefähr fünf Prozent des Genoms ein. Die übrigen 95 Prozent enthalten zu einem kleinen Teil Kontrollelemente (Bindungsstellen für Transkriptionsfaktoren) und ganz überwiegend redundante DNA-Sequenzen ohne offensichtliche Funktion. Das Genom enthält alle Bau- und Funktionsanweisungen für ein bestimmtes Individuum;

dazu gehört auch der genetisch programmierte Entwicklungsplan. Bestimmte genetische Veränderungen führen zu Funktionsausfällen und/oder zu Funktionsveränderungen. Krankheiten sind derartige Funktionsstörungen. Sie kommen durch das Zusammenspiel verschiedener genetischer Veränderungen zustande. Man könnte den Inhalt eines informationellen Paradigmas in der Medizin in folgende Sätze kleiden:

1. Alle Lebensvorgänge werden durch ein genetisches Programm gesteuert, das in der DNA eines Organismus niedergelegt ist.
2. Krankheiten resultieren aus der Unvereinbarkeit eines in bestimmter Weise veränderten genetischen Programmes mit einer bestimmten Umwelt. Bei den genetischen («informationellen») Veränderungen, die zu Krankheiten führen oder beitragen, kann es sich um Verluste, Verstärkungen oder Verfälschungen von Informationen handeln. An der Entstehung der epidemiologisch wichtigsten Krankheiten sind mehrere veränderte Gene beteiligt.
3. Die Kenntnis des Genoms und der von ihm ausgehenden Funktionen wird es erlauben, Krankheiten und Krankheitsdispositionen als Informationsfehler oder -defizite zu beschreiben und zu quantifizieren.
4. Die Therapie einer multifaktoriellen Krankheit muß idealerweise darin bestehen, fehlende Information zu ersetzen oder falsche Information zu korrigieren. Dies kann auf der Ebene der DNA geschehen (Gentherapie) oder auf der Ebene der vom Genom spezifizierten Proteine stattfinden. Der zuletzt genannte Fall wird die Domäne einer modernen Arzneimitteltherapie sein.

Ein informationelles Paradigma in der Medizin stellt also die Information in den Mittelpunkt der Betrachtung und erweist sich dadurch als der prinzipiell umfassendste Deutungsversuch von Lebensvorgängen und von den sich aus diesem Verständnis ableitenden diagnostischen und therapeutischen Maßnahmen.

Natürlich wäre die Gentherapie unter diesem Aspekt auch die logischste und auf die Ursache der Krankheiten gerichtete Behandlung. Ob sie technisch soweit realisierbar sein wird, daß daraus ein allgemeines therapeutisches Prinzip entwickelt werden kann, muß dahingestellt bleiben. In jedem Fall aber werden die phänomenologischen Auswirkungen genetischer Irrtümer gezielter und vielseitiger beeinflußt werden, als dies heute möglich ist. Auch die auf der Genomforschung aufbauende Arzneimitteltherapie wird sich im Rahmen eines informationellen medizinischen Paradigmas entwickeln lassen. Allerdings wird auch die modernste Arzneimitteltherapie gleichzeitig immer ein Teil der Chemie und einer chemischen Betrachtungsweise von Lebensvorgängen bleiben.

Es ist möglich, daß sich die neue Arzneimittelforschung, die jetzt im Entstehen ist und die in so starkem Maße von der Biologie, dem Informationsbegriff und damit von einem neuen paradigmatischen Verständnis geprägt sein wird, auch einen neuen institutionellen Rahmen sucht. Schon heute hat die klassische pharmazeutische Industrie ihr fast ein Jahrhundert lang gehaltenes Monopol für die Entdeckung und Entwicklung neuer Arzneimittel verloren. Wo wird die Entdeckung neuer Arzneimittel schließlich ihre angemessene Umgebung finden? Wir werden dieser Frage im letzten Kapitel dieses Buches nachgehen.

Der Einfluß der Molekularbiologie auf die Medizin

Die naturwissenschaftliche Medizin dieses Jahrhunderts war von zwei Ansätzen geprägt: einmal von dem komplementären Begriffspaar Gestalt und Funktion, zum anderen von der Chemie, also von der Frage nach der stofflichen Beschaffenheit von Organismen, Organen und Zellen. Natürlich sind diese Kategorien nicht direkt miteinander vergleichbar, denn die Frage nach Gestalt und Funktion ist auch auf der molekularen Ebene zu stellen. Wenn wir trotz dieser begrifflichen Ungenauigkeit in Anlehnung an Thomas Kuhn von einem morphologischen (und komplementär dazu auch physiologischen) Paradigma und von einem chemischen Paradigma in der Medizin sprechen, dann hat das auch historische Gründe. Die Anatomie war bereits Anfang des vorigen Jahrhunderts gut entwickelt.[51] Man war imstande, die Lage, Größe und Gestalt menschlicher (und tierischer) Organe exakt zu beschreiben. Damit war die Voraussetzung für zwei andere Entwicklungen gegeben: einmal für die Frage nach der Funktion und damit für die Entwicklung einer physiologischen Perspektive und zweitens für die systematische Beschreibung morphologischer Veränderungen, die mit Krankheit einhergehen: die pathologische Anatomie wuchs im 19. Jahrhundert unter dem Einfluß Rudolf Virchows zu einer eigenen wissenschaftlichen Disziplin in der Medizin heran, einer Disziplin übrigens, der wir die erste in sich geschlossene und konsistente Krankheitslehre verdanken. Grundphänomene des geweblichen und zellulären Verhaltens wurden beschrieben, die verschiedenen Bilder der Entzündung zum Beispiel, verdrängendes und infiltrierendes Wachstum, Metastasenbildung, Differenzierung und Entdifferenzierung und vieles mehr. Für die Ausformung des heute noch gültigen Krankheitsbegriffes war diese Sichtweite entscheidend. Sie führte aber auch in direkter Linie zu wichtigen Anwendungen, zum Beispiel zu einer hämatologischen und histologischen Diagnostik. Noch heute ist therapeutisches Handeln entscheidend von der Frage abhängig, ob eine Gewebsprobe Züge der Malignität, also der Bösartigkeit, aufweist oder nicht. Ältere und moderne bildgebende Verfahren, also Röntgenbilder, Kernresonanz, computergestützte Tomographie, bauen auf den Erkenntnissen der normalen und pathologischen Anatomie auf, und eine inzwischen sehr differenzierte Funktionsdiagnostik ergänzt die zunächst rein morphologische Betrachtungsweise. Auch für die Therapie blieb die morphologisch-physiologische Sichtweise nicht ohne Einfluß: für die operativen Fächer war eine exakte Beschreibung morphologischer Gegebenheiten eine zwingende Voraussetzung, und in der inneren Medizin hatte die morphologisch-physiologische Betrachtungsweise vorwiegend diagnostische Konsequenzen.

Bereits gegen Ende des vorigen Jahrhunderts wurde der bis dahin ausschließlich morphologische und physiologische Ansatz in der Medizin von einer neuen Sichtweise überlagert: die Chemie hatte sich bis dahin zu einer reifen Wissenschaft entwickelt; ihre Anwendung auf medizinische Probleme ergab sich fast mit Zwangsläufigkeit. Einerseits wurden Körperbestandteile, Zellen, Organe und Körperflüssigkeiten immer mehr zu Gegenständen der chemischen Analyse, andererseits wurden zunehmend auch die Funktionen des Körpers und seiner Organe in den Kategorien der Chemie beschrieben. Die physiologische Chemie entwickelte sich zu einer Wissenschaft, die zunächst die Grundvorgänge des Lebens, Stoffwechsel, Atmung, Kreislauf, dann aber auch Teilaspekte dieser Grundvorgänge in immer feineren Verästelungen in chemischen Begriffen schildern konnte. Damit war auch die Voraussetzung für die Beschreibung von Wirkungen gegeben, die durch von außen kommende Stoffe im Körper ausgelöst werden.[52] Ende des 19. Jahrhunderts formte sich die Pharmakologie zu einer wissenschaftlichen Disziplin innerhalb der Medizin. Einerseits vermochte die Chemie körperliche Funktionen in chemischen Kategorien zu beschreiben und zu erklären. Damit schuf sie auch die Grundlage für die heutige Labordiagnostik, die planmäßige Erfassung bestimmter biochemischer Befunde und ihre Zuordnung zu normaler oder gestörter Organfunktion. Die Medizin erwarb sich auf diese Weise Kenntnisse von den *chemischen Signaturen* der Krankheiten. Andererseits aber lieferte die Chemie auch die Werkzeuge, mit denen diese Funktionen sich modifizieren ließen. Die Chemotherapie entstand gegen Ende des 19. Jahrhunderts. Zur gleichen Zeit lernten die Chemiker Arzneimittel nach zunächst noch groben, im Laufe der folgenden Jahrzehnte aber immer feineren chemischen und pharmakologischen Kriterien herzustellen. Wir haben diese Entwicklung im vorhergehenden Kapitel kennengelernt.

Die großen Erfolge der Medizin im 20. Jahrhundert beruhen auf der Wirksamkeit dieser beiden Annäherungen an die Medizin: auf der Beschreibung von Gestalt und Funktion einerseits und auf der Erklärung und der Beeinflussung von Körperfunktionen durch die Chemie andererseits. Nicht alle grundlegenden Neuerungen in der Medizin lassen sich in dieses Schema einordnen. Die Evolution des Infektionsbegriffes, das Verständnis der Infektionskrankheiten, kann nicht allein aus dem Blickwinkel von Morphologie, Physiologie und Chemie beschrieben werden. Die spezifische Beziehung von Wirt und Parasiten muß hier einbezogen werden. Allerdings trägt das Infektionsmodell in der Medizin nicht weit genug, um daraus eine generelle Krankheitslehre abzuleiten. Analoges läßt sich von der Psychiatrie sagen. Die Beschreibung und die Deutung psychischer Phänomene bedürfen einer eigenen Methodik. Mit Chemie, Morphologie und Physiologie allein ist psychischen Erkrankungen einerseits nicht beizukommen. Andererseits ist die psychologische Methodik nicht geeignet, als allgemeiner Ansatz zur Erstellung einer Krankheitslehre zu dienen. Und in der *Behandlung* beider Gruppen von Erkrankungen waren im zu Ende gehenden Jahrhundert chemische Konzepte und Methoden wiederum von entscheidender Wichtigkeit.

Molekulare Grundlagen der Vererbung

Der Aufstieg eines neuen Paradigmas in Biologie und Medizin begann 1944. Eine Forschergruppe, die damals an der Rockefeller-Universität in New York arbeitete, O. Avery, C. M. MacLeod und M. McCarty, identifizierte die von Friedrich Miescher entdeckte Desoxyribonukleinsäure als das «Erbmolekül».[53] Die chemische Natur der Erbfaktoren, der Gene, war damit entschlüsselt. Eine der folgenreichsten Entdeckungen dieses Jahrhunderts folgte 1953: die Aufklärung der Struktur der Desoxyribonukleinsäure (DNA) durch James Watson und Francis Crick.[54] Aus der Struktur der Doppelhelix ergaben sich mit einer gewissen Zwangsläufigkeit Fragen, die schnell Antworten fanden (Abb. 2.16).[55] Man erkannte, daß die zur Zellteilung notwendige Verdoppelung der DNA durch die Kopierung der Einzelstränge der Doppelhelix erfolgt, und nannte diesen Vorgang «semikonservative Replikation». Mit der DNA-Polymerase wurde auch das für diesen Grundvorgang verantwortliche Enzym isoliert und charakterisiert.[56] Die ebenfalls grundlegenden Vorgänge der Transkription und der Translation, also der Umschreibung von DNA in RNA und der Übersetzung von Ribonukleinsäure in Proteine, wurden beschrieben. Damit wurde auch die «Sprache» der Natur, der genetische Code, entziffert (Abb. 2.17).[57] W. Arber, D. Nathans und H. Smith beschrieben die Restriktionsenzyme, mit denen DNA an bestimmten Stellen wie mit Scheren zerschnitten werden kann,[58] und 1967 fanden verschiedene Gruppen von Forschern auch die Ligasen, Enzyme also, die zerschnittenes genetisches Material wieder zusammenfügen können. «Vektoren» wurden identifiziert, Virusgenome oder Modifikationen kreisförmiger DNA- und RNA-Moleküle, die als «Transportvehikel» für genetisches Material dienen können.[59] Schließlich fand die schwierige Aufgabe,

108

Desoxyribonukleinsäure (DN) als universeller Träger der Erbinformation

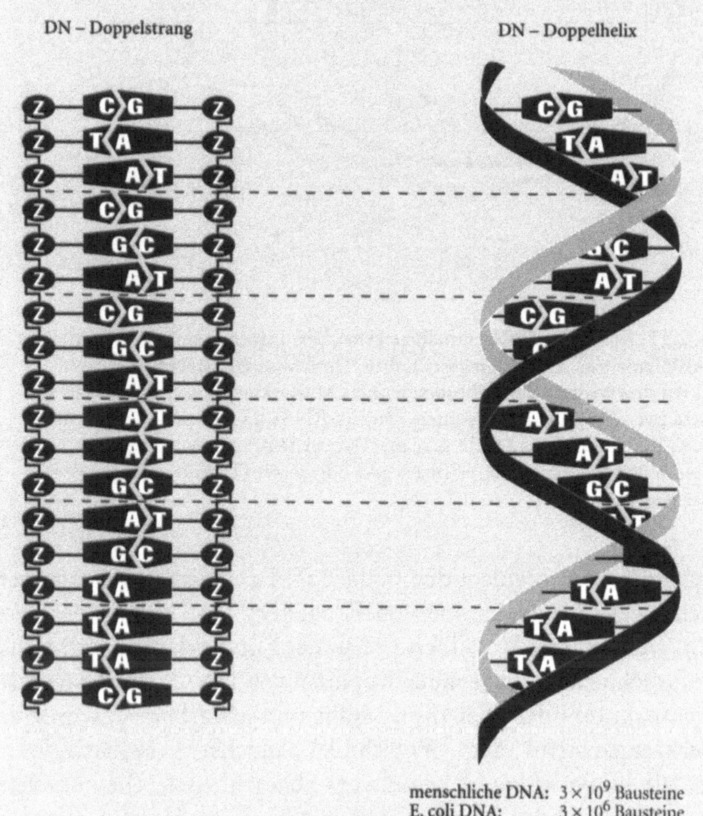

Abb. 2.16: Darstellung des DNA-Doppelstranges einmal als lineares Gebilde und zweitens als in der Natur vorliegende Doppelhelix. Zu beachten ist die Komplementarität der Basen: Es liegen stets die Bausteine Adenin und Thymin einerseits und Guanin und Cytosin andererseits gegenüber. Die Struktur eines einzelnen Stranges bestimmt also zwangsläufig die komplementäre Struktur des anderen Stranges.

109

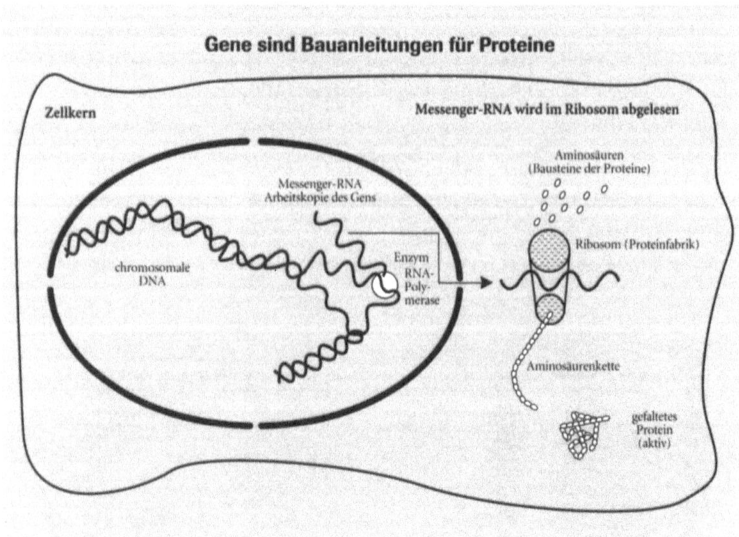

Abb. 2.17: Die in der DNA enthaltene genetische Information wird durch die RNA-Polymerase in RNA umgeschrieben. Die Messenger-RNA verläßt den Zellkern und wird an den Ribosomen unter Mitwirkung von biochemischen «Platzanweisern», den sogenannten Transfer-RNAs, in Proteine umgeschrieben (tRNAs in der Abbildung nicht gezeigt). Dabei entspricht die Abfolge der Aminosäuren im Protein genau der Abfolge der Codewörter (Trinukleotide) in der Messenger-RNA.

die Abfolge von Nukleotiden in der DNA chemisch zu bestimmen, gleich zwei Lösungen: eine von F. Sanger[60] und eine andere von A. M. Maxam und W. Gilbert.[61] Mit der Entwicklung einer Methode zum schnellen und genauen Kopieren von DNA, der Polymerasekettenreaktion oder PCR (Ken Mullis und Mitarbeiter), wurde der «Werkzeugkasten» der Gentechnik zunächst vervollständigt.[62] Aber die Entwicklung ist keineswegs abgeschlossen. Die komplette Sequenz verschiedener Bakteriengenome und des Hefegenoms wurde ermittelt. Von den meisten (inzwischen fast allen?) cDNAs, den durch reverse Transkriptase in DNA umgeschriebenen Messenger-RNA-Molekülen in der menschlichen Zelle, sind zumindest Teilsequenzen bekannt, und die Sequenzierung des menschlichen Genoms macht rasche Fortschritte. Etwa 200 Gene, deren Veränderungen monogenische Krankheiten auslösen, sind lokalisiert und beschrieben worden. Die «Krankheitsgene» wurden kloniert, das heißt isoliert und vermehrt. In vielen Fällen, wie zum Beispiel beim Gen für zystische Fibrose oder bei dem Gen, dessen Veränderungen Muskeldystrophie verursachen, wurden auch die Funktionen ermittelt, deren Ausfall die Krankheit bedingt. Auch Gene, die zu multifaktoriellen Krankheiten beitragen, also zu Diabetes mellitus Typ II, Fettsucht, zur Hypertonie und zu verschiedenen Formen von Krebs, wurden gefunden. Hier stehen wir noch am Anfang. Eines wird aber immer deutlicher: die Molekularbiologie, die Wissenschaft von der Information, die allem Lebendigen zugrunde liegt, liefert uns einen neuen, universell anwendbaren Zugang zur Medizin, eine Art Generalschlüssel. Krankheiten können als Informationsdefizite, Informationsüberschüsse oder als Auswirkungen fehlerhafter Information interpretiert werden. Wenn Gesundheit aus der Harmonie oder dem Gleichgewicht zwischen einem bestimmten Genom und der Umwelt resultiert, in der es sich befindet, dann sind Krankheiten regelhafte Störungen, die sich einstellen, wenn diese im Genom niedergelegte Information eine optimale Anpassung an die jeweilige Umwelt nicht gestattet.[63]

Mehr als die Summe der Teile: das Genom

Gene bestimmen die Struktur aller Proteine; das Genom insgesamt aber enthält nicht nur diese strukturelle Information. Es umfaßt auch alle Steuerungsmechanismen, die für das An- und Abschalten von Genen verantwortlich sind. Das Genom bestimmt also die Struktur und Form eines Organismus durch die Steuerung von Wachstums- und Entwicklungsvorgängen, zu denen auch der programmierte Zelltod, die Apoptose, gehört. Wir dürfen die Gene und das Genom insgesamt also nicht einfach als einen Informationsspeicher ansehen, sondern als ein sich in der Zeit und unter variablen Umweltbedingungen selbst regulierendes Informationssystem. Letztlich wissen wir nicht, wie 10000–12000 Gene sich so organisieren, daß eine Fruchtfliege entsteht, und noch weniger, wie kompliziertere Organismen aus einem Programm entstehen, das seine eigene Umsetzung steuert. Aber man beginnt zu begreifen, wie Störungen im Informationsbestand oder in der Abrufung und Weiterleitung von genetischer Information Erscheinungsbilder (Phänotypen) bedingen, von denen einige den Charakter von Krankheiten haben. Die Verlagerung des Krankheitsbegriffes auf die Ebene der Information und der Steuerung, das heißt vom deskriptiv zugänglichen Phänotyp zum verursachenden Genotyp, hat für die Medizin tiefgreifende Folgen. Dies gilt sowohl für das Verständnis von Krankheiten als auch für Diagnostik und Therapie. Hier seien die Hauptsätze eines informationell-kybernetischen Paradigmas in der Medizin noch einmal zusammengefaßt:

1. Die Gestalt und Funktion eines Lebewesens beruht auf dem Informationsgehalt seiner DNA.
2. Die genetische Information eines Lebewesens enthält auch Steuerungselemente für die Umsetzung der Information in geordnete räumliche Strukturen, die sich mit der Zeit regelhaft verändern (selbstreguliertes Informationssystem).[64]
3. Krankheiten resultieren aus fehlender, überschüssiger oder fehlerhafter Information sowie aus Störungen der inter- oder intrazellulären Informationsübertragung. Solche Informationsfehler lassen sich zur Diagnose von Krankheiten ausnutzen.
4. Zwischen dem Informationsgehalt einer Zelle und Krankheiten bestehen therapeutisch nutzbare Zusammenhänge.

Die technischen Möglichkeiten, die sich aus der Molekularbiologie ergeben, haben die Medizin bereits nachhaltig beeinflußt. Die bisher wirksam gewordenen Neuerungen in der Diagnostik und in der Therapie haben sich jedoch im Rahmen der Anschauungen und der Praktiken bewegt, die als Resultate der Morphologie, Physiologie und Chemie entstanden. Tiefgreifende Neuerungen und Umwälzungen, die auch die Praxis der Medizin verändern werden, zeichnen sich aber mit immer größerer Bestimmtheit ab. Man könnte sie wie folgt zusammenfassen: die Medizin wird durch die Kenntnis des menschlichen Genoms in die Lage versetzt werden, Krankheitsrisiken und Dispositionen frühzeitig zu erkennen und zu quantifizieren. Solche individuellen Risikoabschätzungen schaffen eine rationale Basis für eine umfassende Prävention. Die Medizin wird also diagnostischer und präventiver werden. Weiterhin wird uns die Kenntnis der Struktur, der Funktion und der Interdependenz von Genen in die Lage versetzen, potentielle Angriffspunkte für neue Medikamente schärfer und selektiver zu definieren, als dies bisher möglich war. Mit dieser Kenntnis wird eine neue Basis für die Arzneimitteltherapie geschaffen. Auch die Gentherapie erhält damit einen thematischen Rahmen, der ihr heute noch fehlt.[65]

Das Vier-Phasen-Modell

Der Einfluß der Molekularbiologie auf die Arzneimitteltherapie oder ganz allgemein auf therapeutische Techniken hat schrittweise zugenommen. Als die Methode der künstlichen Rekombination von DNA so ausgereift war, daß man an eine industrielle Nutzung innerhalb der Arzneimitteltherapie denken konnte, konzentrierte man sich zunächst auf die Herstellung von Proteinen, deren therapeutische Wirkung schon bekannt oder zumindest abzusehen war. Menschliches Wachstumshormon, Humaninsulin oder thrombolytische Enzyme wie der Gewebsplasminogenaktivator waren die ersten Proteine, die in diese Kategorie fielen. Wir haben diese sehr frühe Phase als *Pilotphase* bezeichnet, sie kann heute als abgeschlossen gelten. Fast gleichzeitig mit diesen ersten Aktivitäten wurden die neuen Methoden dazu verwendet, noch unbekannte oder nur ihrer Aktivität nach bekannte Proteine zu gewinnen. Dazu gab es verschiedene Wege, die hier nicht im einzelnen dargestellt werden sollen.[66] Nur soviel: die Reinigung selbst kleiner Mengen eines Proteins wie α-Interferon erlaubte auch damals schon die Bestimmung der Aminosäuresequenz oder die Entschlüsselung von Partialsequenzen. Aufgrund der Aminosäuresequenz konnte die wahrscheinliche Nukleotidabfolge der Messenger-RNA bestimmt werden. Der genetische Code ist nicht ganz genau: für jede Aminosäure gibt es nicht nur ein, sondern drei mögliche Basentripletts. Man spricht von der «Degeneriertheit» des Codes. Weil dies so ist, können die Nukleotidabfolgen der Messenger-RNAs nur annähernd aus der Abfolge der Aminosäuren im zugehörigen Protein bestimmt werden. Dieser Umstand setzt der Genauigkeit von Gensonden Grenzen. Dennoch kann man mit solchen Sonden, mit synthetischen Oligonukleotiden also, die den Messenger-RNA-Sequenzen entsprechen, aus cDNA-Genbanken die gesuchten Gene isolieren und in den geeigneten Vektoren exprimieren. Dies geschieht über Hybridisierungsexperimente. Auf diese oder vergleichbare Weise wurden die Gene für eine große Zahl von Cytokinen kloniert und in Mikroorganismen oder geeigneten Säugetierzellen wie «Chinese Hamster Ovary Cells» (CHO-Zellen) exprimiert. Molekularbiologische Techniken waren also sowohl für die eindeutige Identifikation von Proteinen, die man bis dahin nur phänomenologisch beschrieben hatte, als auch für deren Herstellung in größeren Mengen und für ihre therapeutische Verwendung entscheidend (Abb. 2.18). Wir haben diese Phase, der wir unter anderem die Interferone, viele Interleukine, Erythropoietin, koloniestimulierende Faktoren verdanken, die *biotechnische* Phase genannt. Eine wesentliche Bereicherung erfuhr die Palette der

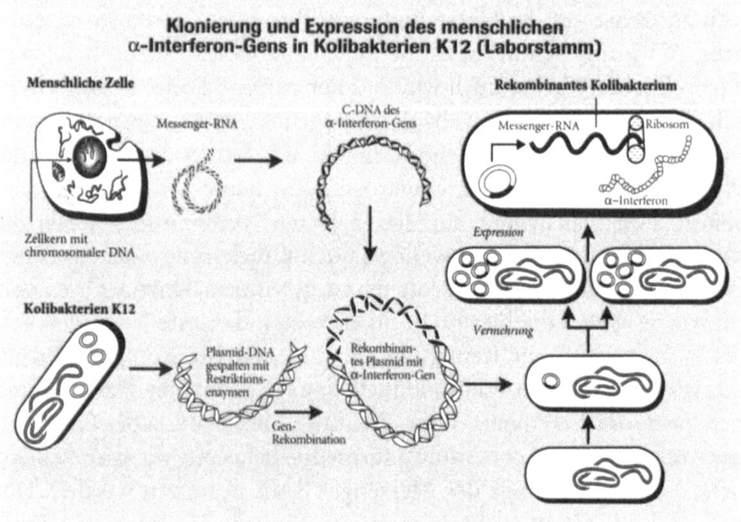

Abb. 2.18: Eine Messenger-RNA wird zunächst in DNA, sogenannte komplementäre DNA oder cDNA umgeschrieben. Diese cDNA wird anschließend in ein durch Restriktionsenzyme aufgeschnittenes Plasmid eingefügt. Die Schnittstellen werden durch andere Enzyme, sogenannte Ligasen, versiegelt. Das auf diese Weise veränderte Plasmid wird wieder in Bakterien eingebracht. Die so transformierten Bakterien synthetisieren nun nach der Anweisung des neu eingebrachten Gens ein bestimmtes Protein (in unserem Beispiel Interferon).

114

gentechnisch herstellbaren Proteine durch die Fusion von Genen, die in geeigneten Vektoren auch die Synthese von Fusionsproteinen steuern.

G. Köhler und C. Milstein berichteten 1975 über die Hybridom-technik und die Herstellung monoklonaler Antikörper.[67] Zunächst

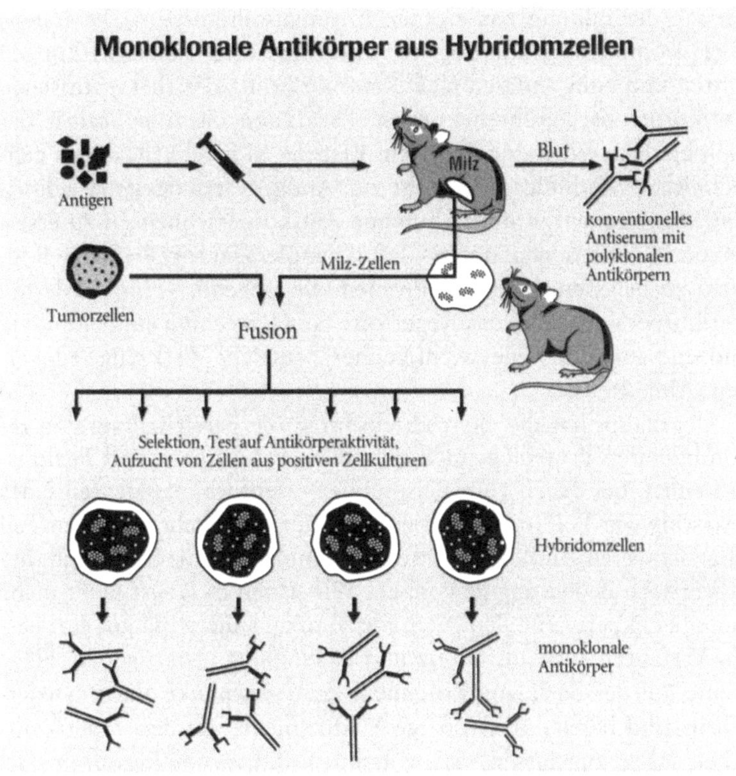

Abb. 2.19: Herstellung «monoklonaler» Antikörper. Eine Maus wird mit einem bestimmten Antigen immunisiert. Nach einigen Wochen produzieren die B-Lymphozyten Antikörper, die gegen verschiedene chemische Strukturen des Antigens gerichtet sind. Dabei stellt jeder Lymphozyt einen eigenen, ganz bestimm-ten Antikörper her. Im Blut des immunisierten Tieres findet man ein Gemisch dieser verschiedenen Antikörper. Wenn man die Milzzellen des immunisierten Tieres mit Myelomzellen fusioniert, erhält man nach der Verdünnung und Anzüchtung einzelner fusionierter Zellen, sogenannter Hybridome, Zellkulturen, die nur einen einzigen Typ von Antikörper herstellen.

wurden diese Antikörper (Abb. 2.19) nur in Mäusen hergestellt, doch auch nachdem man gelernt hatte, Mauslymphozyten mit menschlichen Myelomzellen zu verschmelzen und auf diese Weise chimäre Antikörper zu synthetisieren, blieben die Möglichkeiten der therapeutischen Anwendung monoklonarer Antikörper eingeschränkt. Das menschliche Immunsystem reagiert auf Mausantikörper mit der Bildung von eigenen Antimausantikörpern, die erstens über Komplementfixierung zu unerwünschten Nebenwirkungen führen und zum anderen eine Neutralisierung der therapeutischen Antikörper herbeiführen können. Dies kann bis zum Verlust der biologischen Wirksamkeit gehen. Erst die Möglichkeit, durch gentechnische Methoden alle nicht zur Antigenbindungsstelle gehörigen Maussequenzen durch humane Antikörpersequenzen zu ersetzen und nur die sogenannten CDR (Complementarity Defining Regions) zu belassen, löste das Problem weitgehend. «Humanisierte» Antikörper wurden in das Repertoire der Gentechnik aufgenommen und sind auf dem Wege, wichtige therapeutische Werkzeuge zu werden (Abb. 2.20).

Überhaupt hat die Gentechnik durch die Bereitstellung von rekombinanten Proteinen, monoklonalen Antikörpern und Fusionsproteinen, bei denen zum Beispiel der rezeptorbindende Teil eines Cytokins wie TNF oder Interleukin-2 mit dem nicht variablen Teil einer schweren Antikörperkette verschmolzen wird, erhebliche therapeutische Bedeutung gewonnen. Wir haben es längst nicht mehr mit einer experimentellen Methode zu tun, sondern mit gut etablierten Verfahren zur Auffindung und Herstellung neuartiger Medikamente auf der Basis von Proteinen. Zum Zeitpunkt dieser Niederschrift sind bereits 40 derartige Medikamente auf dem amerikanischen Markt zugelassen, viele von ihnen sind auch in Europa erhältlich (vgl. Tab. 2.2 auf S. 118). Rund 250 neue rekombinante Proteine und Antikörper befinden sich in irgendeiner Phase der klinischen Prüfung. Verschiedene Abschätzungen ergaben, daß um die Jahrtausendwende, also in wenigen Jahren, etwa 14 bis 24 neue rekombinante Proteine oder Antikörper pro Jahr auf den Markt kommen werden. Selbst wenn nur die untere Grenze dieser Spanne erreicht würde, dann wäre die Zahl rekombinanter Medikamente auf Proteinbasis, die pro Jahr eingeführt werden könnte, etwa gleich groß wie

116

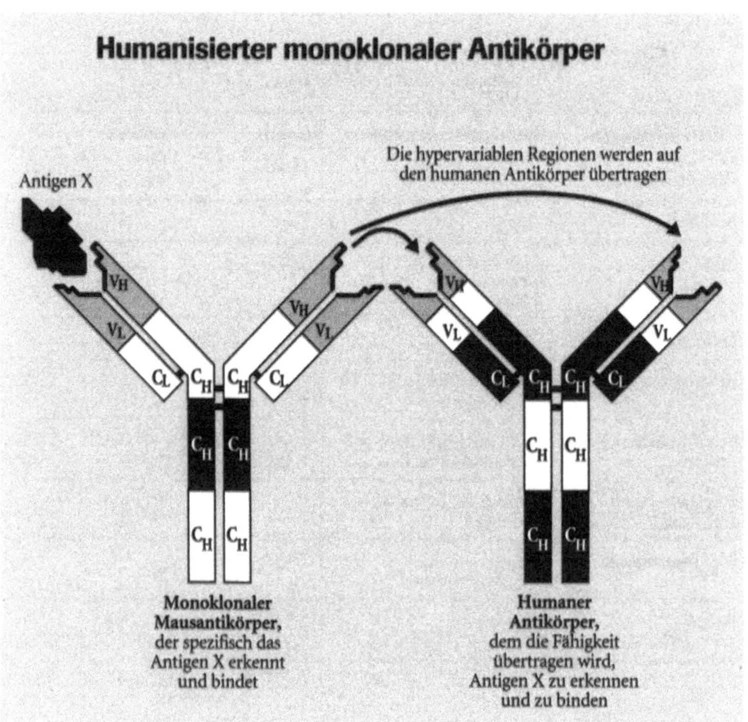

Abb. 2.20: Durch gentechnische Methoden werden diejenigen Anteile eines Mausantikörpers, die für die Antigenbindung verantwortlich sind, auf einen humanen Antikörper übertragen. Dabei entsteht ein «humaner» Antikörper, der allerdings die Bindungseigenschaften des Mausantikörpers besitzt. Man bezeichnet diesen Vorgang als «Humanisierung» von Antikörpern.

die Zahl niedermolekularer neuer Wirkstoffe, mit deren Einführung ab dem Jahre 2000 zu rechnen wäre. Viele der gentechnisch gewonnenen Medikamente, man könnte sogar sagen, der größere Teil dieser Gruppe, sind innovative Wirkstoffe. Der Nutzen von α-Interferon bei chronischen Hepatitiden vom Typ B und C, bei Lymphomen und anderen malignen Erkrankungen ist unbestritten. Erythropoetin hat in der Behandlung renal bedingter Anämien eine wichtige Position erlangt. Die koloniestimulierenden Faktoren G-CSF und GM-CSF haben ihren festen Platz in der Chemotherapie bösartiger

Die erfolgreichsten Gentechnik-Präparate

(weltweite Umsätze 1997 geschätzt)

Rekombinantes Protein (h = humanes)	Endeckt/entwickelt von	Land	Weltweite Umsätze 1997 (geschätzt, Mio. $)
h-EPO	Amgen	*USA*	3000
h-Insulin	Genentech, Eli Lilly, Zymogenetics, NovoNordisk	*USA/DK*	2400
h-G-CSF	Amgen	*USA*	1700
h-Wachstumshormon	Genentech, Eli Lilly, NovoNordisk	*USA/DK*	1600
h-α-Interferon	Uni Zürich/Biogen Genentech/Roche etc.	*CH* *USA*	1200
Hepatitis-β-Impfstoff	Genentech, Biogen	*USA*	1100
h-β-Interferon	Chiron, Berlex, Biogen, Serono	*USA, CH/Israel*	650
h-TPA	Genentech	*USA*	400

Tab. 2.2

Geschwülste erobert. Sie werden alternierend mit der eigentlichen Chemotherapie verabreicht, um den früher gefürchteten Mangel an weißen Blutkörperchen (Neutropenie) zu vermeiden. Gewebsplasminogenaktivator oder TPA (Tissue Plasminogen Activator) hat sich inzwischen als ein thrombolytisches Agens erwiesen, das der Streptokinase und Urokinase alten Typs in der Behandlung akuter Herzinfarkte deutlich überlegen ist. Außerdem hat sich diese Substanz auch in der Therapie thrombotisch verursachter Schlaganfälle bewährt. Innerhalb der ersten drei Stunden verabreicht, senkt eine thrombolytische Therapie die Zahl der Todesfälle und der neurologischen Spätschäden nach Schlaganfällen. Zur Zeit wird geprüft, ob eine solche positive Wirkung auch dann erzielt werden kann, wenn das Medikament zu einem späteren Zeitpunkt als drei Stunden nach

118

dem Ereignis verabreicht wird. Ein gegen den Fibrinogenrezeptor IIB/IIIA gerichteter chimärer monoklonaler Antikörper gewährt weitgehenden Schutz gegen die erneuten Verschlüsse von Herzkranzgefäßen nach der instrumentellen Wiedereröffnung und Erweiterung (Angioplastie). Mehrere monoklonale Antikörper haben in klinischen Studien der Phase II gute therapeutische Wirkungen gegen B-Zell-Lymphome gezeigt (Anti-CD28 von IDEC), andere Antikörper gegen Integrine und Adhäsionsproteine scheinen Wirkungen bei Entzündungen und schockbedingten Kreislaufreaktionen zu haben. Ein Fusionsprotein, bei dem der nicht in der Membran verankerte lösliche Teil des TNFα-Rezeptors mit der schweren Kette eines IgG2-Antikörpers verschmolzen wurde, neutralisiert TNFα und kann möglicherweise bei septischem Schock eingesetzt werden. β-Interferon hat zumindest eine partielle Wirksamkeit bei der bis dahin unbehandelbaren Multiplen Sklerose erwiesen. Dies ist nur eine kurze Liste von Beispielen, die zeigen, daß die initialen Phasen der Gentechnik bereits begonnen haben, Früchte zu tragen.

Gleichzeitig mit der direkten Nutzung von Proteinen für die Therapie sind natürlich Anstrengungen unternommen worden, pharmakologisch interessante Proteine gentechnisch herzustellen, um sie dann im Experiment als Modelle für die Wirkung kleiner organischer Moleküle zu verwenden. Viele Enzyme, die pharmakologisches Interesse versprachen, desgleichen Rezeptoren wie die verschiedenen Serotoninrezeptoren, GABA-Rezeptoren und viele andere sind kloniert worden und können nun in ihrer molekularen Struktur untersucht werden. Vor allem kann man jetzt auch mit Hilfe der kombinatorischen Chemie und anderer chemischer Verfahren nach Stoffen suchen, die in einer erwünschten Weise mit den pharmakologisch interessanten Proteinen (Rezeptoren, Enzymen, Carrier-Proteinen, Proteinen des Zytoskeletts, Ionenkanälen usw.) interagieren. Wir haben diese Phase der Einwirkung der Molekularbiologie auf die Arzneimitteltherapie als *pharmakologische* Phase bezeichnet.[68] Sie hat heute durch die Genomforschung eine besondere Bedeutung erlangt. Wir werden später darauf zurückkommen.

Schließlich wird es eine gentechnische vierte Phase in der Beziehung von Molekularbiologie und Arzneimitteltherapie geben. Defekte oder nicht vorhandene genetische Informationen werden durch gentherapeutische Verfahren so ersetzt werden können, daß sich funktionale Ausfälle zumindest temporär beheben lassen. Die hierfür zur Verfügung stehenden Strategien werden im Abschnitt Gentherapie besprochen. An dieser Stelle muß aber darauf verwiesen werden, daß die Möglichkeit, Gene in die Keimbahn von Tieren einzuschleusen und auf diese Weise transgene Mäuse, Ratten und in zunehmender Zahl auch andere Spezies herzustellen, für die experimentelle Medizin einen nicht zu unterschätzenden Fortschritt bedeutet. Genauso wie man bestimmte Gene in transgenen Mäusen exprimieren kann, so ist es auch möglich, einzelne oder mehrere Gene in der Keimbahn zu inaktivieren. Versuchstiere, bei denen ein solcher Eingriff stattgefunden hat, werden als «Knockout»-Tiere bezeichnet. Sowohl transgene als auch «Knockout»-Mäuse spielen heute in der Arzneimittelforschung eine immer wichtigere Rolle. Im Zusammenhang mit der Genomforschung wird die Bedeutung dieser Technik noch größer werden. Wenn man die Gene kennt, deren Ausfall oder Funktionsminderung zu sogenannten multifaktoriellen Krankheiten beitragen, dann wird man auch Versuchstiere «herstellen» können, deren Geno- und Phänotyp sich immer mehr dem Bild menschlicher Krankheiten annähert. Damit werden die experimentellen Modelle zur Erprobung von Wirkstoffen eine weitaus größere Glaubwürdigkeit und Authentizität gewinnen als die heute zur Verfügung stehenden Tiermodelle.

Arzneimitteltherapie und Genomforschung

Bevor wir den Einfluß der Genomforschung auf die Medizin im allgemeinen und auf die Arzneimittelforschung und -therapie im besonderen erörtern, wollen wir uns vergegenwärtigen, was Genomforschung eigentlich ist. Unter einem Genom verstehen wir die gesamte DNA eines Organismus oder einer Zelle, die durch semikonservative Replikation auf die Tochterzellen vererbt wird. Diese DNA ist bei höheren Organismen in den Chromosomen organisiert, die zusammen den Inhalt des von einer Kernmembran umschlossenen Zellkerns bilden. Das Genom liegt in somatischen Zellen diploid vor, das heißt, jedes Gen und jede DNA-Sequenz existiert in zwei Kopien, sogenannten Allelen, von denen eines von der Mutter und das andere vom Vater stammt. Bei der Reduktionsteilung (Meiose) wird nur der haploide Chromosomensatz, also nur ein DNA-Doppelstrang, vererbt. Mitochondriale DNA stammt ausschließlich von der mütterlichen Seite; sie ist nicht Bestandteil des Genoms und wird hier auch nicht besprochen.

Die Fortschritte der Genetik, vor allem aber die technischen Neuerungen in der Molekularbiologie erlauben es seit vielen Jahren, die Basensequenz von DNA-Molekülen zu bestimmen und beliebige Nukleinsäuresequenzen mit der Polymerase Chain Reaction (PCR-Methode) oder Polymerasekettenreaktion zu kopieren. Durch die Kombination von genetischen und biochemischen Methoden wird es möglich werden, die Position von Genen innerhalb des Genoms, ihre Struktur (Nukleotidsequenz), ihre Regulation und schließlich auch ihre Funktion zu bestimmen.

Unter Genomforschung können wir also den Versuch verstehen, die Struktur und Funktion eines Organismus auf der Grundlage seiner genetischen Information zu beschreiben. Dieser Versuch umfaßt die folgenden Einzelziele:

1. Die Erstellung möglichst ausführlicher Genkarten.
2. Die Sequenzierung aller irgendwann im Leben eines Organismus exprimierten Gene.
3. Das Verständnis der Funktion dieser Gene und der Mechanismen, die ihre Expression zu bestimmten Zeiten und unter definierten räumlichen oder biochemischen Bedingungen herbeiführen.
4. Die Kenntnis aller nicht kodierenden Anteile des Genoms und das Verständnis ihrer Bedeutung für die räumliche Struktur der DNA (der Chromosomen) und damit für Vorgänge wie Rekombination, Transkription, Replikation und Genexpression.

Genkarten

Die Idee, daß alle diese Anliegen am radikalsten mit der Entschlüsselung der gesamten Nukleotidsequenz des menschlichen Genoms und anderer Genome erreicht werden könnten, führte zur Schaffung des sogenannten menschlichen Genomprojektes (Human Genome Project). Der damalige Direktor der National Institutes of Health, James Wyngaarden, berief 1988 Wissenschaftler und Administratoren, um das «Human Genome Project» zu planen. 1990 begann dieses Programm offiziell. Bereits 1992 wurde die erste komplette Genkarte des Menschen publiziert, die auf der Anordnung von Mikrosatelliten-DNA im menschlichen Genom beruht. Mikrosatelliten bestehen aus kurzen Tandemwiederholungen von zwei oder mehr Nukleotiden, zum Beispiel $(CA)_n$. Die Zahl dieser Wiederholungen schwankt von Individuum zu Individuum. Mikrosatelliten bieten den Vorteil, daß sie durch PCR amplifiziert werden können. Die von Jean Weissenbach und seinen Kollegen 1992 veröffentlichte Genkarte enthielt 5 264 solcher «Marker» an 2 335 Positionen. Die Existenz solcher «Wegmarkierungen» in Abständen von weniger als einem cM (Zentimorgan; 1 cM entspricht beim Menschen 10^6 Basenpaaren) erleichtert die Lokalisierung von Genen, die für bestimmte Phänotypen verantwortlich sind. Wenn zum Beispiel ein bestimmter Marker sich in der DNA eines Patienten mit einer genetischen Krankheit häufiger findet als in der Normalpopulation, dann ist dies ein Hinweis darauf, daß das verursachende Gen in der Nähe dieses Markers liegt. Man kann mit einer solchen Information dann in eine Genbibliothek gehen und herausfinden, welche Gene in der Nachbarschaft des mit einem Phänotyp segregierenden Markers lokalisiert sind. Oft hat man es in solchen Situationen immer noch mit einer sehr großen Zahl von Genen zu tun, aus denen man dann mit verschiedenen Techniken die «besten Kandidaten» heraussucht.[69]

Eine Genkarte der Maus wurde von E. Lander, W. F. Dietrich und ihren Kollegen erstellt. Sie enthält 6 336 solcher Markierungen über das gesamte Mausgenom verteilt. Solche «physikalischen» Karten liefern einen räumlichen Raster, in den man genetische Daten einordnen kann.[70]

Die hier beschriebenen Genkarten beruhen auf der Analyse von Genbibliotheken, die in YACs (yeast artificial chromosomes), Cosmiden oder anderen Organismen (Zellen) untergebracht sind. Dabei enthält ein Cosmid bis zu 45 000 Basenpaare von fremder DNA; in einem YAC kann man 1 bis 2 Millionen Basenpaare, also 1 bis 2 Mb, unterbringen. Wenn die DNA eines Genoms in Stücke zerschnitten wird, die aneinander angrenzen oder sich idealerweise

122

überlappen, dann kann man die «richtige» Reihenfolge der DNA-Segmente in den Zellen leicht ermitteln und damit auch ein zusammenhängendes Bild von der Lage der mit PCR herauskopierten Markierungen und der ihnen benachbarten Gene gewinnen.

Eine andere Methode zur Ermittlung der Genstruktur setzt auf der Ebene der Messenger-RNA-Moleküle an, die mit reverser Transkriptase in sogenannte cDNA (komplementäre DNA) umgeschrieben werden können. Inzwischen sind mehrere hunderttausend solcher Teilsequenzen von exprimierten Genen bekannt geworden. In Hybridisierungsexperimenten kann man nun versuchen, die genomischen Orte zu ermitteln, an denen sich die zugehörigen Gene finden. Diese Methode der Sequenzierung von cDNA-Klonen und der Gewinnung von sogenannten ESTs (expressed sequence tags) erlaubt dreierlei: einmal gibt sie Kenntnis von der Struktur eines Gentranskripts und damit begrenzten Aufschluß über die Struktur des Gens selbst, zweitens kann man mit Hilfe einer Genbibliothek und einer cDNA die Lage des Gens bestimmen, und drittens gibt das Vorkommen von ESTs Auskunft über die Bedingungen, unter denen ein bestimmtes Gen exprimiert wird. Auf diese Weise lassen sich «Transkriptionskarten» erstellen.

Sequenzierung

Der gründlichste, aber auch aufwendigste Weg zur Kenntnis des menschlichen Genoms und anderer Genome führt über die Sequenzierung der Nukleotide. Das menschliche Genom enthält 3×10^9 Basenpaare (haploides Genom). Einige Labors sind heute imstande, mehrere Millionen Basenpaare pro Jahr zu sequenzieren. Das Sanger Zentrum in Oxford und die Gruppe an der Washington University in St. Louis liefern zusammen fast eine Million Basenpaare neuer Sequenzen in der Woche, und sie werden diese Leistung innerhalb des nächsten Jahres noch erhöhen. Die Sequenzierungsmethoden werden ständig verbessert, ebenso verbessern sich die Methoden zur Datenspeicherung und zum Vergleich von Sequenzendaten. Ursprünglich sollten bis Ende 2005 alle Nukleotide des menschlichen Genoms bestimmt sein. Heute sieht es so aus, als könne dieses ehrgeizige Ziel früher erreicht werden.[71]

Bemerkenswert ist die Tatsache, daß einige kleinere Genome bereits vollständig sequenziert worden sind. Der erste Organismus, dessen vollständige Sequenz 1995 publiziert wurde, war *Haemophilus influenzae* (1,8 MB) und bald darauf *Mycoplasma genitalium* (0,58 MB). Inzwischen sind andere Organismen, zum Beispiel *Methanococcus janaschi*, ein Bakterium, das bei besonders hohen Temperaturen leben kann, hinzugekommen. Bemerkenswert ist auch der kürzlich erfolgte Abschluß des international betriebenen Hefegenomprojektes. Hierbei handelt es sich immerhin um ein 15-MB-Genom, das innerhalb eines knappen Jahres durch verschiedene europäische und amerikanische Laboratorien sequenziert wurde. Andere Organismen wie *C. elegans, Drosophila melanogaster* und natürlich *E. coli* werden neben dem menschlichen Genom studiert (Abb. 2.21).[72]

Fast alle mit Sequenzierungsprojekten beschäftigten Wissenschaftler berichten, daß etwa die Hälfte der neu von ihnen sequenzierten vermeintlichen Gene (offene Leserahmen) sich keinem bisher geläufigen strukturellen Schema zuordnen lassen. Das heißt, man kann aus ihrer Struktur keine Schlüsse auf ihre mögliche Funktion ziehen. Im wesentlichen begegnet man bei der Sequenzierung neuer Sequenzen vier Situationen:

1. Einmal kann eine Sequenz Rückschlüsse sowohl auf die biochemische als auch auf die physiologische Funktion des neuen Gens zulassen.
2. Eine Sequenz läßt sich mit einer bestimmten biochemischen Funktion, etwa einer enzymatischen Funktion, verbinden, ohne daß damit eine eindeutige physiologische Zuordnung möglich wird. Auf Chromosom 3 des Hefegenoms fanden sich zum Beispiel fünf neue Proteinkinasegene, deren biochemische Funktion klar ist: sie phosphorylieren Proteine, deren physiologische Bedeutung für die Hefezelle jedoch im dunkeln bleibt.
3. Eine Sequenz ist unbekannt oder korreliert mit einer Sequenz in anderen Organismen, über deren Funktion ebenfalls keine Information vorliegt.
4. Man findet eine Sequenz, die mit derjenigen eines anderen Organismus übereinstimmt, kann aus dieser Übereinstimmung aber

124

keine funktionellen Schlüsse ziehen. Zum Beispiel besteht eine
weitgehende Homologie zwischen dem Gen YCL 17c auf dem
Hefechromosom 3 und dem NefS-Protein von stickstoffixieren-
den Bakterien. Obwohl ähnliche Gensequenzen auch bei Lakto-

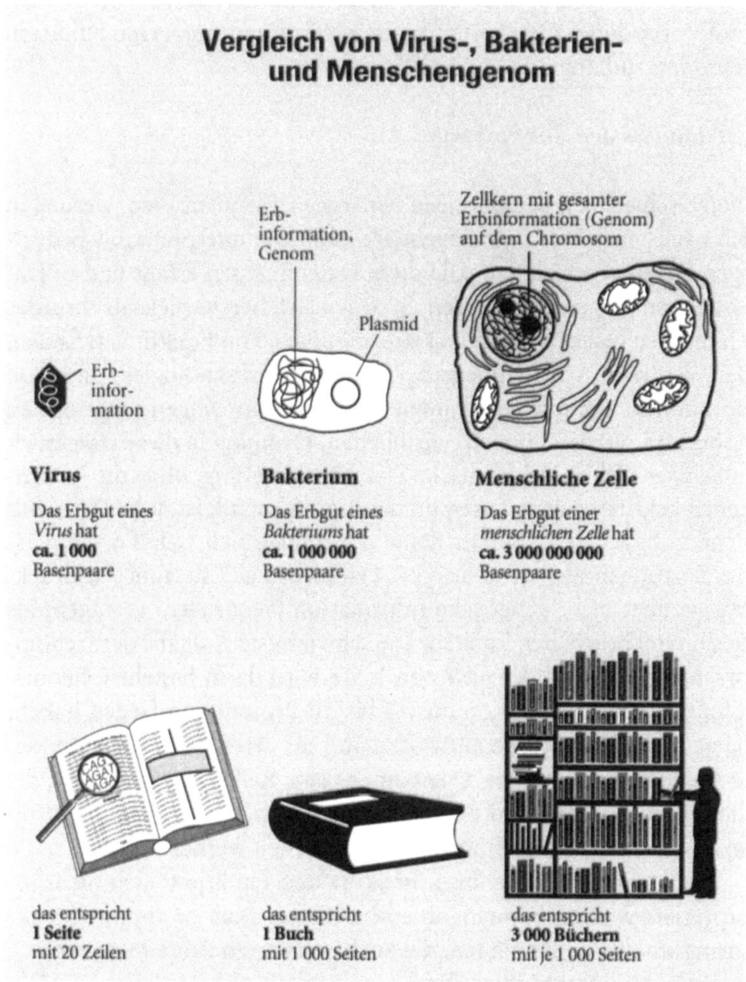

Abb. 2.21: Der unterschiedliche Informationsgehalt verschiedener Lebensformen
dargestellt am Beispiel gedruckter Information.

bazillus, Bazillus und *E. coli* gefunden wurden, sind daraus keine funktionellen Schlüsse zu ziehen, weil weder die zuletzt genannten Bakterien noch Hefe in der Lage sind, Stickstoff zu fixieren.[73]

Man sieht an diesem Beispiel, daß die Zuordnung einer bestimmten Funktion zu einem Gen auch dann nicht trivial ist, wenn man glaubt, für dieses Gen bereits in anderen Organismen eine Funktion gefunden zu haben.[74]

Verständnis der Genfunktion

Die verschiedenen Bemühungen, Genome zu sequenzieren, werden in den nächsten Jahren eine ungeheure Fülle von interpretationsbedürftigen Daten produzieren. Alle diese Daten müssen erfaßt und in Datenbanken gespeichert werden, in denen sich bereits viele Strukturdaten mit den bisher getroffenen Zuordnungen von Funktionen finden. Der Vergleich von Sequenzen, von Sequenzhomologien und von Funktionen, die mit bestimmten Sequenzen in einigen Organismen verbunden werden können, wird helfen, Ordnung in diese Datenwelt zu bringen. Ohne elektronische Datenverarbeitung, ohne die im Entstehen begriffene neue Disziplin der Bioinformatik ist diese Datenflut nicht zu bewältigen. Bereits heute bezeichnen sich viele Forschungsorganisationen als «gene heavy». Damit bringen sie zum Ausdruck, daß sie über mehr genetische Information (Sequenzen) verfügen, als sie sinnvoll bearbeiten können. Die schwierigste Aufgabe der Genomforschung während der nächsten Jahre wird darin bestehen, herauszufinden, welche Funktion die 33 bis 50 Prozent von Genen haben, die neuartige Strukturen aufweisen und für deren Funktion man keine Anhaltspunkte besitzt. Dazu gibt es eine Reihe von Strategien, die alle ihre Schwächen und Begrenzungen haben. Einige von ihnen sollen trotzdem an dieser Stelle kurz beschrieben werden.

Auch wenn Proteine ihrer Struktur und Funktion nach nicht interpretiert werden können, so enthalten sie doch bestimmte Strukturmerkmale und Domänen, die auch in anderen Proteinen vorkommen. Durch kombinatorische Chemie lassen sich niedermolekulare Verbindungen herstellen, die an solche Domänen binden. Wo immer solche bindenden Moleküle in Zellkulturen phänotypische Verände-

126

rungen hervorrufen, hat man einen ersten Schlüssel zu der möglichen Funktion des in Frage stehenden Proteins in der Hand. Die vielleicht interessanteste Methode zur Untersuchung der Funktion unbekannter Gene und der von ihnen kodierten Proteine kommt aus der Entwicklungsbiologie. Manchmal sind die Kaskaden von Genaktivierungen und -inaktivierungen, die zur Ausbildung eines Organs führen, zum Beispiel eines Auges oder eines Flügels in *Drosophila melanogaster*, heute schon gut bekannt. Weitere genetische und biochemische Entwicklungswege, die das Herz-Kreislauf-System und andere Körperorgane und -systeme betreffen, werden im Laufe der nächsten Jahre in Einzelheiten verstanden sein. Gene mit unbekannter Funktion können durch entsprechende organspezifische Promotoren in die Signalwege eingebracht werden, die zum Beispiel zur Bildung eines Facettenauges in der Fruchtfliege führen. Wenn die Expression eines solchen Transgens zu einem Phänotyp führt, kann man durch eine Reihe von genetischen Modifikationen die Frage stellen, ob dieser Phänotyp sich durch bestimmte Eingriffe an anderen Genen verändern läßt. Auf diese Weise werden Rückschlüsse über die Proteine möglich, mit denen das zu interpretierende Genprodukt in der Entwicklung bestimmter Organe oder Organellen interagiert, was wiederum Rückschlüsse auf die Funktion des untersuchten Proteins zulassen kann (vgl. Farbtafel 7).[75]

Selbst ein so einfacher Organismus wie *Saccharomyces cerevisiae* (Bäckerhefe) kann zur Erforschung der Funktion bekannter Gene herangezogen werden. Das Hefegenom enthält etwa 700 Gene. In ihrer Gesamtheit repräsentieren sie so etwas wie eine Struktur- und Arbeitsanweisung für eine eukaryonte Zelle. Wenn eine Hefezelle in einem sehr komplexen Medium wächst, exprimiert sie nur etwa ein Drittel dieser Gene. Die übrigen zwei Drittel werden nur gebraucht, wenn die Zelle sich unter suboptimalen Bedingungen vermehren beziehungsweise behaupten muß. Einige Arbeitsgruppen versuchen, eine sogenannte «Minimalhefezelle» herzustellen, also einen Stamm, in dem alle offensichtlich redundanten Gene auf den minimalen Gensatz reduziert werden, der Wachstum auf komplexen Medien erlaubt. Man stellt also eine Zelle her, die nur auf komplexen Medien, nicht aber auf Minimalmedien wächst. Durch die schrittweise Einführung von unbekannten Genen, die ein Wachstum auch auf Minimalmedien erlauben, erhält man Hinweise auf deren Funktion.[76]

Alle diese Ansätze sind noch sehr experimentell. Die bisher erzielten Ergebnisse sind spärlich. Das wichtigste Problem der Genomforschung scheint also darin zu liegen, den neu entdeckten Genen, ihren Regulationselementen und auch anderen Genombestandteilen, die heute noch gar nicht verstanden werden, eine physiologische oder entwicklungsphysiologische Funktion zuzuordnen.

Trotz dieser Schwierigkeiten kann kaum bezweifelt werden, daß die rapide wachsenden Kenntnisse über die Struktur von Genen und Genomen auch zu einem besseren funktionellen Verständnis führen werden. Wir werden lernen, welche Rolle einzelne Genprodukte im Organismus spielen, mit welchen anderen Proteinen sie interagieren, wie sie an Steuerungsvorgängen teilnehmen. Das funktionelle Verständnis der im Genom vereinigten Gene wird auch dazu führen, daß wir viele pathophysiologische Regelkreise kennenlernen, die jetzt noch im dunkeln liegen. Damit aber werden sich für die Arzneimitteltherapie zahlreiche neue Eingriffsmöglichkeiten ergeben, die uns bis heute verborgen bleiben mußten. Die Genomforschung wird der Arzneimittelforschung eine große Zahl neuer Ziele für die Arzneimitteltherapie zugänglich machen. Wie groß diese Zahl sein wird, ist schwer vorauszusagen. Das menschliche Genom enthält, so lauten heutige Schätzungen, etwa 100 000 Gene. Wenn zehn Prozent dieser Gene für die Synthese von Proteinen kodieren, die mögliche Ziele für die Arzneimitteltherapie darstellen, so wären das etwa 10 000 Proteine. Zum Vergleich: die Gesamtheit der heute zur Verfügung stehenden Arzneimittel beeinflußt 483 biochemische Ziele (Darin sind die Ziele in Viren und Mikroorganismen, die durch Chemotherapeutika und Antibiotika erreicht werden enthalten). Mit der Genomforschung wird die Zahl potentieller pharmakologischer Angriffspunkte also mindestens um eine Größenordnung zunehmen (vgl. Farbtafel 8).

Nicht nur aus der Sicht des Molekularbiologen, der nach der Funktion unbekannter Gene sucht, sondern auch aus der Sicht der Arzneimittelforschung kommt der Entwicklungsbiologie eine besondere Bedeutung zu. Viele der uns heute plagenden zivilisationsbedingten Krankheiten wie Arthrosen, Bindegewebserkrankungen,

128

Herz- und Gefäßkrankheiten, neurodegenerative Erkrankungen wie
die Parkinsonsche Krankheit und der Morbus Alzheimer beruhen
letztlich auf dem Verlust spezifischer Gewebs- und Organstrukturen:
Gelenkknorpel, Gefäßendothel, Herzmuskel, dopaminerge oder
cholinerge Neuronen. Eine Behebung dieser Gewebszerstörungen
müßte durch regenerative Vorgänge ausgeglichen werden. Diese
«therapeutisch» einzuleitenden Regenerationen müßten den gleichen
Gesetzen folgen, nach denen Gewebe und Organe während der Em-
bryonalentwicklung gebildet werden. Wenn wir die Steuerungsvor-
gänge kennen, nach denen bestimmte Gene an- und abgeschaltet
werden, und wenn wir die Vorgänge, die während der Entwicklung
eines Organs stattfinden, kontrolliert und zeitlich begrenzt reaktivie-
ren könnten, um eingetretene Defekte auszugleichen, dann hätten
wir den logischen Weg zur Behandlung fast aller sogenannten Zivili-
sationskrankheiten gefunden. Genomforschung und Entwicklungsbiologie werden uns schließlich dazu in die Lage versetzen.

Dies sind Langzeitperspektiven. Für die nächsten Jahre werden
die genetischen Datenbanken für die Arzneimittelforschung eine
ähnliche Rolle spielen wie gut ausgestattete und geordnete Bibliotheken. Wenn ein Arzneimittelforscher einem bestimmten Mechanismus auf der Spur ist, etwa der Entstehung von Insulinresistenz im
Gewebe, dann können diese Datenbanken heute schon von großem
Nutzen sein. Nehmen wir einen konkreten Fall: durch die Bindung
von Insulin wird der Insulinrezeptor aktiviert. Diese Aktivierung
besteht biochemisch in einer Folge von Phosphorylierungen. Seit
langem wird angenommen, daß die Entaktivierung des Rezeptors
durch eine spezifische Phosphatase erfolgen muß. Nun gibt es sehr
viele Phosphatasen. Wenn eine Datenbank Angaben über die Strukturen, die Organverteilung, die intrazelluläre Lokalisierung von
Phosphatasen Auskunft gäbe, dann könnte die Auswahl der Enzyme, die als Ziel für ein hemmendes Medikament in Frage kämen,
sehr erleichtert werden. Der *unmittelbare* Nutzen der Genomforschung und ihrer Ergebnisse für die Arzneimitteltherapie besteht
also in einer Beschleunigung und Erleichterung der Arbeitsabläufe,
noch nicht in einer revolutionären Veränderung im Ablauf der Forschung. Wenn die Genomforschung heute pharmakologische Projekte erleichtert und beschleunigt, dann könnte dieser Einfluß in frü-

hestens zehn Jahren zu konkreten Ergebnissen, das heißt zu marktfähigen Medikamenten führen. Bis in das erste Jahrzehnt des nächsten Jahrhunderts hinein wird die Verbindung von Genomforschung und Arzneimittelforschung also noch keinen spektakulären Anstieg der Innovationsfrequenz bewirken. Danach allerdings sollte sich der pharmazeutische Innovationsprozeß erheblich beschleunigen.

Worauf beruht diese optimistische Annahme?

1. Auf der Erwartung, daß die Zahl der identifizierten Ziele für die Arzneimitteltherapie in dieser Zeit drastisch ansteigt.
2. Auf der Annahme, daß die kombinatorische Chemie so viele neue Verbindungen liefern wird, daß die neu entdeckten Ziele auch ohne den primären Einsatz von rationaler Synthese funktionell manipuliert werden können.
3. Auf der sich abzeichnenden Gewißheit, daß die Automatisierung und die Miniaturisierung von Screeningvorgängen es ermöglichen werden, die Vielfalt von biologischen Zielen mit der noch größeren Zahl der möglichen chemischen Verbindungen in einen produktiven Zusammenhang zu bringen. Schließlich verfügen wir schon heute über Informationssysteme, die es gestatten würden, die in solchen umfangreichen Versuchsserien anfallenden Daten zu sichten und zu verdichten, so daß sie einer Weiterverarbeitung zugänglich werden.

Noch ein Wort zum Abschluß dieser Betrachtung über Genomforschung und Arzneimitteltherapie: unter den 100 000 menschlichen oder tierischen Genen befinden sich nach Schätzung der Experten, die sich auf heute verfügbare Daten stützen, etwa 5 000 bis 10 000 Gene für lösliche Proteine. Wenn nur einige Prozent, vielleicht fünf Prozent oder maximal zehn Prozent, dieser löslichen Proteine sich *per se* als Medikamente eignen, dann würden auch der klassischen Biotechnologie, wie wir sie heute kennen, noch zahlreiche neue Möglichkeiten eröffnet. Bis heute sind etwa 40 rekombinante Proteine eingeführt oder im Begriff, eingeführt zu werden. Es scheint, als sei dies erst ein kleiner Teil dessen, was noch erwartet werden kann.[77]

Oswald Avery und seine Kollegen zeigten als erste, daß die Übertragung von genetischem Material von Pneumokokken mit dem Phänotyp S (smooth = glatt) auf Pneumokokken, die in rauhen Kolonien wuchsen (rough = rauh), in einem kleinen Prozentsatz der auswachsenden Kolonien zu einer Transformation führte: ursprünglich rauh wachsende Kolonien nahmen die DNA der glatten Stämme auf und wuchsen nun auch in glatten Kolonien. Die Erkenntnis, daß Gene die Form und Funktion von Zellen bestimmen und daß DNA das chemische Trägermolekül für genetische Eigenschaften ist, führte fast zwangsläufig zu weiteren Versuchen, den Phänotyp von Zellen durch die Übertragung fremden genetischen Materials zu verändern. Zunächst wurden solche «Transformationen» an Bakterien durchgeführt. Später versuchten sich Wissenschaftler auch an eukaryonten Zellen. Im Laufe der Zeit wurden verschiedene Methoden entwickelt, mit denen DNA in Säugetierzellen eingeschleust werden kann: Mikroinjektionen, der Transfer genetischen Materials mit DEAE-Dextran oder adsorbiert an Kalziumphosphat und die Elektroporation.[78] In ihrer Gesamtheit bestätigten diese mit verschiedenen Zelltypen und mit unterschiedlichen Genen durchgeführten Versuche, daß man auch Tierzellen transformieren kann und daß transformierte Zellen häufig ihren Phänotyp verändern. Allerdings waren die Transformationsraten, die mit diesen physiko-chemischen Methoden an primären menschlichen Zellen erzielt wurden, viel zu niedrig, um sie als Grundlage für eine Gentherapie zu benutzen. Andere, wirksamere Methoden mußten entwickelt werden, und dazu boten sich natürlich menschliche oder andere animalische Viren an.[79]

Daß Viren genetisches Material aus einer Zelle in eine andere übertragen können, war ja schon lange bekannt. In den Pionierjahren ihres Faches arbeiteten die Molekularbiologen fast ausschließlich mit Bakterien und Bakteriophagen. Gewisse Bakteriophagen wie λ-Phagen können Bakterienzellen lysogen infizieren, das heißt, sie inkorporieren ihre DNA in das Wirtsgenom, lassen die Wirtszelle zunächst aber ungeschoren. Erst durch einen äußeren Reiz, wie etwa durch UV-Licht, bestimmte Chemikalien oder bei temperatursensitiven Mutanten durch eine Anhebung der Temperatur, vermehrt sich der Phage: die lysogene Infektion wird lytisch. Wenn der Phage sich repliziert, nimmt er oft Wirts-DNA von seinem Integrationsort mit und inkorporiert sie in die resultierenden Phagenpartikel. Wenn solche Phagenpartikel dann eine neue Bakterienzelle lysogen infizieren, wird die Wirts-DNA, die ja oft für ein bestimmtes Merkmal kodiert, in die neue Zelle übertragen. Auf diese Weise kann eine lysogen infizierte Bakterienzelle zum Beispiel resistent gegen Tetrazyklin oder andere Antibiotika werden. Mit Phagen, die sich zufällig an irgendeiner Stelle des Bakterienchromosoms einfügen, kann man fast alle Merkmale von einem Bakterium auf ein anderes übertragen. Man bezeichnete diese Übertragung von genetischem Material durch Phagen als «Transduktion».[80]

Es lag also nahe, bei der Suche nach geeigneten Vektoren für die Übertragung von Genen auf Säugetierzellen an Säugetierviren zu denken. Vor allem Viren, die sich analog zu bestimmten DNA-Phagen in die menschliche DNA integrieren, verdienten in diesem Zusammenhang Interesse. Viren sind aber häufig pathogen: sie töten Zellen ab und verursachen Krankheitssymptome. Also mußte man natürliche Viren so «umbauen», daß sie sich als Vehikel für DNA einerseits noch eignen, andererseits aber keine Gefahr mehr für die infizierte Zelle darstellen. Dies gelang zunächst recht überzeugend mit Retroviren von Mäusen. Solche Viren sind recht einfach strukturiert. Sie enthalten einmal die kodierenden Sequenzen für virale Proteine, also für den Kern (gag), für die Viruspolymerase (pol) und für die Virushülle (env) (Abb. 2.22). An beiden Enden des Genoms tragen sie sogenannte «long terminal repeats» oder LTRs, Sequenzen, die Kontrollelemente für die Genexpression enthalten, und schließlich ein Signal für die «Verpackung» der RNA, das sogenannte ψ (Psi). Basierend auf dieser Struktur konnte eine Methode zur Herstellung rekombinanter retroviraler Vektoren entwickelt werden. Ein «Verpackungsplasmid» enthält das Provirusgenom ohne das Verpakkungssignal. Es kann nur noch leere Virushüllen produzieren, weil die RNA ohne das ψ-Signal nicht in einem Viruspartikel untergebracht werden kann. Im «Vektorplasmid» ist das Verpackungssignal intakt; jedoch sind hier die viralen Sequenzen für gag-, pol- und env-Sequenzen durch das exogene Gen ersetzt. Wenn man Zellen mit bei-

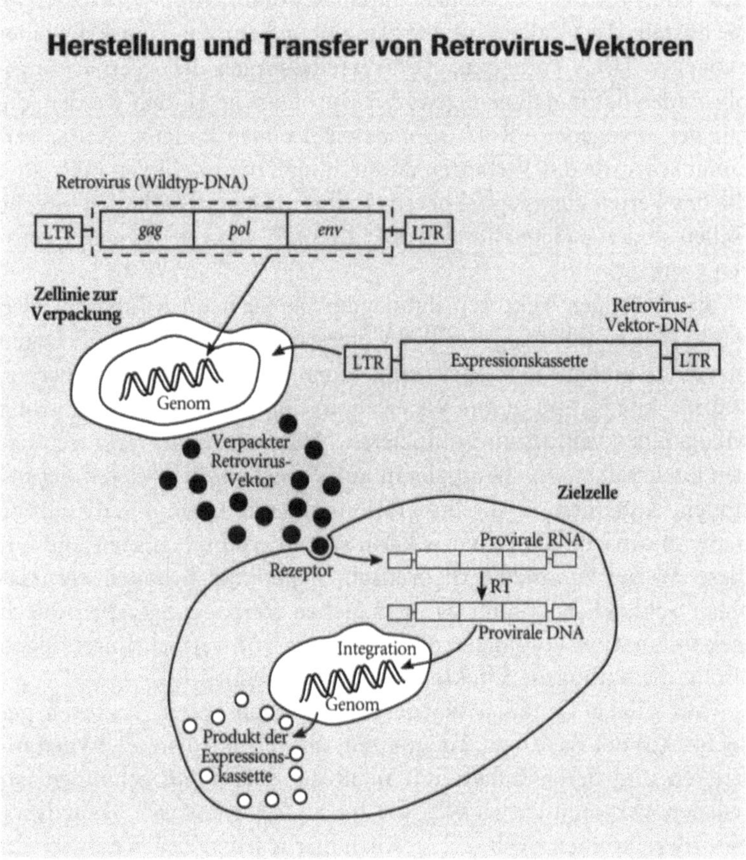

Herstellung und Transfer von Retrovirus-Vektoren

Abb. 2.22: Ein bestimmtes Gen wird als sogenannte Expressionskassette anstelle der viralen Gene gag, pol und env in ein Retrovirus eingebaut. Die Expressionskassette enthält auch das Verpackungssignal ψ (Psi). Mit dem auf diese Weise veränderten Virus wird eine Zellinie infiziert. Gleichzeitig wird die Zelle mit dem Wildtyp-Virus infiziert, dem jedoch das Signal ψ fehlt. Die infizierte Zelle produziert nun ein infektiöses, aber nicht mehr vermehrungsfähiges Virus, das die Expressionskassette enthält. Damit werden Zielzellen, z. B. Lymphozyten, infiziert. In diesen Zellen wird nach der Integration des retroviralen Vektors nun das gewünschte Protein synthetisiert.
Quelle: Crystal, Science 270, 405, Oktober 1995.

den Viren infiziert, entstehen durch Rekombination Viruspartikel, die anstelle der viralen Proteine gag, pol und env das Transkript einer exogenen DNA enthalten. Andererseits sorgen die «Verpackungs-plasmide» dafür, daß genügend Virusproteine hergestellt werden, die mit der «exogenen» RNA Viruspartikel bilden können. Weiter ver-einfacht wurde das Verfahren dadurch, daß man Zellinien herstellte, die das Verpackungssignal bereits in ihrem Genom enthalten. Solche Zellen sind zur Herstellung großer Mengen von retroviralen Vekto-ren geeignet.

In derartigen Vektoren kann man bis zu neun Kilobasen, also 9 000 Nukleotide exogener RNA, unterbringen. Ihre Vorteile liegen in einem breiten Wirtsspektrum, einer hohen Transduktionsrate, stabiler Integration in das Wirtsgenom und der Möglichkeit, große Mengen des Vektors zu produzieren. Aber retrovirale Vektoren ha-ben auch Nachteile: sie infizieren nur Zellen, die sich in Teilung be-finden. Außerdem ist die Integrationsstelle im Genom der Zielzelle nicht spezifisch; das Provirus kann sich überall integrieren und auf diese Weise, zumindest theoretisch, genetische Schäden verursa-chen. Schließlich kommt es in manchen Verpackungszellen durch Rekombinationsvorgänge zur Entstehung von vermehrungsfähigen Viren, die pathogene Effekte hervorrufen können.

Aus diesen Gründen wurde ständig nach neuen Vektoren ge-sucht. Auf der Basis von Adenoviren, die verschiedene Zelltypen in-fizieren und deren Infektivität nicht an Zellteilung gebunden ist, wurden Vektoren entwickelt, die bis zu 7,5 Kilobasen «Nutzlast» befördern können (Abb. 2.23). Auch hier wurden Zellen entwickelt, die bestimmte Gene wie das für die Virusreplikation nötige E1 in ihrem Chromosom tragen und das E1-Protein konstitutiv herstellen. In solchen Zellen lassen sich Adenovirusvektoren (Adenoviren, die das zur Transfektion bestimmte Gen tragen) in hoher Ausbeute her-stellen (10^9 Kopien/ml). Vorteile der auf der Basis von Adenoviren entwickelten Vektoren sind eine hohe Transduktionseffizienz, die bereits erwähnten hohen Virustiter sowie die Anwendbarkeit dieser Vektoren auf nicht in Teilung befindliche Zellen. Nachteile sind: die nur vorübergehende Expression in der Zielzelle, die Immunogenität der Virusproteine, die lokal zu entzündlichen Veränderungen führen kann, die Zytotoxizität der Partikel und die Schwierigkeiten bei der

134

Herstellung und Transfer von Adenovirus-Vektoren

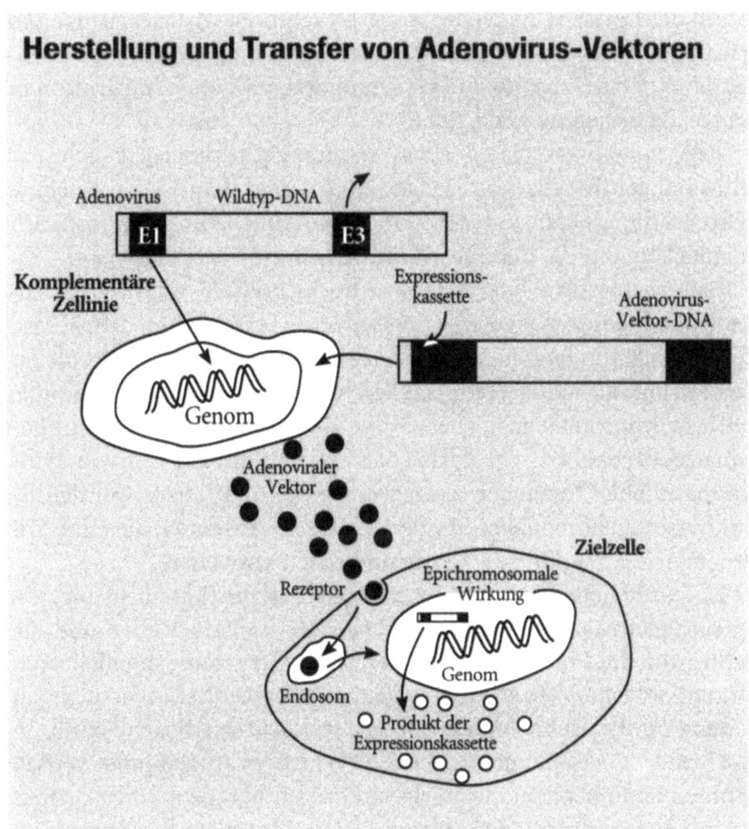

Abb. 2.23: Einbau eines zur Gentherapie verwendeten Gens in einen adenoviralen Vektor. Die Grundvorgänge sind analog Abb. 2.22. Allerdings wird der Adenovirus-Vektor in der Zielzelle nicht in das Wirtsgenom eingefügt, sondern bleibt als «episomale» Struktur erhalten, die sich nicht vermehren kann und deshalb aus einer Zellpopulation nach mehreren Teilungszyklen hinausverdünnt wird. Quelle: Crystal, Science 270, 405, Oktober 1995.

Herstellung rekombinanter Vektoren. Ein weiterer Nachteil besteht darin, daß Adenovirusvektoren in der Zelle episomal, das heißt außerhalb des Wirtsgenoms, bleiben und demzufolge aus einer sich teilenden Zellpopulation rasch hinausverdünnt werden.

135

An der Entwicklung vieler weiterer Vektoren wird gearbeitet. Zu erwähnen wären hier von Herpesviren abgeleitete Vektoren. Mit ihnen könnte der Transfer von Genen und deren stabile Integration in neuronale Zellen möglich sein.

AAV (adeno-associated virus) ist ein nicht pathogenes, nicht zur selbständigen Replikation fähiges Parvovirus. Von AAV abgeleitete Vektoren integrieren stabil auf dem menschlichen Chromosom 19, in einer Region, die offenbar keine sensitiven Gene beherbergt.

Natürlich wird weiterhin versucht, nichtvirale Vektoren herzustellen und diese Strukturen galenisch so zu formulieren, daß sie von Zellen leicht aufgenommen werden können. Die Lipidhülle solcher Partikel enthält in der Hauptsache synthetische kationische Lipide, die das negativ geladene Plasmid umhüllen. Ein Nachteil dieser liposomalen Partikel besteht darin, daß sie zum großen Teil von zytoplasmatischen Organellen aufgenommen und abgebaut werden. Es war bisher nicht möglich, Lipidhüllen zu konstruieren, die eine Präferenz für die Bindung an Kernmembranen aufweisen.[81]

Es wurde bereits darauf hingewiesen, daß die Einschleusung von genetischem Material in menschliche oder tierische Zellen und die Expression der Fremdgene in dieser neuen Umgebung möglich sind. Damit war eine Voraussetzung für gentherapeutische Versuche an Tieren erfüllt. Nachdem die wichtigsten Sicherheitsbedenken für einige der zur Verfügung stehenden Vektoren ausgeräumt werden konnten und nachdem die Wirksamkeit gentherapeutischer Verfahren in Tierexperimenten nachgewiesen worden war, wurden gentherapeutische Eingriffe auch am Menschen vorgenommen. Dabei folgte man zwei grundlegenden Strategien: einem *Ex-vivo-* und einem *In-vivo*-Verfahren. Bei der *Ex-vivo*-Strategie werden dem Patienten (oder dem Versuchstier) Zellen entnommen. Diese Zellen werden dann *in vitro* transfiziert, anschließend vermehrt und dem Patienten wieder zurückgegeben. Beim *In-vivo*-Verfahren, das rein technisch der Arzneimitteltherapie näherkommt, werden die genetischen Konstrukte direkt in den Patienten (oder in das Versuchstier) injiziert, entweder lokal oder systemisch (Tab. 2.3).

Das erste gentechnische Protokoll am Menschen diente der Behandlung zweier Kinder mit schwerer kombinierter Immundefizienz.[82] Kinder, die an dieser Erkrankung leiden, tragen ein defektes

136

Grundstrategien der Gentherapie

Kategorie	Vorgehen	Zweck
Ex vivo	Entnahme von Zellen aus dem Wirt	«Drug delivery»
	Einführung des fremden Gens	Wiederherstellung einer fehlenden Funktion
	Vermehrung der Zellen	Impfstoffe in der Krebsbehandlung
	Injektion der Zellen	Zelltherapie von Tumoren
In vivo	Direkte Injektion eines genetischen Konstruktes in einen Patienten	
	Systemische Anwendung	z. B. Antisense-Nukleotide
	oder	
	Lokale Anwendung	z. B. Inhalation bei zystischer Fibrose

Tab. 2.3

Gen für ein Schlüsselenzym der Purinsynthese, die Adenosindesaminase. Patienten mit diesem Defekt wurden Blutlymphozyten entnommen. Anschließend wurden die Zellen *in vitro* durch Antigenreizung zur Teilung stimuliert. Die sich teilenden Zellen wurden dann mit einem retroviralen Vektor, der das intakte Adenosindesaminase-Gen mit den zugehörigen regulatorischen Elementen enthielt, transfiziert. In der Tat konnte gezeigt werden, daß die transfizierten Lymphozyten, die anschließend *in vitro* durch Interleukin-2 um mindestens eine Größenordnung vermehrt wurden, das Adenosindesaminase-Gen korrekt exprimierten. Die transfizierten und durch IL-2 vermehrten Lymphozyten wurden anschließend den Patienten wieder zugeführt. Diese Prozedur wurde über Monate hinweg einige Male wiederholt. Bei den ersten beiden Patientinnen, die mit diesem Verfahren behandelt wurden, trat in der Tat eine anhaltende klinische Besserung ein. Man muß aber hinzufügen, daß diese Patientinnen neben der «Gentherapie» auch noch eine mit Polyaethylenglykol chemisch veränderte (pegylierte) Adenosindesaminase intravenös erhielten. Es ist daher nicht mit Sicherheit festzustellen, welcher Anteil der klinischen Besserung auf die Adenosindesaminase-Behandlung entfällt und wieviel dem gentherapeutischen Eingriff zuzurechnen ist. Daß die Transfektion von Lymphozyten bei dem therapeutischen Erfolg eine wichtige Rolle spielte, kann jedoch aus der Tatsache entnommen werden, daß Lymphozyten mit dem veränderten Phänotyp jahrelang nach ihrer Applikation im zirkulierenden Blut nachweisbar waren. Allerdings schwankte ihre Häufigkeit in weiten Grenzen. Die gleiche Behandlung kann auch mit Stammzellen aus dem Knochenmark oder mit Progenitorzellen aus dem peripheren Blut durchgeführt werden. Wenn Stammzellen transformiert werden, sind transformierte Lymphozyten noch viele Jahre lang nachweisbar. Allerdings wurden die Patienten auch in diesem Fall parallel zur Gentherapie mit pegylierter Adenosindesaminase behandelt.

Eine ebenfalls in die *Ex-vivo*-Kategorie hineingehörende Strategie wird häufig in der Onkologie angewendet. Hier finden zur Zeit vorwiegend Versuche an Hypernephromen und Melanomen statt. Patienten werden Tumorzellen entnommen. Die Zellen werden anschließend *in vitro* vermehrt, mit einem retroviralen Vektor, der die Information für die Synthese von GM-CSF (granulocyte monocyte colony stimulating factor) enthält, transfiziert und noch einmal vermehrt. Anschließend werden möglichst homogene Kulturen von Tumorzellen so weit bestrahlt, daß sie sich nicht mehr teilen können, zur Proteinsynthese und Sekretion aber fähig sind. Dann werden sie dem Patienten in Zeitabständen von ein bis zwei Wochen als Vakzine injiziert. Die Ergebnisse dieser Verfahren sind noch nicht abzuschätzen. Es gibt eindrucksvolle, aber anekdotische Berichte über klinische Besserungen (Remissionen) und über Lebensverlängerungen. Statistisch sind diese Ergebnisse bis heute aber noch nicht auszuwerten. Streng genommen fehlt also noch ein klinischer Wirksamkeitsnachweis.[83)]

Auf der Seite der *In-vivo*-Verfahren sind Versuche zu erwähnen, das bei zystischer Fibrose mutierte Gen in Adenovirusvektoren durch Inhalation in das Bronchialepithel einzubringen. Diese Versuche brachten bisher keinen durchschlagenden Erfolg. Zwar konnte nachgewiesen werden, daß das CF-Gen (Zystische-Fibrose-Gen) in Zellen des Bronchialbaums aufgenommen und exprimiert wird. Die entzündlichen Reaktionen, die diese Therapie begleiten, sprechen jedoch gegen eine breite Anwendbarkeit dieses Verfahrens (Abb. 2.24).

Das amerikanische Komitee für gentherapeutische Versuche, das

Ex-vivo- und In-vivo-Gentherapie
ex vivo
in vivo
krank
krank
Entnahme von
Knochenmarkszellen
Intakte
Gene
Einpacken des intakten Gens
in Viren
Vermehrung
der Zellen in Kultur
und Einschleusen
des Gens in die Zellen
oder in
Liposomen
Auswahl der erfolgreich
behandelten Zellen
und Knochenmark-
transplantation
Einschleusen
des
eingepackten
Gens in die
Zellen der
Atemwege
gesund
gesund
Quelle: Akzente 7, Gentechnik: Eingriff am Menschen,
Herbert Utz Verlag Wissenschaft, München 1997.

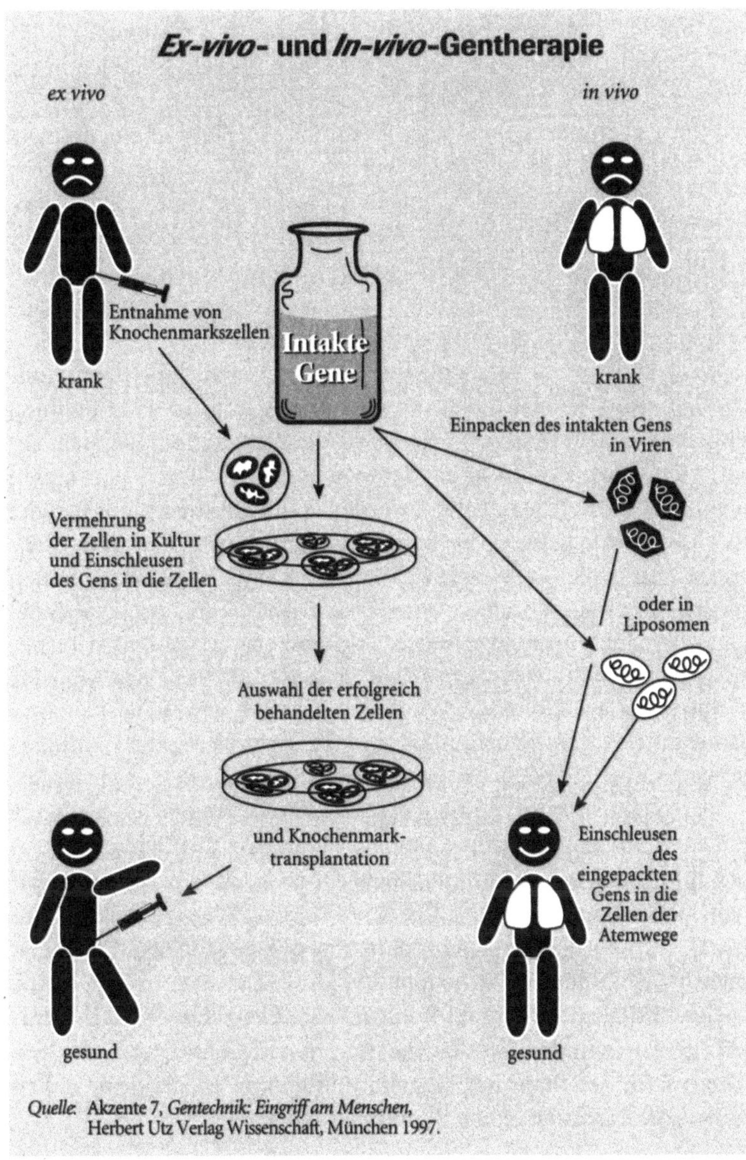

Abb. 2.24

sogenannte «Recombinant DNA Advisory Committee», hatte bis zum Juni 1995 106 gentherapeutische Protokolle genehmigt: 81 dieser Protokolle hatten einen therapeutischen Zweck, 25 fielen in die Kategorie sogenannter Markierungsversuche. Hierbei handelt es sich um Experimente, bei denen bestimmte Zellen mit einem leicht zu erkennenden Gen markiert werden, um die Wanderung dieser Zellen im Organismus zu verfolgen. In bisher sieben Studien (erblicher Adenosindesaminase-Mangel, familiäre Hypercholesterinämie, zystische Fibrose und solide Tumoren) konnten durch gentherapeutische Eingriffe therapeutisch erwünschte, wenngleich nicht kurative, biologische Wirkungen erzielt werden.[84]

Wenn man heute versucht, die Gentherapie als eine therapeutische Disziplin zu beurteilen, könnte man wie folgt dazu Stellung nehmen: die Gentherapie ist ein Behandlungsverfahren, bei dem somatische Zellen des zu behandelnden Patienten durch von außen zugeführte Gene transformiert werden. Obwohl die grundsätzliche Durchführbarkeit dieses Verfahrens als erwiesen gelten darf, steht die Technik noch am Anfang ihrer Entwicklung. In einzelnen Fällen wurden klinische Resultate erzielt, die als therapeutische Erfolge gefeiert wurden. Derartige Ergebnisse sind ermutigend, aber bisher noch anekdotisch. Wenn wir an die Gentherapie dieselben Maßstäbe anlegen, die wir heute für den Nachweis von Sicherheit und Wirksamkeit eines Arzneimittels fordern, können wir die Gentherapie weder als sicheres noch als wirksames Verfahren klassifizieren.

Durch eine unkritische Berichterstattung in der Laienpresse wurden in der Bevölkerung Erwartungen geweckt, mit deren pünktlicher Einlösung von Anfang an nicht zu rechnen war. Leider fielen auch viele Wissenschaftler und Ärzte diesem Wunschdenken zum Opfer, das den bescheidenen Kern von gut gesicherten Tatsachen umgab wie ein bunter, lärmender Troß von Zuschauern eine kleine Sehenswürdigkeit. Wenn wir konkret nach den Schwierigkeiten fragen, die überwunden werden müssen, damit Gentherapie ein Verfahren wird, das man der Arzneimitteltherapie an die Seite stellen könnte, drängen sich einige Punkte besonders auf.

• Alle Humanstudien fielen bisher durch einen nicht erklärten Grad von inkonsistenten Ergebnissen auf. Zum Beispiel schwankte der Anteil von transformierten Lymphozyten bei den erwähnten Kindern mit schwerer kombinierter Immundefizienz zwischen 0,1 und 60 Prozent! Bei den ebenfalls erwähnten Versuchen, zystische Fibrose durch die Inhalation von Adenoviren mit dem intakten Transporter-Gen zu beeinflussen, wurden höchstens fünf Prozent der Bronchialzellen erfolgreich transformiert. In den meisten Versuchen lag die Transformationsrate noch bedeutend niedriger. Und in den meisten Markierungsversuchen mit menschlichen Knochenmarkszellen wurde ein erfolgreicher Gentransfer nur vorübergehend erzielt.[85]

- Von einigen Ausnahmen abgesehen, bereitet die standardisierte Herstellung großer Mengen von Vektoren immer noch erhebliche Schwierigkeiten. Eine industrielle Anwendung der Gentherapie müßte auf Verfahren aufbauen, die reproduzierbar und standardisierbar sind.

- Besonders für die *In-vivo*-Gentherapie müßte man Forderungen an die Qualität der verwendeten Vektoren und ihrer galenischen Formulierung stellen, die heute noch nicht erreicht werden. Die Injektion eines gentherapeutischen Präparates müßte es ermöglichen, bestimmte genetische Konstrukte exklusiv oder fast exklusiv in bestimmte Zellpopulationen oder Organe einzuschleusen. Dazu bedarf es besonderer galenischer Zubereitungen. Theoretisch kämen als spezifische Eintrittspforten Oberflächenrezeptoren in Frage. Die zu erzielenden Transfektionsraten müßten im Einzelfall hoch genug liegen, um einen lokalen oder systemischen Effekt zu erzielen. Die bisher beobachteten Transfektionsraten von einigen Prozent reichen dazu nicht aus. Weiterhin müßte gefordert werden, daß die in die Zelle eingeschleusten genetischen Konstrukte entweder stabil in das Genom integriert werden, ohne dort Schaden anzurichten, oder in stabilen Zellpopulationen episomal für längere Zeiträume existieren und funktionieren können. Dabei müßte die verabreichte Gendosis innerhalb klinisch ermittelbarer Dosis-Wirkungs-Beziehungen liegen.

Keine dieser Forderungen scheint prinzipiell unerreichbar zu sein. Im Gegenteil: mit dem AAV-Virus verfügt man bereits über einen Vektor, der sich an einem bestimmten Ort im Genom integriert.

Ebenso erscheint es möglich, galenische Formulierungen zu entwikkeln, die durch die Ausnutzung von Rezeptorspezifitäten selektiv an bestimmte Zellen oder Organe adressiert werden können. Aber es werden Jahre, wenn nicht Jahrzehnte vergehen, bis diese Verfahren so ausgereift sind, daß man sie allgemein und mit relativer Unbedenklichkeit anwenden könnte – wie heute große Bereiche der Arzneimitteltherapie. Nach Überwindung dieser prinzipiellen technischen Schwierigkeiten allerdings könnte sich die Gentherapie sehr rasant entwickeln. Wir lernen ständig neue Gene und ihre Funktionen kennen, und aus dieser Kenntnis resultieren neue Ideen über die Art der vorzunehmenden gentherapeutischen Eingriffe. Viele dieser Ideen lassen sich tierexperimentell überprüfen. Sind die technischen Probleme, die weiter oben beschrieben wurden, erst einmal gelöst, dann kann sich die Gentherapie schnell entwickeln.

Wenn alle derzeit durchgeführten gentherapeutischen Experimente zum Erfolg führten, dann würden große Bereiche der Arzneimitteltherapie hinfällig. Viele Krankheiten wären dann langfristig durch eine einmalige oder nur in großen Abständen erfolgende gentherapeutische Behandlung beherrschbar. Bis dahin scheint es aber noch ein weiter Weg zu sein. Die Verschmelzung der Resultate aus der Genomforschung mit neuen Techniken der Chemie und automatisierten Screeningverfahren scheint dem Autor für die nächsten 10–15 Jahre überzeugendere Perspektiven für therapeutische Erfolge zu bieten als die Gentherapie.

3. Ein Medikament entsteht –
Forschung, Entwicklung und
Registrierung

Nachdem wir die wissenschaftlichen und technischen Traditionen verfolgt haben, die der modernen Arzneimittelforschung den Boden bereiteten, sollten wir an dieser Stelle kurz innehalten und fragen: wie werden denn Arzneimittel *heute* gefunden? Arzneimittel müssen zunächst einmal als Moleküle synthetisiert oder als «Wirkungen» entdeckt werden. Anschließend müssen ihre biologischen und ihre chemischen Eigenschaften genauer beschrieben werden. Zu dieser Charakterisierung gehört auch die Erstellung erster Hypothesen über den möglichen klinischen Einsatz der neu gefundenen Stoffe. Wir bezeichnen die in diesen Bereich fallenden Tätigkeiten als Forschung. Die dann folgende Entwicklung umfaßt die Herstellung einer Substanz in größeren Mengen, ihre Verarbeitung zu Arzneimittelformen, zum Beispiel zu Tabletten oder Kapseln, ihre anschließende klinische Prüfung sowie die Ermittlung ihrer Verträglichkeit. Wenn alle diese Einzelschritte bewältigt und zuverlässig dokumentiert sind, kann die neue Substanz einer Arzneimittelbehörde zur Registrierung vorgelegt werden. Im folgenden Kapitel sollen diese einzelnen Tätigkeiten in Umrissen beschrieben werden. Dabei wollen wir uns zunächst der Forschung zuwenden. Welche Überlegungen und Fragen, welche experimentellen Ansätze führen zur Entdeckung neuer Arzneimittel? Wie sieht denn die Forschung aus, von der wir die Entdeckung neuer Stoffe erwarten können?

Es gibt keine einheitliche Antwort auf diese Fragen, weil die Traditionen, die wir kennengelernt haben, sich auch heute noch in unterschiedlicher Weise mischen: einmal ist ein biologischer Test der Ausgangspunkt für die Suche nach einem neuen Arzneimittel, ein anderes Mal eine chemische Verbindung oder eine Klasse von Verbindungen und ein drittes Mal ein biochemischer Mechanismus.

Forschungsstrategien

Wenn ein Beobachter heute Gelegenheit hätte, die Forschungslabors
großer Pharmafirmen zu besuchen, würde er zu dem Schluß kommen, daß die meisten therapieorientierten Forschungsprojekte vom
Verständnis biochemischer Mechanismen ausgehen. Dabei kann es
sich einmal um physiologische oder pathologisch veränderte Abläufe im erkrankten Organismus selbst handeln oder auch um biochemische Reaktionen in einer Zelle, die man in therapeutischer Absicht abtöten oder in ihrem Wachstum hemmen will. Dies kann eine
Bakterienzelle, ein Parasit oder auch eine Krebszelle sein.

Beschäftigen wir uns zunächst mit einem Beispiel der zuerst genannten Kategorie. Die physiologische Grundlagenforschung hat
sich seit Jahrzehnten mit den humoralen und nervalen Mechanismen beschäftigt, die den Blutdruck regeln. Solche Forschungen werden auch in den Laboratorien der Industrie angestellt. Von den adrenergen Mechanismen und ihrer pharmakologischen Modulation
durch β-Blocker war bereits die Rede. Aber die Freisetzung von Adrenalin und Noradrenalin repräsentiert nur *einen* Regelkreis. Ein
weiterer Stoff, der den Durchmesser kleiner Arterien (präkapillarer
Arteriolen) verengt und dadurch den Strömungswiderstand erhöht,
ist das Angiotensin II. Es hat mehrere Angriffspunkte, von denen
zwei besonders wichtig sind: einerseits bewirkt es eine Engstellung
der kleinen Arterien besonders im Gebiet der Baucheingeweide, im
sogenannten Splanchnikusgebiet, und in der Niere, und zweitens
führt es zu einer vermehrten Bildung von Aldosteron in der Zona
glomerulosa der Nebennierenrinde. Aldosteron seinerseits bewirkt
in den distalen Nierentubuli eine vermehrte Rückresorption von
Natrium und dadurch eine Ausdehnung des extrazellulären Flüssig-
keitsvolumens. Beide Mechanismen führen zu einer Erhöhung des
Blutdrucks. Nachdem man wußte, daß Angiotensin II ein Peptid ist,
das den Blutdruck stark erhöht, konnte man postulieren, daß die
Hemmung dieses Prinzips zu einer Senkung des Blutdruckes führen
müsse, die man vielleicht auch therapeutisch nutzen könne. Zwei
Wege boten sich an: einmal konnte man versuchen, die Wirkung des
Angiotensins zu blockieren oder abzuschwächen, indem man die
Bindung dieses Peptids an seinen Rezeptor verhindert. Angiotensin

II (ebenso Angiotensin III, ein Heptapeptid) erzeugt praktisch alle seine pharmakologischen Wirkungen über den sogenannten AT_1-Rezeptor. Dazu mußte man pharmakologische Tests entwickeln, in denen eine biologische Wirkung in Abhängigkeit von der Besetzung des Angiotensinrezeptors (AT_1) durch seine Agonisten gemessen werden konnte. Dieser Weg erwies sich als langwierig. Er führte über Peptidanaloge wie das Saralasin schließlich zu den Imidazol-5-Essigsäurederivaten, unter denen sich zwei Substanzen fanden, die zwar sehr schwache, nicht peptidische Angiotensin-II-Rezeptorantagonisten waren, die jedoch sehr selektiv wirkten: sie besaßen keinerlei partielle agonistische Aktivität mehr. Aus diesen schwachen Antagonisten entwickelte dann eine Gruppe bei Dupont das sogenannte Losartan (DuP753). Diese Substanz wiederum war der Prototyp für weitere 15 Substanzen, die sich inzwischen auf dem Markt oder in klinischer Entwicklung befinden.[1]

Die zweite, zeitlich gesehen frühere Strategie ging von der Kenntnis aus, daß das wirksame Angiotensin II durch eine Sequenz spezifischer proteolytischer Schritte aus einem Vorläuferprotein, dem in der Leber hergestellten Angiotensinogen, freigesetzt wird. Zunächst entsteht durch die Einwirkung des Enzyms Renin das Angiotensin I (ein Dekapeptid). In einem weiteren proteolytischen Schritt wird durch das sogenannte «Angiotensin converting enzyme» (ACE) vom carboxylterminalen Ende ein Dipeptid (His-Leu-COOH) abgespalten. Dieses Angiotensin II ist ebenso wie das Angiotensin III, das durch die von einer Aminopeptidase bewirkte Abspaltung einer weiteren Aminosäure am N-terminalen Ende entsteht, sehr blutdruckwirksam. In die Blutbahn injiziert, ist es etwa vierzigmal so wirksam wie Noradrenalin.

Wenn es gelänge, so argumentierten einige Pharmakologen, die Freisetzung des wirksamen Stoffes aus dem noch unwirksamen Angiotensin I zu verhindern, dann könne darin ein Weg zur Behandlung eines überhöhten Blutdruckes liegen. Man mußte also das Enzym studieren, das diese Verwandlung von Angiotensin I in Angiotensin II vornahm. Dabei fand man, daß der aktivierende Schritt, nämlich die bereits erwähnte Abspaltung zweier carboxylterminaler Aminosäuren, sehr spezifisch verläuft. Das Angiotensin converting enzyme (ACE) erkennt die korrekte Abfolge der Aminosäuren am carboxylterminalen Ende des Vorläuferpeptides (..Pro-Phe-His-Leu-COOH) und verwandelt durch die Abspaltung des Dipeptids His-Leu inaktives AI in aktives AII. Die Arbeit der Pharmakologen und Chemiker bestand nun darin, dem Enzym ein Substrat anzubieten, das chemisch so ähnlich aussah wie der Teil des Peptids, den das Enzym erkennt und spaltet. Dabei kam den Forschern der Umstand zur Hilfe, daß man schon in den sechziger Jahren im Gift der Grubenotter Peptide entdeckt hatte, die das ACE hemmen und schwach blutdrucksenkend wirken. Die Kenntnis dieser Peptide war der Anlaß zur Synthese des Teprotids, eines Nonapeptids, das einerseits die Angiotensin-Convertase hemmte, andererseits in klinischen Versuchen am Menschen auch den Blutdruck senkte.[2] Zunächst synthetisierte man kürzere Peptide, die das Enzym täuschen sollten. Später, als dies gelungen war, konnten Ondetti und Cushman[3] sowie ihre Mitarbeiter Verbindungen herstellen, die denselben Zweck erfüllten, selbst aber keine Peptide mehr waren. Man spricht in diesen Fällen von «Peptidomimetika». Die ersten Arbeiten bestanden also in der Isolierung und Aktivitätsbestimmung eines Enzyms. Dann mußte verstanden werden, wie das ACE sein Substrat erkennt und spaltet, und schließlich – und dies war die Aufgabe der Chemiker – mußten «Substrat-Attrappen» hergestellt werden, mit denen das Enzym getäuscht werden konnte. Enzymologen, Protein-Chemiker und synthetische Chemiker mußten – und müssen in allen vergleichbaren Fällen – also eng zusammenarbeiten, um dieses erste Ziel zu erreichen. Danach, oder parallel zu diesen Basisaktivitäten, müssen die «besten» Enzymhemmer auf ihre pharmakologische Wirkung geprüft werden, das heißt, man muß sich davon überzeugen, daß die gefundenen Hemmstoffe in verschiedenen Tierspezies zuverlässig wirken. In derartigen pharmakologischen Versuchen ist zu fragen: wie wird der Stoff aufgenommen, kann er oral, das heißt mit dem Futter, gegeben werden, oder muß er parenteral, also durch eine Injektion, verabreicht werden? Wie verhält sich die applizierte Dosis zur pharmakologischen Wirkung, wie lange erzielt man mit einer Dosis wirksame Konzentrationen im Gewebe, wie wird der Stoff metabolisiert und ausgeschieden? Kann die pharmakologische Wirkung bei regelmäßiger Dosierung über längere Zeiträume erhalten werden, oder läßt sie als Folge kompensierender Reaktionen im Organismus wieder nach? Dies sind nur einige der wichtigen Fragen, die beantwortet werden müssen, wenn erst einmal wirksame Hemmstoffe eines pathophysiologisch wichtigen Enzyms gefunden worden sind.

Wir haben hier ein Beispiel kennengelernt, bei dem die Hemmung eines pathophysiologisch relevanten Enzyms das erste pharmakologische und chemische Ziel darstellte. In einem solchen Fall wird die chemische Struktur des Enzymsubstrats dem Chemiker erste Ideen für die mögliche Struktur des zu synthetisierenden Hemmstoffes liefern. Möglicherweise wird er auch den Mechanismus der vom Enzym katalysierten chemischen Reaktion ausnutzen, um das Enzym zu täuschen. Er kann versuchen, dem Enzym ein falsches Substrat anzubieten, das vom Enzym erkannt und zu einem Zwischenprodukt umgesetzt wird, das nun aus chemischen Gründen aber nicht mehr in das endgültige Produkt überführt werden kann. Von einem solchen falschen Zwischenprodukt kann das Enzym sich aber nicht mehr trennen: es wird blockiert. Man spricht in einem solchen Fall von einem «transition state analog». Die Hemmung pathophysiologisch wichtiger Enzyme war bisher die erfolgreichste Strategie der Arzneimittelforschung. Die Angiotensin-Convertase-Inhibitoren, die Hemmstoffe der Cholesterinbiosynthese, die bereits erwähnten Carboanhydrasehemmer, die Hemmstoffe von Verdauungsenzymen (Xenical, ein Lipasehemmer zur Reduktion der Fettresorption) und viele andere Beispiele bezeugen diese Feststellung. Auch in der Chemotherapie spielen Hemmstoffe von Enzymen eine dominierende Rolle: die Penicilline und Cephalosporine hemmen Enzyme der bakteriellen Zellwandsynthese, es gibt eine große Zahl von Verbindungen, welche verschiedene Stufen der Nukleinsäuresynthese hemmen: die meisten von ihnen werden in der Krebschemotherapie verwendet. Dihydrofolatreduktasehemmer sind hier zu erwähnen, ebenso wie Hemmstoffe der Inosinmonophosphatdehydrogenase, der Thymidylatsynthetase und viele andere mehr.

Ist die Hemmung eines funktionell relevanten Enzyms das Ziel, dann bietet sich damit den Biologen und Chemikern ein weiter, aber nicht unbegrenzter Rahmen von chemischen Strukturen. Ähnliches gilt auch für die Suche nach Rezeptorantagonisten – wenn auch nicht in dem gleichen Ausmaß. Wenn man die Struktur des Liganden kennt, hat man damit auch Anhaltspunkte für die mögliche Struktur eines Rezeptorantagonisten. Schwieriger wird es allerdings, wenn der Ligand ein Peptid oder gar ein Protein ist. In einem solchen Fall braucht man Kristalle von den Komplexen aus Rezeptoren und Liganden, die röntgenkristallographisch untersucht werden können. Erst mit derartigen aufwendigen Strukturanalysen erhält man Einblicke in die räumlichen Verhältnisse, in denen sich Ligand und Rezeptor begegnen. Manchmal lassen sich daraus nützliche Schlüsse auf die Synthese potentieller Rezeptorantagonisten oder sogar Agonisten ableiten.

Strategien zur Suche neuer Wirkstoffe:
«semirationales» Vorgehen versus «blindes» Screening

Man könnte das typische Vorgehen von Biologen und Chemikern bei der Suche nach Enzymhemmern und Rezeptorantagonisten – und dieses sind immer noch die dominierenden Strategien der Arzneimittelforschung – als «semirationale» Methode bezeichnen. Man kennt die Strukturen von Substraten und Liganden und kann daraus gewisse Schlüsse auf die mögliche Struktur von Enzymhemmern oder Rezeptorantagonisten ziehen. Bei der Umsetzung dieser Strategien aber läßt man sich vom Gesetz von «Versuch und Irrtum» führen. Der Chemiker hat häufig empirisch gewonnene, zum Teil auch spekulative Vorstellungen davon, welche chemischen Modifikationen die gewünschten Wirkungen erzeugen könnten. Überprüft werden diese Vorstellungen immer im biologischen Versuch, also zum Beispiel in einem Enzymtest oder einem Rezeptor-Ligand-Bindungstest. Das Vorgehen ist halbrational, empirisch und logisch. Die erzielten Ergebnisse sind jedoch nur zum Teil zu verallgemeinern und auf andere Situationen anzuwenden. Es handelt sich also zumindest teilweise um ein Arbeiten nach dem Prinzip von Fall zu Fall. Es gibt zu dieser auch heute noch dominierenden halbrationalen Arbeitsweise eigentlich nur zwei Alternativen: einmal das «blinde Screening» und zweitens eine völlig durchrationalisierte Arbeitsweise, bei der die Kenntnis der Wirkstoffstruktur *zwangsläufig* aus der genauen Kenntnis der Struktur der biologischen Zielmoleküle resultieren müßte. In den siebziger Jahren gab es unter den Medizinalchemikern einige, die meinten, die «rationale Synthese» sei die Methode der Zukunft. Wirkstoffmoleküle müßten und könnten quasi am Reißbrett entworfen und als maßgeschneiderte Moleküle synthetisiert werden. Trotz erheblicher Fortschritte im Verständnis makromolekularer Strukturen ist diese Vorhersage bis heute nicht eingetroffen. Die im Einzelfall zu beobachtenden und bei der Synthese zu beachtenden Parameter sind offenbar zu zahlreich und zu komplex, um sich leicht und vollständig berechnen zu lassen. Der Autor hat in seiner Laufbahn nur einen einzigen Fall erlebt, in dem die Findung eines neuartigen Hemmstoffes, eines Thrombinhemmers, in *entscheidender* Weise von einem rationalen Strukturverständnis geprägt wurde. Auch in diesem Fall wurde der Wirkstoff nicht am Reißbrett oder auf dem Computerschirm entworfen, aber man kam dieser Möglichkeit doch sehr nahe.

Das andere Extrem, sozusagen die Verleugnung der Rationalität, liegt im «blinden Screening». Man versteht darunter ein wahlloses Austesten der unterschiedlichsten Verbindungen in einem oder mehreren biologischen Tests. Das blinde Screening wurde vorzugsweise in der antimikrobiellen Chemotherapie eingesetzt.[4] Ironischerweise hat es dort wie auch anderswo wenig oder nichts eingebracht. Die Antibiotika kamen durch die Verfolgung des von Paul Vuillemin definierten Prinzips der «Antibiosis» und durch die wiederum halbrationale semisynthetische Abwandlung der Antibiotika zustande, und selbst die Sulfonamide waren kein Ergebnis eines blinden Screenings. Die chemischen Arbeiten, die zum Prontosil führten, gingen vom Chrysoidin aus, einem Farbstoff also. Sie sind damit in der Farbstofftradition der Chemotherapie zu sehen. Prontosil war das Resultat eines glücklichen Zufalls: man fand ein Wirkprinzip, das nichts mit dem Farbstoffcharakter der untersuchten Verbindung zu tun hatte, obwohl gerade er der Anlaß zu ihrer Untersuchung gewesen war. Aber blindes Screening? Blindes Screening kennt keine Theorien und Hypothesen. Bei der Findung praktisch aller wichtigen Wirkstoffe aber waren Hypothesen und Theorien im Spiel. [5]

Auch in anderen Bereichen der Arzneimitteltherapie hat das blinde Screening bestenfalls zu ersten «Leitsubstanzen» geführt, die dann in der gewohnten halbrationalen Weise weiterbearbeitet werden konnten. Die moderne Arzneimittelforschung stellt eine merkwürdige Mischung aus deduktiv vorgehender Forschung und einer nach den Gesetzen von Versuch und Irrtum erfolgenden Auswahl, Verbesserung und erneuter Auswahl von Substanzen dar. Blindes Screening im eigentlichen Sinne war bisher nur eine Komponente des methodischen Spektrums und – zumal in der Chemotherapie – keine sehr erfolgreiche Strategie.

Es ist bemerkenswert, daß eine nicht sehr erfolgreiche Methode heute unter dem Schirm der kombinatorischen Chemie «fröhliche Urständ» feiert. Und soweit sich diese neue Entwicklung überblikken läßt, müssen wir sogar annehmen, daß dies zu Recht geschieht. Mit den Methoden der kombinatorischen Chemie lassen sich «Substanzbibliotheken» herstellen, die nicht nur Tausende, sondern Hunderttausende von Substanzen umfassen. Und durch die richtige Auswahl der zur «Kombination» benutzten Bausteine kann man auch Bibliotheken herstellen, in denen die Einzelsubstanzen nicht nur Angehörige einer umfangreichen «Verwandtschaft» sind, sondern mehreren sehr unterschiedlichen «Strukturfamilien» angehören. Man spricht in diesem Zusammenhang von der Abdeckung großer «Diversitätsräume». Solche «diversen» Bibliotheken können nun in der Tat überall da eingesetzt werden, wo unsere Kenntnisse von der chemischen Struktur und Funktion eines biologischen Zielmoleküls gering sind und sich für den Chemiker deshalb keine oder nur ungenügende Einstiegsmöglichkeiten ergeben. Natürlich wird jeder «Treffer», der auf diese Weise gefunden wird, wiederum genauer studiert werden müssen. Aber mit dem «Treffer» ergibt sich dann ja auch eine Basis für das gewohnte und in der Erfahrung so erfolgreiche halbrationale Vorgehen, das in der Optimierung von Leitsubstanzen besteht (Tab. 3.1).

Wir haben erwähnt, daß die Optimierung einer Leitsubstanz in einem oder in mehreren biologischen Tests Kriterien folgt, die einerseits von Empirie, aber andererseits von rationalen Überlegungen (Hypothesen) diktiert werden. Bestimmte Spielarten der kombinatorischen Chemie, die als Parallelsynthese bezeichnet werden, können hierbei behilflich sein. Das Prinzip dieses Verfahrens besteht darin, daß Abwandlungen einer Grundstruktur von einer Computersoftware entworfen und – wenn gewünscht – über die Verbindung mit automatisierten Geräten (Robotern) auch synthetisiert

150

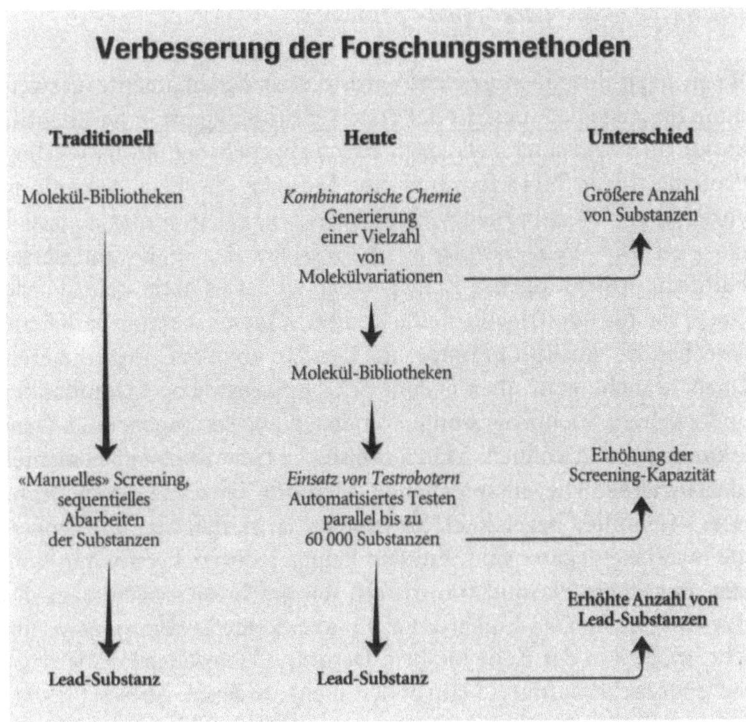

Tab. 3.1: Das Screening wird heute in erheblichem Ausmaß von kombinatorischer Chemie und Automatisierung bestimmt.

werden. Die Substanz kann dann ebenfalls automatisch in einem biologischen Test untersucht werden. Meßwerte aus diesen Untersuchungen werden an den Computer zurückgesandt, der dann seinerseits die weitere Synthese nach den erhaltenen Werten richtet. Der Computer korreliert dabei die «Verbesserung» oder die «Verschlechterung» von Meßresultaten mit Veränderungen von physikochemischen Kriterien, zum Beispiel der Fettlöslichkeit oder der elektrischen Ladung. Zuweilen – nicht immer – können auf diese Weise eklatante Verbesserungen von Wirkparametern in 20 oder 30 aufeinanderfolgenden Schritten erzielt werden.[6]

Wenn nach Proteinen gesucht wird, die als Medikamente Verwendung finden sollen, besteht der erste Schritt heute oft in der Identifikation aller von einer Zelle nach außen abgegebenen Proteine. Diese Proteine tragen NH2-terminal eine Sequenz, die beim Sekretionsvorgang von Membranenzymen (Proteasen) erkannt und abgespalten wird. Die «Leadersequenz» ist sozusagen der «Paß», mit dessen Hilfe ein Protein aus der Zelle gelangt, in der es hergestellt wurde. Gene, die für derartige Proteine kodieren, lassen sich mit Hilfe entsprechender Suchprogramme in Gendatenbanken identifizieren. Dazu braucht man aber erstens sehr umfangreiche Datenbanken und zweitens Suchprogramme, mit denen alle entsprechenden Gene erkannt werden können. Man kann solche Gene auch experimentell identifizieren. Die entsprechende Methode wird als «gene trap» oder «Genfalle» bezeichnet. Sie besteht darin, daß man Hefezellen, die invertase-negativ sind, die also keinen Rohrzucker spalten können, mit einem Plasmid transfiziert, das ein Invertasegen trägt. Da das von diesem Gen kodierte Enzym aber keine Leadersequenz enthält, muß es in der Zelle bleiben. Derartige Hefezellen können also auf rohrzuckerhaltigen Nährböden nicht wachsen. Dieses Plasmid eignet sich nun aber zur Austestung von cDNA-Bibliotheken. Wenn man zu testende cDNA, die eine Leadersequenz enthält, so in das Plasmid einfügt, daß die Invertase an einer bestimmten Stelle mit dem neu eingebrachten Gen fusioniert wird, dann wird auch das anschließend synthetisierte Fusionsprotein sezerniert: Rohrzucker kann nun auf einem entsprechenden Nährboden in Glukose und Fruktose gespalten werden, und die Hefezelle, die diese Spaltprodukte verwerten kann, wächst sich zu einer Kolonie aus. Das entsprechende Gen kann dann sequenziert und in großen Mengen exprimiert werden. Aus den vielen sezernierten Proteinen, die auf diese Weise gefunden werden können, gilt es nun diejenigen auszusuchen, die von therapeutischem Wert sind.[7]

Dies alles sind heutige Methoden zur Findung neuer Wirkstoffe. Sowohl die Entdeckung von Wirkstoffkandidaten als auch – wie wir am Beispiel der computerunterstützten Parallelsynthese gesehen haben – ihre Optimierung an einem Modell, das einen oder mehrere

Wirksamkeitsparameter erfaßt, können automatisiert werden. Aber diese Automatisierung von Abläufen, die Identifikation von molekularen Zielen und von Wirkstoffmolekülen sind nur dann eine Hilfe, wenn ein Wissenschaftler dazu in der Lage ist, die erhaltenen Daten in einem funktionellen Zusammenhang zu interpretieren. Am Ende sollen Krankheiten behandelt werden. Wir müssen also wissen, wie diese Krankheiten zustande kommen, welche funktionalen Abläufe gestört sind, wie Gene zu diesen Störungen beitragen und welche Korrekturen anzubringen wären, damit ein «normaler» oder annähernd normaler Phänotyp wiederhergestellt wird. Wir werden also wie in der Vergangenheit physiologisch und pathophysiologisch orientierte Forscher brauchen, die uns diese Bilder vermitteln.

Die von der molekularen Genetik und von der Genomforschung erzeugten Daten müssen in physiologische Zusammenhänge eingeordnet und damit auch in biochemischen Kategorien beschreibbar werden. Erst dann führen sie zu der bedeutenden Erweiterung unseres medizinischen Weltbildes, die wir brauchen, um viele neuartige und spezifisch wirksame Therapeutika zu entdecken und zu entwikkeln. Diese Forschung – sie soll hier einmal als «molekulare Physiologie» oder «molekulare Pathophysiologie» bezeichnet werden – wird zur Zeit vernachlässigt. Im Augenblick sind alle von den Möglichkeiten der Genomforschung, vom Potential der kombinatorischen Chemie und von der Idee des «High-Throughput Screening» begeistert und fasziniert. Dies gilt besonders für Wissenschaftler, die der Medizin fern stehen, und in noch größerem Maße für Kaufleute, die sich zwar von «Prozessen» im weitesten Sinn einen Begriff machen können, denen die Komplexität der Medizin und Biologie aber weitgehend fremd ist und möglicherweise sogar Unbehagen bereitet. Hier liegt eine Gefahr für die pharmazeutische Forschung, die sich nicht nur auf die großen Pharmafirmen beschränkt, sondern auf alle Institutionen, die heute ernsthaft an der Arzneimittelforschung beteiligt sind.

Die Universitäten müssen wieder anfangen, Physiologen auszubilden, Physiologen allerdings, die die Philosophie und den Ansatz der Genetik und der Molekularbiologie verinnerlicht haben und die nun daran gehen können, Physiologie und Pathophysiologie und damit auch Pharmakologie auf einer neuen, erkenntnistheoretisch höher gelegenen Ebene neu zu definieren und zu gestalten. Nur wenn dies geschieht, wird die Arzneimittelforschung den durch die Genomforschung, durch Fortschritte in der Chemie und in der Technik des Screenings erzeugten Gewinn an Erkenntnissen auch in neue Therapeutika umsetzen können.

Bisher haben wir fast ausschließlich von Forschung gesprochen. Wir haben den langen Weg der Arzneimittel aus der Dämmerung der Geschichte bis ins helle Licht der Gegenwart verfolgt, wir haben versucht zu verstehen, wie man in der Vergangenheit nach neuen Arzneimitteln suchte, wie sich diese Suche allmählich systematisierte und wie sich die Methoden der Arzneimittelforschung immer wieder veränderten und auch heute weiter verändern – in dem Maße, wie sich unser wissenschaftliches Weltverständnis erweiterte und wir dabei in den Besitz neuer Suchstrategien und neuer technischer Instrumente gelangten. Arzneimittel aber müssen nicht nur erfunden oder entdeckt, sondern auch entwickelt werden. Innovationen, besonders auch Arzneimittelinnovationen, von denen bereits im ersten Kapitel die Rede war, haben zwei Komponenten: einmal die Schaffung von etwas Neuem, zum zweiten die Erhaltung des Neuen durch eine schnelle und alle Aspekte der Arzneimittelwirkung berücksichtigende Entwicklung. Das neue Medikament, das therapeutische Bedürfnisse abdeckt, mit dem man vielleicht Krankheiten behandeln kann, die sich zuvor jeder Therapie widersetzten, ist immer das Resultat aus Forschung und Entwicklung. Beide sind wichtig, eine Funktion bedingt die andere, sie müssen zusammen gesehen und beurteilt werden.

Was bedeutet in diesem Zusammenhang Entwicklung? Was meint man, wenn man von Arzneimittelentwicklung spricht, wo liegen ihre Anfänge?

Was ist Entwicklung?

Zunächst zur Definition: ein wissenschaftliches Team, das in der Verfolgung einer bestimmten biologischen oder chemischen Idee einen neuen Wirkstoff gefunden hat, dessen Struktur kennt und auch dessen pharmakologische Wirkungen beschreiben kann, hat eine

154

Entdeckung (oder Erfindung) gemacht. Die Forscher halten eine neue Substanz in den Händen, sie kennen die chemischen und biologischen Grundeigenschaften der neuen Verbindung, und sie haben eine zunächst theoretische, vielleicht auch schon durch Tierversuche untermauerte Vorstellung von der therapeutischen Verwendung des neuen Stoffes. Nehmen wir an, daß alle chemischen und biologischen Befunde die Substanz als neuartig und vielversprechend ausweisen. Von einem Medikament, das in immer gleichbleibender Qualität hergestellt und in festgesetzten Dosierungen vom Arzt verschrieben wird, ist unsere Gruppe von Forschern dennoch sehr weit entfernt.

Um von einer neuartigen Substanz zu einem Medikament zu gelangen, müssen viele Fragen geklärt werden. Hier seien einige der wichtigsten genannt: die pharmakologischen Wirkungen des neuen Stoffes müssen an gesunden Versuchspersonen geprüft und für die betreffende Zielpopulation von Patienten beschrieben werden. Eine wirksame und ärztlich empfohlene Dosis muß gefunden werden. Nebenwirkungen, häufige wie seltene, müssen an einer großen Zahl von Patienten (mehrere tausend) erfaßt und beurteilt werden. Die Wechselwirkungen des neuen Stoffes mit anderen Arzneimitteln sind zu beschreiben, ebenso wie seine Beeinflussung durch Nahrungsaufnahme. Für die klinischen Versuche und für den endgültigen klinischen Einsatz müssen galenische Formen entwickelt und analysiert werden; die Herstellung des Wirkstoffes muß so ausgearbeitet werden, daß schließlich ein genau spezifiziertes Syntheseverfahren zur Verfügung steht. Dieses Verfahren muß innerhalb enger Grenzen immer wieder zu dem gleichen Produkt führen. Alle Nebenprodukte sind quantitativ und qualitativ zu erfassen. Sie dürfen im übrigen nur einen kleinen und konstant zu haltenden Anteil des Produktes ausmachen (im allgemeinen weniger als fünf Prozent). Die Gesamtheit der operativen Einzelschritte, die absolviert werden müssen, damit der neue Wirkstoff, dessen Struktur wir kennen, dessen pharmakologische Eigenschaften ebenfalls bekannt sind und über dessen klinische Verwendung bereits begründete Vorstellungen existieren, den Anspruch erheben kann, ein frei zugängliches Medikament zu sein, wird als Entwicklung zusammengefaßt. Im einzelnen handelt es sich um nichtklinische und um klinische Methoden.[8]

In der nichtklinischen oder präklinischen Entwicklung unterscheidet man zwischen chemischen, biochemischen, analytischen, galenischen und biologischen Methoden. Eine Substanz, die man «entwikkeln» will, muß man zunächst einmal in größeren Mengen herstellen können. Dazu muß meistens ein neues Syntheseverfahren geschaffen werden, da die ursprünglich im Labor benutzten Synthesewege häufig nicht die für eine Entwicklung benötigten Mengen liefern. Auch muß sichergestellt werden, daß Qualität und Reinheit des Endproduktes gleichbleibend gut sind (> 95 Prozent Reinheit, Konstanz der Nebenprodukte). Um das Erreichen dieser Ziele kontrollieren zu können, müssen analytische Tests zur Verfügung stehen, die nicht nur zu entwickeln, sondern anschließend auch zu validieren sind. Unter Validierung versteht man die Überprüfung, daß die eingesetzten Methoden tatsächlich das leisten, was man von ihnen erwartet.

In der Entdeckungsphase eines Arzneimittels interessiert vor allem, wie der neue Stoff auf lebendes Gewebe und auf einen lebendigen Organismus wirkt. Während der Entwicklungsphase muß auch in Erfahrung gebracht werden, wie der Organismus den Wirkstoff verändert, das heißt, zu welchen Verbindungen der Wirkstoff metabolisiert wird und wie sich der Originalwirkstoff und seine Abbauprodukte im Organismus verteilen, wie lange sie in den verschiedenen Bereichen («Kompartimenten») des Körpers enthalten sind und auf welchen Wegen und durch welche Mechanismen sie den Körper wieder verlassen. Auch für diesen Komplex von sogenannten ADME-Untersuchungen braucht man geeignete biochemische Nachweisverfahren. ADME heißt: Aufnahme, Verteilung (Distribution), Metabolismus und Exkretion.

Soviel im Überblick zum chemischen Teil der frühen Entwicklung. Für die späte klinische Phase (die sogenannte Phase III) und für die Herstellung von Marktsubstanz muß häufig wiederum ein neues chemisches Verfahren entwickelt und validiert werden. Damit sollte nach Möglichkeit früh begonnen werden, also bereits während der klinischen Phase II, in bestimmten Fällen auch noch früher. Zu diesem Zeitpunkt hat man erste Informationen über die Verträglichkeit einer Substanz am Menschen und vielleicht schon gewisse Vorstellungen von ihrer Wirksamkeit. Allerdings können sich diese ersten klinischen Wirksamkeits- und Sicherheitsdaten noch nicht auf große Fallzahlen, sondern im Höchstfall auf einige hundert Patienten beziehen. Unter diesen Bedingungen bereits viele Millionen in ein neues Herstellungsverfahren, oft auch in neue Anlagen zu investieren, erfordert zum einen die Fähigkeit zu genauer kritischer Analyse, zum anderen die Bereitschaft, Risiken auf sich zu nehmen.

Kommen wir zur biologischen präklinischen Entwicklung. Von den ADME-Studien am Tier, meistens an zwei Spezies, von denen eine eine Nagetierart sein sollte, war bereits die Rede. Lange Zeit wurden ADME-Studien an der Ratte und am Hund oder auch an kleinen Primaten (wie Marmorsets) für nötig gehalten. Jedoch enttäuschten diese Untersuchungen häufig im Hinblick auf ihre Übertragbarkeit auf den Menschen. Erst in den letzten Jahren konnten aus der vergleichenden Analyse verschiedener Tierspezies Modellvorstellungen entwickelt werden, die eine genauere Vorhersage der Verhältnisse beim Menschen erlauben. Trotz immer noch bestehender Unsicherheiten bleiben ADME-Studien am Menschen die Grundlage für die Dosisfindung beim Patienten und für die Entwicklung geeigneter Dosierungsschemata.

Bevor man eine neue Substanz ausführlich an Tieren untersuchen kann, muß man vorläufige Darreichungsformen entwickeln. Dabei kann es sich um oral resorbierbare Formen oder um injizierbare Präparate handeln. Obwohl an solche pharmakologischen Bereitungen noch nicht die gleichen hohen Ansprüche zu stellen sind wie später an die klinisch-experimentellen oder auf dem Markt einzuführenden Formulierungen, erfordern sie doch viel und oft schwierige Arbeit. Häufig sind Probleme der Löslichkeit zu überwinden. Die Teilchengröße eines Präparates muß festgelegt werden, Zusatzstoffe müssen ausgewählt und im Hinblick auf ihre biologischen Einflüsse untersucht werden. Auch in «einfachen» Fällen aber ist ein hohes Maß an Reproduzierbarkeit und experimenteller Konsistenz gefordert, das in einem reinen Forschungslabor in diesem Ausmaß fast nie verlangt und sicher nicht oft erreicht wird. Und dieser ganze Kanon von Überlegungen, Formulierungen, Analysen, Stabilitätstests und neuen Analysen wiederholt sich dann mindestens noch einmal, in den meisten Fällen sogar zweimal: zunächst bei der Formulierung der ersten klinischen Dosierungsformen und dann bei der Entwicklung der endgültigen Formulierungen, die für die Phase III und für den Markt bestimmt sind.[9]

Wie gefährlich ist ein neuer Stoff: die Frage nach der Toxizität

Ein wichtiger Teil der nichtklinischen Entwicklung dient der Erfassung der toxischen Wirkungen einer neuen Substanz. Der Pharmakologe, der eine neue Substanz charakterisiert, muß wissen, innerhalb welcher Dosisbereiche die therapeutischen Wirkungen auftreten. Zur Interpretation seiner Befunde muß er auch in Erfahrung bringen, in welcher Dosis seine Substanz bei akuter (einmaliger) Verabreichung oder bei mehrfacher Verabreichung innerhalb von 24 Stunden Vergiftungserscheinungen erzeugt. Idealerweise sollte diese Dosis weit über den pharmakologisch erforderlichen Dosen liegen. Früher war die sogenannte LD_{50}, das heißt die Dosis, die im Laufe von maximal zwei Wochen nach der einmaligen Gabe bei 50% der Versuchstiere tödlich wirkte, eine wichtige Orientierungsgröße. Von diesen Vorstellungen ist man heute abgerückt. Wichtiger als die LD_{50} ist die Beziehung zwischen Dosis und toxischen Wirkungen, der zeitliche Verlauf der Vergiftungserscheinungen, die Bestimmung des in erster Linie betroffenen Organs oder Organsystems sowie die Reversibilität toxischer Erscheinungen. Im allgemeinen haben derartige an zwei Spezies durchgeführte akute Toxizitätsversuche nur orientierenden Charakter. In besonderen Fällen können sie bei entsprechend großer Tierzahl und sorgfältiger Analyse aber bereits als Grundlage zur Verabreichung von Einzeldosen am Menschen für pharmakokinetische Zwecke dienen.

Subakute oder subchronische Toxizitätstests erlauben es dem jeweiligen Untersucher, die toxischen Eigenschaften einer Substanz auch über längere Zeiträume zu studieren. Abhängig von der geplanten klinischen Anwendung beträgt die Dauer solcher Studien 14–90 Tage. In subakuten Studien soll das Fortschreiten (oder der Rückgang) von Vergiftungserscheinungen während der kontinuierlichen Verabreichung eines Wirkstoffes beurteilt werden. Allerdings reicht die Dauer dieser Versuche, die ebenfalls an zwei Tierspezies (meist Ratte und Hund) durchgeführt werden, kaum aus, um alle sekundären toxischen Wirkungen einer Substanz zu sehen, die bei mehrjähriger oder lebenslanger Anwendung vielleicht auftreten. Insbesondere sind solche Studien zur Beurteilung der Krebserzeugungsrate einer Verbindung ungeeignet. In subakuten Toxizitätsstudien wird eine Substanz einmal bis mehrfach täglich in drei verschiedenen Dosierungen verabreicht. Die höchste Dosis sollte immer so gewählt sein, daß toxische Erscheinungen auftreten. Hingegen sollte die niedrigste Dosis so liegen, daß ein sogenannter «no toxic effect level» definiert werden kann. Natürlich sind bei allen subakuten Toxizitätsstudien auch Kontrollgruppen mitzuführen.

In chronischen Toxizitätsstudien, die mindestens 180 Tage, häufig aber 1 Jahr dauern, sollen folgende Fragen beantwortet werden:

1. Welche Risiken bestehen bei langfristiger Anwendung des neuen Stoffes?
2. Welche toxischen Wirkungen werden beobachtet?
3. In welchem Dosisbereich treten keine toxischen Wirkungen auf?
4. In welchem Dosisbereich beobachtet man ausschließlich pharmakologische Wirkungen?
5. Wo liegt die DTM *(dosis tolerata maxima)*, also die maximale verträgliche Dosis?
6. Welche Dosis wird gerade noch toleriert (ohne daß es zu einer deutlichen Abnahme der Lebenserwartung kommt)?

Die regulatorischen Behörden verlangen von den Herstellerfirmen meistens, daß diese Studien an einer Nagetierspezies (Maus oder Ratte) und an einer weiteren Tierspezies (Hund oder Primat) durchgeführt werden.

Cancerogenitätsstudien werden im allgemeinen getrennt von den langfristigen Toxizitätsuntersuchungen durchgeführt. Meistens werden diese Studien an Nagetieren (Maus und Ratte) über die gesamte Lebensspanne von zwei Jahren hinweg angelegt. Für die Wahl der Dosen gelten verschiedene Anhaltspunkte. Einmal kann man sich nach den pharmakodynamisch wirksamen Dosen richten. Man kann auch das Auftreten toxischer Wirkungen zur Orientierung benutzen, also zum Beispiel die DTM als höchste Dosis festsetzen und die weiteren Dosen jeweils um den Faktor 3 niedriger wählen (die mittlere Dosis betrüge also ein Drittel der DTM und die niedrigste Dosis wiederum ein Drittel der mittleren Dosis). Die Dosierung (oder Zufuhr von Wirkstoff) ist nach Möglichkeit so zu wählen, daß pharmakokinetische Endpunkte berücksichtigt werden, etwa die Einhaltung einer minimalen Blutkonzentration während des ganzen Versuches.

Spezielle Toxizitätsstudien betreffen die lokale Verträglichkeit neuer Verbindungen. Dazu kann auch die Feststellung allergisierender Wirkungen gehören.

Seit der Contergan- oder Thalidomidaffäre wird der Durchführung reproduktionsspezifischer Toxizitätsstudien besondere Bedeutung beigemessen. Typischerweise sind solche Studien in drei Segmenten angeordnet. Das Segment 1 betrifft mögliche Wirkungen einer neuen Verbindung auf Fruchtbarkeit und Reproduktionsverhalten an der Ratte, das Segment 2 umfaßt teratogene Wirkungen an Ratte und Kaninchen, und im Segment 3 sollen Wirkungen auf die nachgeburtliche Entwicklung erfaßt werden.

Zur Erfassung mutagener Wirkungen steht heute eine ganze Palette sogenannter Genotoxizitätstests zur Verfügung. Alle diese Tests zielen darauf ab, die Einwirkung von Testverbindungen auf das Erbmaterial zu messen. Sie werden regelmäßig eingesetzt und tragen dazu bei, Cancerogenitätsrisiken frühzeitig sichtbar zu machen, zu einem Zeitpunkt also, zu dem über die tatsächliche Cancerogenität einer Substanz noch keine harten Daten vorliegen. Der positive Ausfall eines bakteriellen Mutagenesetests (nach Ames) oder eines Mikrokerntests kann immerhin Anlaß sein, bestimmte Personen (Kinder, Frauen im gebärfähigen Alter) von der klinischen Prüfung einer Substanz auszuschließen. Er kann auch dazu führen, daß man von der Entwicklung überhaupt Abstand nimmt. Die Entwicklung eines Schlafmittels oder eines Analgetikums mit mutagener Wirkung wäre nicht zu verantworten. Hingegen müßte Mutagenität bei einer gegen Krebs einzusetzenden Substanz oder bei einem hochwirksamen Medikament gegen lebensbedrohende Infektionen wie AIDS nicht unbedingt eine unüberwindbare Barriere gegen eine Entwicklung darstellen.[10]

Alle präklinischen Studien, deren Ergebnisse Teil der Dokumentation werden, auf deren Grundlage ein Medikament zugelassen werden soll, unterliegen seit 1979 den sogenannten GLP-Vorschriften (GLP = good laboratory practice). Das GLP-Reglement behandelt sieben einzelne Gebiete: Organisation und Personal innerhalb einer Forschungseinrichtung, die Qualität der Prüfungseinrichtung (also etwa der Toxikologielabors), den Betrieb dieser Einrichtungen, die getesteten Substanzen, Protokoll und Durchführung der Studien, Dokumentierung und Berichtswesen und die Angemessenheit der Ausrüstung. Durch einen «study director» und durch eine «quality assurance unit» wird sichergestellt, daß alle oben genannten Aspekte der präklinischen Prüfung von Substanzen überwacht werden. Für das Betreiben einer Prüfungseinrichtung verlangt der Gesetzgeber die schriftliche Niederlegung sogenannter «Standard Operational Procedures». Mit diesen Methodenbeschreibungen und mit der Schilderung grundlegender Abläufe soll sichergestellt werden, daß minimale Standards bei der Planung und Durchführung von Versuchen eingehalten werden. Die Quality Assurance Unit (QAU) hat die Einhaltung der Standardverfahren bei allen Versuchen und durch alle Mitarbeiter einer Prüfungseinrichtung sicherzustellen. Die Food and Drug Administration (FDA) inspiziert präklinische Forschungseinrichtungen auf der ganzen Welt, um die Einhaltung der GLP-Vorschriften zu überwachen. Ein Vergleich der Fehlerstatistik aus den ersten Jahren nach der Einführung der GLP-Vorschriften zeigt eine Verbesserung des allgemeinen Standards. Zunächst wurde befürchtet, daß die GLP-Vorschriften zu einer weiteren Bürokratisierung der präklinischen Entwicklung beitragen würden. Langfristig ist wohl eher das Gegenteil eingetreten. Die FDA und andere Arzneimittelbehörden fühlten sich durch den allgemeinen Qualitätsanstieg, der durch die GLP-Regelung zustande kam, eher in der Lage, auf die Einhaltung bürokratischer Formalismen zu verzichten.

Klinische Prüfung – Phase I

Das Ziel aller klinischen Untersuchungen ist der Nachweis von Sicherheit und Wirksamkeit am Menschen. Ihrem Umfang und ihrer Struktur nach unterscheiden wir drei Gruppen von klinischen Studien, die als Phase-I-, Phase-II- und Phase-III-Studien bezeichnet wer-

den. Sie folgen aufeinander und geben dem gesamten Entwicklungs-
vorgang seine zeitliche und inhaltliche Struktur.

Zunächst, also im Rahmen der Phase-I-Studien, steht die Sicherheit einer neuen Verbindung ganz im Vordergrund. Phase-I-Prüfun-
gen umfassen im allgemeinen zwischen 20 und 80 Patienten oder
gesunde Probanden, in Ausnahmefällen auch eine größere Zahl von
Individuen. Es handelt sich immer um klinisch-pharmakologische
Studien. Das heißt, das zu prüfende Medikament wird zunächst in
sehr niedrigen Einzeldosen verabreicht. Alle Probanden werden besonders sorgfältig überwacht, da zu diesem Zeitpunkt ja keine Erfahrungen über die Sicherheit des neuen Wirkstoffes beim Menschen vorliegen. Werden die Einzeldosen gut vertragen, so wird die
Dosis gesteigert, meist in kleinen Schritten, bis man schließlich auf
eine Dosis stößt, die regelmäßig irgendwelche akuten Nebenwirkungen hervorruft. Derartige Versuche werden meist an gesunden
Probanden durchgeführt, die stationär betreut und überwacht werden. Es ist sehr wichtig, nicht nur die Dosis, sondern auch diejenigen
Konzentrationen eines Wirkstoffes im Blutplasma zu erfassen, bei
denen erste Unverträglichkeitserscheinungen auftreten. Ist diese
Grenze mit einiger Sicherheit ermittelt, prüft man die Verträglichkeit eines neuen Medikamentes bei mehrfacher Verabreichung.
Auch hier ist es wichtig, die Dosisbereiche, aber auch die Konzentra-
tionsbereiche zu ermitteln, innerhalb deren eine gute Verträglichkeit
besteht. Aus Tierversuchen sollte man bereits Informationen darüber haben, wie die Plasmaspiegel sich zu erwünschten (therapeutischen) oder unerwünschten (toxischen) Wirkungen verhalten. Man
kann – und dies wird von einigen Autoren auch explizit gefordert –
solche Werte für die schrittweise Erhöhung zugrunde legen, mit denen man die höchste noch tolerierte Einzel- und Mehrfachdosis ermittelt (DTM). Das sorgfältige Nebeneinander von pharmakokine-
tischen und pharmakodynamischen Beobachtungen sollte die Wahl
einer oder mehrerer therapeutischer Dosen erlauben, mit denen man
in Phase II die Wirksamkeit der neuen Substanz an einer immer
noch relativ kleinen Zahl von Patienten studieren kann.

Es wurde bereits darauf hingewiesen, daß gesunde (junge) Probanden für viele Medikamente die Idealpopulation für Phase-I-Studien darstellen. Sehr toxische Substanzen, zum Beispiel Cytostatika, deren Einsatz nur bei bereits schwer erkrankten Individuen gerechtfertigt ist, wird man allerdings gleich an einer Population testen, die auch eine Zielgruppe für das neue Medikament darstellt. Desgleichen werden normalerweise Patienten von der Phase I ausgeschlossen, die bereits wegen eines chronischen Leidens regelmäßig Medikamente einnehmen. Auch hier kann es Ausnahmen geben. Eine von ihnen gilt dann, wenn der neue Wirkstoff für die gemeinsame Verabreichung mit anderen als unverzichtbar angesehenen Medikamenten vorgesehen ist.

In Phase II wird zum erstenmal konsequent nach der klinischen Wirksamkeit eines neuen Wirkstoffes gefragt. Im allgemeinen werden solche Studien mit zwei oder drei verschiedenen Wirkstoffdosierungen sowie einer Placebokontrolle durchgeführt. Es handelt sich in diesem einfachsten Fall also um sogenannte zwei- bis dreiarmige Studien. An die Stelle des Placeboarmes oder neben einen solchen «Arm» können auch verschiedene Dosen eines Vergleichspräparates treten. Bei schweren Krankheiten wie bei AIDS, aber auch schon bei chronischen Erkrankungen, die man behandeln kann und die nicht lange unbehandelt bleiben sollten, bei ausgeprägtem Bluthochdruck zum Beispiel, ist es nicht verantwortbar, die Patienten während der Dauer eines klinischen Versuches ohne Therapie zu lassen. Man wird also die neue Therapie mit einer bereits bewährten Behandlung vergleichen. Man kann aber auch – und dies geschah besonders in den HIV-Studien mit Proteaseinhibitoren – allen Patienten eine Basistherapie verabreichen, zum Beispiel Azathymidin (AZT), um dann die Wirksamkeit einer neuen Therapie gegen Placebo auf dem Sockel dieser für alle Versuchsgruppen geltenden Basistherapie zu studieren. Eine wichtige Frage betrifft auch die *Definition* der Wirksamkeit. Führt eine neue Kombination von AIDS-Medikamenten (zum Beispiel zwei Inhibitoren der reversen Transkriptase und ein Proteaseinhibitor) gegenüber einer *nur* auf Inhibitoren der reversen Transkriptase aufgebauten Behandlung zu einer Lebensverlängerung? Das ist natürlich die Kernfrage. Die Beantwortung einer solchen Frage hingegen wird mehrere Jahre in Anspruch nehmen und Untersuchungen an vielen Tausenden von Patienten erfordern. Soll man den Patienten eine Therapie solange vorenthalten, bis ihr langfristiger Nutzen sichergestellt ist?

Wieder gibt es verschiedene Antworten: bei einer Krankheit wie AIDS, für die ein dringendes Therapiebedürfnis besteht, nimmt man zunächst mit dem Verhalten sogenannter «Surrogatmarker» vorlieb.[11] Hierbei handelt es sich um willkürlich gewählte Endpunkte, deren Beeinflussung dem Patienten nach vernünftigen (aber nicht unbedingt bewiesenen) Überlegungen nützen sollten. Bei AIDS oder auch bei anderen chronischen Virusinfektionen wäre die Konzentration von Viruspartikeln im Blut ein solcher Ersatzparameter.[12] Die therapeutische Senkung der Zahl von Viruspartikeln unter eine kritische Schwelle, beispielsweise unter die Schwelle der Nachweisbarkeit mit der Polymerasekettenreaktion (Polymerase Chain Reaction, PCR) wird als therapeutischer Erfolg gewertet, der, wenn er über Monate hinweg erhalten werden kann, die Zulassung eines neuen Präparates ermöglichen kann, obwohl der Beweis der lebensverlängernden Wirkung noch aussteht. Ähnlich würde man bei chronischen Krankheiten verfahren, aus deren Pathophysiologie sich Surrogatmarker ableiten lassen.

Ein Medikament, das die Glykosylierung oder die Vernetzung glykosylierter Proteine hemmt, *sollte* die langfristigen Komplikationen eines Diabetes mellitus vermeiden oder hinauszögern. Um diesen Zusammenhang zu *beweisen*, wird man Jahre brauchen. Hingegen könnte eine Verminderung der Glykosylierung des Blutfarbstoffes auf normale Werte als die theoretische Voraussetzung für den Therapieerfolg eines Medikamentes gelten, das Komplikationen des Diabetes mellitus verhindern soll. Die überzeugende Beeinflussung eines Surrogatmarkers könnte Anlaß für die temporäre Zulassung eines Medikamentes sein. In einer solchen Zulassung wäre dann die Auflage enthalten, den klinischen Nutzen des Medikamentes längerfristig zu beweisen.[13]

Nach erfolgreichem Abschluß der Phase-II-Studien wird die neue Substanz in einer sogenannten Phase III an einer bedeutend größeren und auch breiter gefächerten Population von Patienten geprüft. Diese Phase-III-Studien sollen den späteren therapeutischen Einsatz eines neuen Wirkstoffes möglichst genau vorwegnehmen. Sie reflektieren also die therapeutische Realität zuverlässiger als die vorangegangenen Phase-II-Untersuchungen. Auch hier wird das neue Medikament in ein oder zwei Dosierungen gegen Placebo und/oder gegen Vergleichsmedikamente geprüft. Meistens beteiligen sich wegen der erforderten hohen Patientenzahlen (mehrere hundert oder tausend Patienten pro Studie) verschiedene Zentren an einem solchen Programm. Sie alle müssen dabei dem gleichen Protokoll folgen und in der Darstellung und Präsentation einheitliche Regeln beachten. Man spricht dann von multizentrischen Studien (multi-center trials). Die FDA verlangt für die Zulassung eines neuen Wirkstoffes auf dem amerikanischen Markt mindestens zwei solcher multizentrische Studien. Davon muß eine im eigenen Lande stattgefunden haben. Für eine Zulassung in mehreren Ländern braucht man im Durchschnitt Daten von 3 000–5 000 Patienten aus allen drei Phasen. Zirka 80 Prozent dieser Daten stammen jedoch aus Phase-III-Studien. Es leuchtet ein, daß auch die Kosten der klinischen Entwicklung mit den höher werdenden Patientenzahlen steil ansteigen. Eine Phase-III-Studie mit vielen hundert oder mit tausend Patienten, die ein Jahr dauert, kann ohne weiteres 30–50 Millionen D-Mark oder auch Dollar kosten. Eine Firma wird das hohe Risiko derartiger klinischer Studien also nur eingehen, wenn sie von einer ermutigenden Datenlage ausgehen kann und wenn bei Erfolg mit einem sehr hohen «return on investment» zu rechnen ist. Jede andere Haltung wäre unternehmerisch auch kaum zu verantworten. Daß diese unternehmerisch berechtigte Einstellung aus gesellschaftlicher Sicht dennoch zu Problemen führt, soll uns im letzten Kapitel beschäftigen.

Entsprechend ihrer unterschiedlichen Zielsetzung und ihres verschiedenen Umfanges sind auch die Zeiträume, die für Phase-I-, -II- und -III-Studien aufgewendet werden müssen, sehr unterschiedlich:

je nach Art des zu prüfenden Medikamentes betrug die Phase I zwischen 11 und 21 Monate, für Phase-II-Studien wurden zwischen 14 und 35 Monate aufgewendet, und Phase-III-Studien dauerten zwischen 35 und 55 Monaten. Diese Zahlen, die aus dem Tufts Center for the Study of Drug Development (Zentrum zum Studium der Arzneimittelentwicklung) stammen, wurden in den Jahren 1970–1982 erhoben.[14] Sie mögen die heute beanspruchten Zeiträume nicht mehr ganz korrekt wiedergeben, denn die Tendenz geht eindeutig in Richtung auf eine Verkürzung von Entwicklungszeiten. Dramatische Verbesserungen jedoch hat es inzwischen nicht gegeben. Die Gesamtentwicklungszeit beträgt immer noch etwa fünf bis sechs Jahre; nur in Ausnahmefällen wird dieser Zeitrahmen deutlich unterschritten. Häufig dauert eine Entwicklung länger, also sieben bis neun Jahre.

Qualitätskriterien

So wie für die präklinischen Studien werden auch für klinische Studien bestimmte Qualitätskriterien gefordert, die unter dem Oberbegriff «Good Clinical Practice» (GCP) zusammengefaßt sind. Man versteht darunter ein loses Regelwerk von Vorschriften und Konventionen, die vier Grundforderungen sicherstellen sollen. Zunächst müssen die Probanden oder Patienten genau wissen, worauf sie sich einlassen, wenn sie an einer klinischen Studie teilnehmen. Was sind die möglichen therapeutischen Vorteile, wo liegen die Risiken und Gefahren, denen sie sich aussetzen? Der Patient muß voll informiert sein über das, was mit ihm geschieht, und muß dazu seine schriftliche Einwilligung geben. Man spricht von «informed consent» oder auf deutsch von «informierter Einwilligung». Zweitens muß ein «Institutional Review Board», also eine Art Ethikkommission, sicherstellen, daß eine Studie vom Standpunkt der durchführenden Institution aus verantwortbar ist. Drittens muß dafür gesorgt werden, daß die Verantwortlichkeit des durchführenden Unternehmens genau festgelegt wird. Dazu gehört auch das Vorhandensein von «Standard Operational Procedures» (SOPs), Grundregeln, die festhalten, wie eine klinische Studie anzulegen ist, was mit den erhobenen Daten zu geschehen hat und in welcher Weise die Resultate einer Studie darzustellen und auszuwerten sind. Schließlich wird im Rahmen dieser Regeln auch die Verantwortung der eigentlichen klinischen Prüfer, also der an einer klinischen Studie beteiligten Ärzte, festgelegt. Diese Verantwortung reicht vom gewissenhaften Nachweis der Verwendung aller überlassenen Proben eines Arzneimittels über die Dokumentation der durchgeführten Experimente bis zu einem zusammenfassenden Bericht der erhobenen Befunde und zu einer umfassenden Unterrichtung des bereits erwähnten «Institutional Review Board». Zusammengefaßt geht es also um die Wahrung der Patienteninteressen, um die Definition und Einhaltung der Verantwortlichkeiten der beteiligten Pharmafirma und der klinischen Untersucher sowie um die Sicherstellung medizinischer und ethischer Standards durch das «Institutional Review Board». Dieses Regelwerk wurde zunächst in den USA entwickelt, gilt aber inzwischen in leicht veränderter Form für alle Länder der Welt, die in der Arzneimittelentwicklung eine wichtige Rolle spielen, also für die USA und Kanada, für die Europäische Gemeinschaft und für Japan.[15] Internationale Konferenzen zur Harmonisierung der Arzneimittelentwicklung haben sowohl auf präklinischem Gebiet als auch in der Klinik zu Angleichungen geführt; trotzdem gibt es vor allem in Japan noch spezielle Anforderungen, die gesonderte Studien für den japanischen Markt erzwingen.

Zulassungsbestimmungen und Arzneimittelsicherheit

Alle klinischen und präklinischen Daten müssen am Ende der Entwicklung in einem Antrag zusammengefaßt werden. Mit diesem umfangreichen Dokument wird bei der zuständigen Arzneimittelbehörde die Zulassung eines fertig entwickelten Stoffes für das betreffende Land beantragt. In den Vereinigten Staaten heißt dieses Dokument «New Drug Application» oder kurz NDA. Wegen der Ausführlichkeit und der ins einzelne gehenden Systematik der Vorschriften für die Erstellung einer NDA ist dieses Dokument zum international verwendeten Prototyp einer Registrierungsunterlage geworden. Dies schließt Unterschiede in den nationalen Anforderungen nicht aus. Da einerseits die FDA mit ihren Vorstellungen zur Abfassung einer NDA aber lange Zeit das umfassendste Muster für eine Registrierungsunterlage lieferte, andererseits das «Ideal» einer möglichst gleichzeitigen internationalen Registrierung eines neuen Stoffes immer mehr zu einer angestrebten Maxime wurde, erhielt die amerikanische NDA den Status eines Prototyps. Nach jüngsten Schätzungen besteht dieses Dokument aus 50000 bis 250000 Druckseiten. Nach den Wünschen der FDA muß es folgende Teile enthalten: einen Index, eine Zusammenfassung, einen chemischen Teil, der über die Fabrikation und alle zugehörigen Kontrollprozesse Auskunft gibt, einen Abschnitt über Validierung, Verpackung und «Labeling», also Hinweise für die Verwendung des Medikamentes, eine Sektion über präklinische Pharmakologie und Toxikologie, einen Teil über Pharmakokinetik und Bioverfügbarkeit am Menschen, Mikrobiologie (falls zutreffend) und einen Abschnitt über klinische Daten. Dazu kommen weitere unterstützende Abschnitte: einmal eine auf den letzten Stand gebrachte Beschreibung der klinischen Sicherheitsaspekte, ein statistischer Abschnitt, eine tabellarische Aufstellung aller «case report forms», Patentinformationen, die Beglaubigung der erteilten Patente und ein Abschnitt für alle übrigen Informationen. Der Umfang der NDA-Anträge betrug laut einer aus dem Jahre 1992 stammenden Information für neue chemische Verbindungen 214 Bände, von denen 87 Prozent klinischen Inhalts waren. Für sogenannte «line extensions», also für die Erteilung neuer Indikationen oder für die Registrierung neuer galenischer Formen, betrug der Umfang der Anträge immer noch 63 Bände mit 73 Prozent klinischer Information.[16]

Der Augenblick der Wahrheit – die Zulassung

Der Prüfungsprozeß durch die Behörde beginnt mit der Bestätigung durch die FDA, daß das Dokument formal den Anforderungen der Behörde entspricht und entgegengenommen wurde (confirmation of filing). Immerhin wurden in den Jahren zwischen 1991 und 1994 im Durchschnitt 24 Prozent aller Bewerbungen als formal ungenügend oder unvollständig zurückgewiesen. Wenn ein NDA-Antrag entgegengenommen wird, werden Prüfer für die einzelnen Abschnitte des Antrages ernannt. Diese Prüfer bekommen den für sie relevanten

Teil der Bewerbung zugestellt und treten auf der Basis der von ihnen
zur Kenntnis genommenen Informationen in einen Dialog mit der
den Antrag stellenden Firma. Häufig werden während der Prüfungs-
phase Mängel festgestellt, die vom Antragsteller behoben werden
müssen. Gelegentlich können Beanstandungen auch durch Erklä-
rungen oder die Beibringung zusätzlichen Materials befriedigt werden. Aufgrund des 1992 erlassenen «user fee act», der eine Zahlung
von Gebühren der antragstellenden Firmen an die FDA vorsieht,
mußte sich die Behörde verpflichten, den gesamten Prüfungsprozeß
von der bestätigten Entgegennahme der NDA bis zum Entscheid in
180 Tagen abzuwickeln.[17] Dieser Zeitraum stellt jedoch einen hypothetischen Zeitrahmen dar, der nur in einzelnen Fällen, beispielsweise bei der Registrierung neuartiger AIDS-Medikamente, eingehalten
wurde. Im allgemeinen hat die Behörde Fragen oder Änderungs-
wünsche, die sie in sogenannten «action letters» zum Ausdruck
bringt. Diese Briefe unterbrechen bis zur Erledigung der aufgewor-
fenen Fragen oder Beanstandungen den Prüfungsprozeß und helfen
damit der FDA, sich aus Zeitnöten zu befreien. Die «userfee»-Rege-
lung hat zu einer deutlichen Verbesserung der Leistungen der FDA
geführt. Zu behaupten, daß sie bürokratischer Willkür und Inkompetenz einen endgültigen Riegel vorgeschoben hätte, wäre allerdings
eine zu optimistische Interpretation des wahren Sachverhaltes.

Um ihre Ressourcen zugunsten innovativer Produkte einsetzen
zu können, hat die Behörde ein System der Klassifizierung eingeführt, durch das ein Antrag entweder in die Kategorie P (priority)
fällt oder als Standardantrag (S) behandelt wird. Als prioritär gelten
alle Substanzen, die gemessen an der bereits verfügbaren Behandlung einen wichtigen therapeutischen Fortschritt versprechen. Dabei
kann es sich einerseits um Substanzen handeln, die bisher nicht zu
behandelnde Krankheiten therapierbar machen. Andererseits darf
auch eine Substanz als prioritär klassifiziert werden, die lediglich
eine Verbesserung der Therapie im Hinblick auf größere Sicherheit
oder bessere Wirksamkeit in Aussicht stellt. Ebenso können neue
Medikamente als prioritär eingestuft werden, wenn sie bescheidene,
aber reelle Fortschritte beinhalten, so zum Beispiel eine weniger
häufige Dosierung oder die Vermeidung ungefährlicher, aber lästi-
ger Nebenwirkungen. Schließlich können auch Verbindungen als

priorität gelten, wenn sie für eine bestimmte, bislang zu wenig berücksichtigte Patientengruppe, zum Beispiel für Kinder, besondere therapeutische Vorteile mit sich bringen. Alle anderen Medikamente werden als Standardsubstanzen eingestuft, kommen also nicht in den Genuß einer bevorzugten Zuteilung von Ressourcen.[18]

Für AIDS und andere lebensbedrohende Krankheiten hat die FDA das Verfahren der «beschleunigten Zulassung» (accelerated approval) eingeführt.[19] Hierbei geht es darum, neue Medikamente, die schwerwiegende therapeutische Defizite abdecken könnten, den betroffenen Patienten möglichst schnell zur Verfügung zu stellen. Dem Verfahren liegt die Einsicht zugrunde, daß Patienten, die an schweren, zum Tode führenden Krankheiten leiden, eher geneigt sind, höhere Sicherheitsrisiken in Kauf zu nehmen, als Kranke, für deren Leiden es bereits wirksame und sichere Medikamente gibt. Das Verfahren der «beschleunigten Zulassung» beruht auf zwei Prinzipien: einmal auf einer engen Konsultation zwischen der Arzneimittelbehörde (FDA) und der die Zulassung beantragenden Firma, zum anderen auf der Zusammenlegung von Phase II und III zu einer einzigen Phase. Als minimale Voraussetzung für eine beschleunigte Zulassung gelten zwei sogenannte «pivotal» Phase-II-Studien, die eine deutliche Wirksamkeit des neuen Stoffes in der zu behandelnden Indikation zeigen. Auch kann die FDA darauf bestehen, daß weitere, umfangreichere Studien durchgeführt werden, deren Ergebnisse erst nach der Zulassung vorliegen, die aber – im schlimmsten Falle – zu einer Revision des Zulassungsbescheides führen können.

Bevor die Behörde die Zulassung für ein Medikament im sogenannten «letter of approval» versendet, muß ein Beratungskomitee, ein sogenanntes «Advisory Committee», das aus klinischen und anderen wissenschaftlichen Experten besteht, sich mehrheitlich für die Zulassung der neuen Verbindung ausgesprochen haben. Im allgemeinen folgt die Behörde der Empfehlung des beratenden Komitees, obwohl sie dazu nicht verpflichtet ist.

Die nationalen Zulassungsprozesse in anderen Ländern haben alle eine gewisse Ähnlichkeit mit dem für die USA gültigen, hier nur in Umrissen beschriebenen Vorgehen. Für die Europäische Union (EU) ist allerdings ein eigenes Verfahren entwickelt worden, das darauf abzielt, die nationalen Zulassungsvorschriften zu harmonisie-

170

ren. Grundsätzlich geht die EU davon aus, daß ein Medikament, das in einem Mitgliedsland zugelassen ist, auch in anderen Ländern der Union zugelassen werden kann und im allgemeinen auch zugelassen werden sollte.[20]

Diese Überzeugung führte in mehreren Schritten zum sogenannten «zentralisierten Vorgehen», der «centralized procedure». Für Produkte der Kategorie A ist dieses Verfahren heute vorgeschrieben. Unter diese Kategorie fallen alle Produkte, die mit rekombinanter DNA-Technologie hergestellt wurden. Ebenso gehören zu ihr alle Produkte, die durch die kontrollierte Expression von Genen in eukaryonten oder prokaryonten Zellen zustande kamen. Besonders sind hier auch transformierte Zellen gemeint. Schließlich zählen alle monoklonalen Antikörper oder durch Hybridomzellen synthetisierte Proteine zu dieser Gruppe. Andere innovative Produkte, darunter auch neuartige chemische Strukturen, die bisher in keinem Mitgliedsland der Europäischen Union zugelassen wurden, werden in der Kategorie B zusammengefaßt. Für diese Gruppe kann das zentralisierte Verfahren in Anspruch genommen werden, ohne daß dazu eine Verpflichtung besteht. Die zentrale Behörde, die dieses Verfahren regelt, ist die heute in London ansässige European Medicines Evaluation Agency, die Europäische Agentur zur Bewertung von Arzneimitteln (EMEA), und deren Komitees, von denen das wichtigste das Committee for Proprietory Medicinal Products, das CPMP, ist. Alle 15 Mitgliedsländer entsenden jeweils zwei Abgeordnete in dieses Komitee. Die Verantwortung des CPMP erstreckt sich auf folgende Bereiche:

- Bewertung der Anträge, die dem «zentralen Verfahren» folgen
- Bemühungen um die Harmonisierung nationaler Vorschriften
- Auf Anforderung der Kommission oder eines Mitgliedslandes: die Beurteilung aller offenen Fragen, welche die Gewährung oder die Verweigerung einer Zulassung in einem der Mitgliedsländer berühren
- Beurteilung der Sicherheit medizinischer Produkte im Rahmen von Nutzen-Risiko-Abwägungen
- Beratung der Kommission über den Aufbau eines europäischen Systems für Arzneimittelsicherheit (Pharmakovigilanz)

Die nie endende Verpflichtung: Arzneimittelsicherheit

Nach der Zulassung eines Medikamentes bleibt die Herstellerfirma auch für die Überwachung der Sicherheit des jeweiligen Arzneimittels verantwortlich. In den USA ist das Vorgehen nach der Zulassung eines Medikamentes durch gesetzliche Verordnungen streng und unzweideutig geregelt.[21] Das sogenannte «Safety Summary», eine Zusammenfassung aller sicherheitsrelevanten Befunde, die im Zusammenhang mit der Verwendung eines neuen Medikamentes beobachtet werden, ist bereits 120 Tage nach Einreichung des NDA-Antrages vorzulegen. Außerdem verlangt die FDA, alle beobachteten «ernsten» oder «unerwarteten» Unverträglichkeiten innerhalb von 15 Tagen zu melden. Darüber hinaus sind jährliche Berichte innerhalb von 60 Tagen nach der jährlichen Wiederkehr des Zulassungsdatums zu erstellen und der FDA vorzulegen. Die amerikanische Behörde unterscheidet verschiedene Typen von Arzneimittelnebenwirkungen: Eine «adverse experience» ist jede unerwünschte Wirkung, die im Zusammenhang mit der Verwendung eines Arzneimittels beobachtet wird. Ob dieses Ereignis durch das Medikament selbst verursacht wurde oder nicht, steht dabei nicht zur Diskussion. Unter «unexpected adverse events» werden Ereignisse verstanden, die im Beipackzettel des Arzneimittels nicht erwähnt werden. «Serious adverse events» schließlich sind tödliche, lebensbedrohliche, dauernde Invalidität verursachende oder die Krankenhausaufnahme des Patienten erzwingende Nebenwirkungen. Sie sind der FDA innerhalb von 15 Tagen nach der Unterrichtung der Herstellerfirma zur Kenntnis zu bringen.

Die europäischen Bestimmungen sind uneinheitlich und werden weitgehend von den nationalen Gesetzgebungen geprägt. Allerdings sind die Empfehlungen des Council for International Organization of Medical Sciences (CIOMS), die eine internationale Harmonisierung des Berichtswesens für Arzneimittelnebenwirkungen anstreben, inzwischen von mehreren europäischen Ländern akzeptiert und übernommen worden. Alle Anzeichen sprechen dafür, daß es in Zukunft auch für die Europäische Union ein einheitliches und international abgestimmtes System der Arzneimittelüberwachung geben wird.

172

Ohne die Kenntnis der Zwischenfälle und Katastrophen, die den Weg der modernen Arzneimittelbehandlung begleiteten, bleibt unsere moderne Gesetzgebung, welche die Entwicklung, die Herstellung und den Vertrieb von Arzneimitteln regelt, unverständlich. Im Rückblick wird klar, daß Regeln über die Herstellung und Verwendung von Arzneimitteln immer erst dann erstellt wurden, wenn Zwischenfälle die Gefahren, die von Arzneimitteln ausgehen können, anschaulich gemacht hatten. In diesem Zusammenhang kommt der sogenannten Contergan-Affäre besondere Bedeutung zu. Einerseits prägten sich die durch Contergan verursachten Mißbildungen vielen Menschen nachhaltig ein. Andererseits machte dieses Ereignis deutlich, daß die alte ärztliche Forderung des «primum nil nocere» (vor allem nicht schaden) auch für die Bereitstellung neuer Arzneimittel gelten müsse. Erst seit der Contergan-Affäre wird die Frage nach der Sicherheit von Arzneimitteln in wirklich umfassender und vorausschauender Weise gestellt. Die im Gefolge der Contergan-Affäre erlassenen Gesetze haben sich als wirksam erwiesen: gefährliche Nebenwirkungen können zwar auch heute nicht mit letzter Sicherheit ausgeschlossen werden. Sie können jedoch frühzeitig erfaßt werden und bleiben damit auf einen kleinen Personenkreis beschränkt.

In den Vereinigten Staaten gehen Ansätze zur Arzneimittelgesetzgebung bis in die Anfänge dieses Jahrhunderts zurück.[22] In einem 1906 erlassenen Gesetz (Food and Drug Act) wurde indessen lediglich gefordert, daß die Bestandteile einer zu medizinischen Zwecken verwendeten Arzneimittelbereitung auf der Packung vermerkt sind. Wesentliche Einschränkungen für die Zusammensetzung eines Arzneimittels oder für verwendete Begleitstoffe gab es nicht. Der Gesetzgeber begnügte sich damals mit Angaben über die absolute Menge und den Anteil bestimmter Stoffe wie Alkohole, Morphium, Opium, Chloroform, Cannabis, Kokain, Heroin und einiger weiterer Substanzen in einem Arzneimittel. Damit war, so erschien es damals – zumindest in den USA –, dem Sicherheitsanspruch des Patienten Genüge getan. Erst 1938 wurde diese Haltung modifiziert. Der Anlaß war ein Zwischenfall mit einer Zubereitung von Sulfanilamid, den man heute sicher als «Arzneimittelkatastrophe» einstufen würde. Sulfanilamid wurde 1938 bei Infektionen als Allheilmittel angesehen. Es wurde als Pulver auf Wunden appliziert, und natürlich standen auch oral anwendbare Formen zur Verfügung. Ein Hersteller wollte dieses Medikament nun auch in einer flüssigen Form verfügbar machen und löste den Wirkstoff zu diesem Zweck in Diäthylenglykol. Dieses Lösungsmittel hat eine angenehme Farbe, es ist schwach rosa gefärbt und schmeckt – nicht unangenehm – süßlich. Diese Bereitung wurde ohne klinische oder toxikologische Prüfung auf den Markt gebracht. Das Lösungsmittel erwies sich damals als tödliches Gift, an dem 107 Menschen starben. Die öffentliche Empörung, die diesem nicht nur aus heutiger Sicht skandalösen Zwischenfall folgte, führte noch innerhalb derselben Legislaturperiode 1938 zu neuen gesetzlichen Anforderungen. Im Mittelpunkt dieser Gesetze stand dabei die Forderung nach Sicherheit, die dann gegeben sein müsse, wenn ein Medikament so verwendet werde, wie es der Hersteller vorschreibt. Diese Verwendungsvorschriften konnten auch Warnungen enthalten wie «kann zur Abhängigkeit führen». Die Hersteller wurden gezwungen, die Anwendungsvorschriften für ihre Medikamente ausführlich auf einem Beipackzettel und in den wesentlichen Elementen auch auf dem Behälter und der Verpackung zu erwähnen, in dem die Arznei in den Handel gebracht wurde.

Während des Zweiten Weltkrieges und unmittelbar danach wurde die Arzneimittelforschung von zwei Technologieschüben erfaßt, der Mikrobiologie und der Biochemie. Viele neue Wirkstoffe wurden gefunden, charakterisiert, entwickelt und schließlich in den Handel gebracht. Die Anwendungsvorschriften für viele dieser neuen Stoffe waren zu kompliziert, um sie für Laien vollständig und unzweideutig im sogenannten «Labeling» auf dem Beipackzettel oder in der direkten Beschriftung der Packung unterzubringen. Neue gesetzgeberische Initiativen trugen dieser Situation Rechnung. Im sogenannten «Durham-Humphrey Amendment» von 1951 wurden zahlreiche Medikamente von dem Zwang befreit, alle die Anwendung betreffenden Informationen auf dem Beipackzettel oder der Verpackung zu enthalten. Diese Medikamente durften nun allerdings nur noch gegen ärztliche Verschreibung abgegeben und verwendet werden. Ihre Einnahme sollte grundsätzlich ärztlicher Kontrolle unterliegen. Die entsprechenden Packungen und Beipackzettel tragen deshalb einen diesbezüglichen Hinweis.[23]

Abermals erwies sich ein Arzneimitteldesaster als Motor für eine noch weiterführende Gesetzgebung: 1962 wurde bekannt, daß Thalidomid oder «Contergan», ein in Deutschland von der Firma Grünenthal entwickeltes und in den USA von der Firma William S. Merrel in Cincinnati untersuchtes Schlafmittel, teratogene Eigenschaften besitzt. Die Substanz war wegen ihrer angeblich guten Wirksamkeit und ihrer zumindest kurz- und mittelfristig hervorragenden Verträglichkeit in Europa, besonders in Deutschland, populär geworden. Die Aufdeckung des Zusammenhanges zwischen der Einnahme des Contergans und dem Auftreten typischer Mißbildungen wird in einem gesonderten Abschnitt beschrieben werden. In Europa waren die Deformationen wegen der klinischen Verwendung der Substanz bereits bei einer großen Zahl von Neugeborenen aufgetreten, deren Mütter während der Schwangerschaft Thalidomid eingenommen hatten. In den USA befand sich Thalidomid noch in der klinischen Prüfung: die Zahl der bereits aufgetretenen Geburtsdefekte war dementsprechend klein. Im Rückblick ist klar geworden, daß die Weigerung der FDA, das Thalidomid zuzulassen, keineswegs auf einer besseren Einsicht beruhte, als sie die deutschen und andere europäische Behörden für sich in Anspruch nehmen konnten. Die zuständige Sachbearbeiterin ließ sich mit der Bearbeitung des Antrages einfach sehr viel Zeit. Sie wurde erst aktiv, nachdem die ersten gravierenden Verdachtsmomente in Europa zutage getreten waren und auch amerikanische Untersucher vereinzelt Fälle von Mißbildungen an den oberen Extremitäten (Phokomelie) im Zusammenhang mit Thalidomid gesehen hatten. Eine Prüfung der Situation zu *diesem* Zeitpunkt ließ den schon lange vermuteten Zusammenhang deutlich werden und lieferte damit die Grundlage für die Verweigerung der Zulassung in den USA. Das Beispiel zeigt, daß Abwarten – aus welchen Motiven auch immer – bei der Beurteilung von Arzneimitteln mitunter zu besseren Ergebnissen führen kann als zu rasches Handeln.

Das volle Ausmaß der Thalidomidkatastrophe führte abermals zu öffentlichem Aufruhr – in allen beteiligten Ländern, besonders aber in den nicht in erster Linie betroffenen Vereinigten Staaten.

Während Arzneimittel zuvor von der Öffentlichkeit mit wachsender Sympathie beurteilt worden waren, schlug das Pendel jetzt um. *Alle* Arzneimittel wurden verdächtigt. Es wurde auch deutlich, daß die bis dahin existierenden gesetzlichen Vorschriften nicht ausreichten, um die Öffentlichkeit vor neuartigen und gefährlichen Nebenwirkungen von Arzneimitteln zu schützen.

Die gesetzgeberische Konsequenz aus dieser Katastrophe waren in den Vereinigten Staaten die «Kefauver-Harris Amendments» von 1962. Diese Gesetze zwangen alle Arzneimittelhersteller, ihre Produktionsstätten inspizieren zu lassen; sie machten Hersteller darüber hinaus in einer bis dahin nirgendwo bekannten Weise für ihr Produkt verantwortlich. Von nun an durfte ein neues Arzneimittel erst in den Handel gebracht werden, nachdem wissenschaftlich dokumentierte Beweise für seine Wirksamkeit und für seine Sicherheit vorlagen. Darüber hinaus wurden die bereits erwähnten Vorschriften zur Herstellung von Medikamenten eingeführt, die man unter dem Oberbegriff «Good Manufacturing Practices» zusammenfaßte. Medikamente, die nicht nach diesen Vorschriften produziert wurden, galten von nun an als «adulterated», also als verfälscht. Sie wurden aus dem Verkehr gezogen. Die Werbung für rezeptpflichtige Arzneimittel wurde unter die Aufsicht der FDA gestellt. Damit wurde mit zunehmender Strenge vermieden, daß Werbeaussagen gemacht wurden, die wissenschaftlich nicht dokumentierbar waren. Schließlich enthielten die Kefauver-Harris Amendments viele auch heute noch gültige Vorschriften für die Beantragung einer NDA (wir sind darauf bereits eingegangen) sowie für die Erteilung von Ausnahmebewilligungen für die klinische Prüfung von «investigational new drugs». Die 1962 in Kraft getretenen Gesetze lieferten das grundsätzliche Regelwerk für die Prüfung und Zulassung von Arzneimitteln, wie wir es heute kennen. Man kann sagen, daß die Regulierung des Arzneimittelwesens, wie sie uns heute von der FDA und von anderen Behörden geläufig ist, in den Gesetzen und Richtlinien ihre Basis hat, die als Reaktion auf die Thalidomidkatastrophe erlassen wurden.

Aber die Entwicklung bleibt nicht stehen. Auch nach 1962 hat es viele Ergänzungen der Arzneimittelgesetzgebung gegeben. Vor allem wurde das Grundgerüst der 1962 erlassenen Vorschriften laufend

176

verfeinert und modernisiert. Der Entwicklungsprozeß wurde dadurch kompliziert und zum Teil auch bürokratisiert. Es kann aber nicht bezweifelt werden, daß das strenge regulatorische Rahmenwerk, das seit 1962 geschaffen wurde, die Qualität und Zuverlässigkeit von Arzneimitteln erhöht und damit auch der seriösen forschungsorientierten Industrie mehr Nutzen als Schaden gebracht hat.

Von den später erlassenen Gesetzen ist in den USA besonders der «Orphan Drug Act» von 1983 bemerkenswert.[24] Leider hat die Europäische Union es bisher nicht vermocht, ein gleichwertiges Gesetz zu schaffen. Mit den neuen, 1962 erlassenen Vorschriften war der Prozeß der Arzneimittelentwicklung sehr teuer geworden. Die pharmazeutischen Firmen fühlten sich nun nicht mehr dazu in der Lage, eine teure Entwicklung für Medikamente zu finanzieren, die sich gegen seltene Krankheiten richteten. Diesem Umstand wollte der amerikanische Gesetzgeber mit dem «Orphan Drug Act» abhelfen. Das Gesetz gibt einem Hersteller, der einen neuen oder auch schon bekannten Stoff zur Behandlung einer seltenen Krankheit anbietet und für diese Verwendung die notwendigen wissenschaftlichen und technischen Unterlagen in Form eines regulären Zulassungsdokumentes (NDA) beibringen kann, ein siebenjähriges exklusives Nutzungsrecht für die beantragte Indikation. Außerdem kann er mit Steuererleichterungen rechnen. Seltene Krankheiten im Sinne des Gesetzes sind Krankheiten, die weniger als 200 000 Kranke in den USA betreffen. Krankheiten, die häufiger vorkommen, für die aber aus der Sicht des Herstellers keine Chance besteht, die hohen Entwicklungskosten durch Verkäufe in den Vereinigten Staaten wieder einzuspielen, können ebenfalls als «orphan diseases» anerkannt werden.

Dieses Gesetz hat sich in den USA als überaus segensreich erwiesen. Viele originelle Medikamente, die sich zunächst als «orphan drugs» qualifizierten, erwiesen sich später auch in anderen Indikationen als wirksam (Cyclosporin A, Roferon-A, Calcitriol und viele andere). Sie begannen ihren «Lebensweg» als «orphan drugs» und fanden später breitere Anwendung. So ist der «orphan drug»-Weg nicht nur für die von seltenen Krankheiten befallenen Patienten, sondern für einen oft sehr großen Kreis von Kranken von Nutzen gewesen.

Thalidomid wurde 1954 von einem Apotheker, den man bei der Firma Grünenthal als Chemiker eingestellt hatte, synthetisiert. Grünenthal war damals keine traditionelle Pharmafirma wie etwa Merck, Schering oder Bayer. Es handelte sich vielmehr um eine Kosmetikfirma, die nach dem Krieg dadurch zu einiger Popularität und Wichtigkeit aufgestiegen war, daß sie an dem Antibiotikaboom, der nach dem Zweiten Weltkrieg eingesetzt hatte, teilnahm. Grünenthal war die erste Firma in Deutschland, die Penicillin G herstellte. Der Mangel an pharmazeutischer Erfahrung, an wissenschaftlicher Kompetenz und an ärztlicher Kultur, unter dem dieses Unternehmen damals litt, trug ohne Zweifel zu dem Ereignis bei, das als «Contergan-Affäre» in die Geschichte der Arzneimittelforschung eingegangen ist.[25]

Das Molekül, das Wilhelm Kunz in der Absicht synthetisiert hatte, neue Wege für die Synthese von Peptiden zu beschreiten, wurde von Herbert Keller, einem damals bei Grünenthal arbeitenden Pharmakologen, als eine den Barbituraten analoge Struktur eingestuft. Dieser weit hergeholte Vergleich – schon aus damaliger Sicht ohne rechte Grundlage – führte zu der Idee, daß es sich bei der neuen Verbindung um ein Schlafmittel (Hypnotikum) oder Beruhigungsmittel (Sedativum) handeln könne. Die von Kunz hergestellte Verbindung lag als Gemisch aus optisch links- und rechtsdrehender Form vor. In dieser Form hat Thalidomid keine schlafinduzierende Wirkung. In den klassischen Tests zur Prüfung sedierender Wirkungen, die auf einer Korrektur der Körperhaltung beruhen, dem sogenannten «Rightingreflex», oder dem von Franz Groß und seinen Mitarbeitern bei der Ciba benutzten «Holdingreflex», blieb die Substanz wirkungslos. Die Mitarbeiter von Grünenthal maßen diesen negativen Befunden allerdings wenig Bedeutung bei. Sie zweifelten eher an der Aussagekraft der herkömmlichen Tests als an den Eigenschaften ihrer neuen Verbindung und entwarfen eigene Versuchsanordnungen, mit denen sie die motorische Aktivität von Mäusen messen konnten. Nun gab es damals bereits solche Tests: man konnte die motorische Aktivität von Tieren zum Beispiel dadurch bestimmen, daß man in ihren Käfigen Lichtschranken und Photozellen anbrachte und die Häufigkeit registrierte, mit der ein Lichtstrahl durch Bewegungen unterbrochen wurde. Die heute umständlich, ja fast abwegig anmutende Versuchsanordnung zu beschreiben, mit der man dieses Problem bei Grünenthal lösen wollte, würde zu weit führen. Immerhin gelang es dem Team bei Grünenthal mit der benutzten Versuchsanordnung zu zeigen, daß Thalidomid die motorische Aktivität von Mäusen einschränken konnte.

Völlig willkürlich legten Kunz, Keller und ihr Chef F. Muekter eine Halbierung der motorischen Aktivität als schlafinduzierende Wirkung fest. Die dafür notwendige Dosis betrug nach den Messungen der Grünenthal-Mitarbeiter 100 mg/kg. Mit dieser Festlegung erschien dem Team Kunz, Keller und Muekter seine Substanz plötzlich sehr attraktiv. Sie glaubten, eine Verbindung in den Händen zu haben, für die sie in Nagetieren keine LD$_{50}$ ermitteln konnten und die eine «schlafinduzierende» Wirkung besaß, deren Größenordnung den entsprechenden Wirkungen der Bromide und Barbiturate entsprach. Leider verschwanden viele Laborunterlagen, mit denen das Grünenthal-Team die pharmakologischen Eigenschaften von Thalidomid dokumentiert haben wollte, später auf geheimnisvolle Weise. Eine Arbeitsgruppe bei Smith Kline und French konnte bei einer späteren Überprüfung der Angaben aus den Grünenthal-Labors selbst bei einer Dosis von 5 000 mg/kg, also bei dem Fünfzigfachen der angeblich schlafinduzierenden Dosis, keine hypnotische Wirkung bei Mäusen feststellen. Wie konnten die Grünenthal-Mitarbeiter sich im Hinblick auf die Wirkung und Sicherheit ihres Moleküls so irren?

Eine Erklärung liegt sicher in ihrer wissenschaftlichen Unerfahrenheit. Ihre Annahme einer hypnotischen Wirkung entbehrte jeder vernünftigen Grundlage. Außerdem arbeiteten sie mit einem Razemat. Später zeigten britische Autoren, daß sich sowohl für die links- als auch für die rechtsdrehende Form von Thalidomid eindeutige Toxizitäten ermitteln lassen. Im besten Fall kann man dem Team bei Grünenthal Wunschdenken unterstellen: sie hofften, eine Substanz mit eindeutig schlafinduzierender Wirkung und ohne jede akute Toxizität gefunden zu haben. So etwas hatte – und hat auch bis heute – noch niemand beschrieben. Eine weniger freundliche Interpretation müßte allerdings auch einen gewissen Mangel an Kompetenz in Betracht ziehen, ganz sicher aber ein erstaunliches Defizit an wissenschaftlicher Neugier. Wilhelm Kunz hat später zugegeben, daß ihm die höhere Wirksamkeit der optisch gereinigten Isomere aufgefallen war. Dennoch dachte niemand bei Grünenthal daran, diesem Phänomen nachzugehen.

Bereits 1955 begann man in Deutschland und in der Schweiz mit der klinischen Prüfung von Thalidomid. Im Rückblick kann über diese Prüfungen nur gesagt werden, daß die angebliche hypnotische Wirkung von Thalidomid am Menschen nie zweifelsfrei bewiesen wurde. Dennoch kam die Substanz in Deutschland 1957 als Contergan, in England 1958 als Distavan und in Kanada, wo sie durch die amerikanische Firma William S. Merrell vertreten wurde, als Kevadon auf den Markt. Ironischerweise galt die Substanz zunächst auch in der klinischen Anwendung als besonders sicher. In einigen Ländern wurde sie sogar ohne Verschreibung abgegeben. Der Eindruck der relativen Harmlosigkeit – bei einem Sedativum oder Hypnotikum nicht selbstverständlich – verstärkte sich noch, als Somers 1960 berichtete, daß 20 Patienten, die das Medikament entweder in suizidaler Absicht oder aus Unachtsamkeit in Überdosierungen eingenommen hatten, nicht nur überlebten, sondern sich ohne Komplikationen oder gar bleibende Schäden von diesen Zwischenfällen erholten. Besonders in den deutschsprachigen Ländern galt Contergan daraufhin als besonders angenehmes und sicheres Schlafmittel.

Thalidomid in den USA

In den Vereinigten Staaten wurde für Kevadon 1960 die Zulassung beantragt, das Mittel wurde jedoch nie zugelassen. Die mit der Prüfung der NDA beauftragte Sachbearbeiterin, Frances Kelsey, zog die Beurteilung der Unterlagen in die Länge. Zunächst beanstandete sie die «Unvollständigkeit» des Dossiers und forderte von der beantragenden Firma William S. Merrell bei verschiedenen Gelegenheiten zusätzliche Informationen, vor allem breiter abgestützte Daten über die Sicherheit der Substanz. Im Rückblick ist kaum zu entscheiden, ob sich ihre Beanstandungen auf formale Fehler richteten oder ob sie die NDA selbst nach den 1961 geltenden Kriterien als lückenhaft beurteilte. Sicher ist nur, daß sie keinen spezifischen Verdacht hegte,

180

sondern angesichts einer vielleicht zu spärlichen Datenlage noch keine Entscheidung treffen wollte. Mißtrauen regte sich erst, als Frances Kelsey einen Bericht des «British Medical Journal» in die Hand bekam, in dem das Auftreten peripherer Neuritiden (Entzündung oberflächlich gelegener Nerven) mit der Verwendung von Thalidomid in Verbindung gebracht wurde. Diese Nebenwirkung war in dem der FDA vorliegenden Antrag nie erwähnt worden. In dem nun folgenden Dialog zwischen der FDA und der die NDA unterstützenden Firma unterbreitete Merrell Befunde über das Auftreten von Neuritiden, die FDA verlangte mehr Daten, die Beschaffung dieser Daten erforderte Zeit und verzögerte die Prüfung des Antrages. Diese war immer noch nicht abgeschlossen, als die teratogenen Wirkungen des Thalidomids schließlich bekannt wurden. Nun natürlich war an eine Genehmigung des Antrages und an eine Zulassung der Substanz nicht mehr zu denken. Frances Kelsey wurde eine nationale Heldin und bekam eine hohe Auszeichnung dafür, daß sie die amerikanische Öffentlichkeit vor der in anderen Ländern bereits manifest gewordenen Thalidomidkatastrophe bewahrt hatte. Was hatte sich inzwischen abgespielt?

Die Lösung des Rätsels – Lenz und McBride

Zwei Ärzte, Dr. Widukind Lenz in Deutschland und Dr. William McBride in Australien, waren 1961 unabhängig zu der Überzeugung gelangt, daß Thalidomid für die Häufung von Geburtsdefekten verantwortlich war, die man seit der Einführung des Medikamentes beobachtet hatte. Bei den Mißbildungen handelte es sich um Spielarten einer als Phokomelie bekannten, bis dahin selten beobachteten Entwicklungsstörung, bei der die Hände oder die Füße unmittelbar an den Schultern beziehungsweise an den Hüften ansetzen. Während diese Mißbildungen im allgemeinen nur eine Extremität betrafen, traten sie nun, im vermuteten Zusammenhang mit der Einnahme von Thalidomid, doppelseitig auf. Sie betrafen ganz überwiegend die oberen Extremitäten und wiesen unterschiedliche Grade auf. In einigen Fällen fehlten die Arme vollständig, in anderen beobachtete man nur den Verlust des Radius und der Daumen. Häufig waren diese Störungen auch mit Mißbildungen des Herzens, der

Nieren und des Darmtraktes verbunden. Die beiden Ärzte informierten die involvierten Firmen, McBride den englischen Lizenznehmer Distillers im Juni 1961 und Lenz die Firma Grünenthal im November desselben Jahres. Die den Firmen vorgelegten Daten mußten zwar den starken Verdacht eines Zusammenhanges zwischen der Einnahme von Thalidomid und den Mißbildungen erwecken, statistische Beweiskraft allerdings besaßen sie nicht. Niemand konnte ganz ausschließen, daß die Häufung der Mißbildungen in einigen Ländern nicht auch andere Ursachen haben könnte. Unter diesen Umständen zögerten die Firmen, Konsequenzen zu ziehen. Dr. Lenz stellte daraufhin seine Befunde während einer Tagung der Kinderärzte in Düsseldorf im November 1961 zur Diskussion.[26] Eine Woche später erschien in der «Welt am Sonntag» ein längerer Artikel, in dem der von Lenz geäußerte Verdacht aufgegriffen und der Rückzug des Medikamentes vom Markt gefordert wurde. Jetzt reagierte Grünenthal sofort. Nur wenige Tage später folgte auch Distillers, die britische Herstellerin des Medikamentes, dem Rückzugsbeschluß. In den Vereinigten Staaten zog Merrell seinen NDA-Antrag zurück. In Japan allerdings wurde Thalidomid noch bis zum September 1962 weiterverordnet und verkauft. Die Verwendung von Thalidomid führte bei Tausenden von Kindern in insgesamt 46 Ländern zu Geburtsschäden. In Deutschland waren 10000 Kinder betroffen, Japan verzeichnete 1 000 derartige Mißbildungen, in England waren es 400, in Skandinavien 280 und in Kanada 200. Aus Belgien wurden über 60 Fälle und aus den Niederlanden 25 Fälle berichtet. Daß auch die USA nicht ganz ungeschoren davonkamen (man berichtete über zehn Fälle), hing damit zusammen, daß Merrell die klinische Prüfung der Substanz bereits begonnen hatte, ohne Frauen im gebärfähigen Alter davon auszuschließen.

Die Rücknahme von Thalidomid vollzog sich unter relativ dramatischen Umständen. Zwei Tage nachdem Grünenthal das Medikament aus dem Handel genommen hatte, gab das deutsche Gesundheitsministerium eine vorsichtig formulierte Erklärung ab, in der Contergan als wichtiger Faktor in der Verursachung der häufig gewordenen Fälle von Phokomelie genannt wurde. Die in der Erklärung enthaltene, an alle Frauen im gebärfähigen Alter gerichtete Warnung vor der Einnahme des Medikamentes wurde auf der Titel-

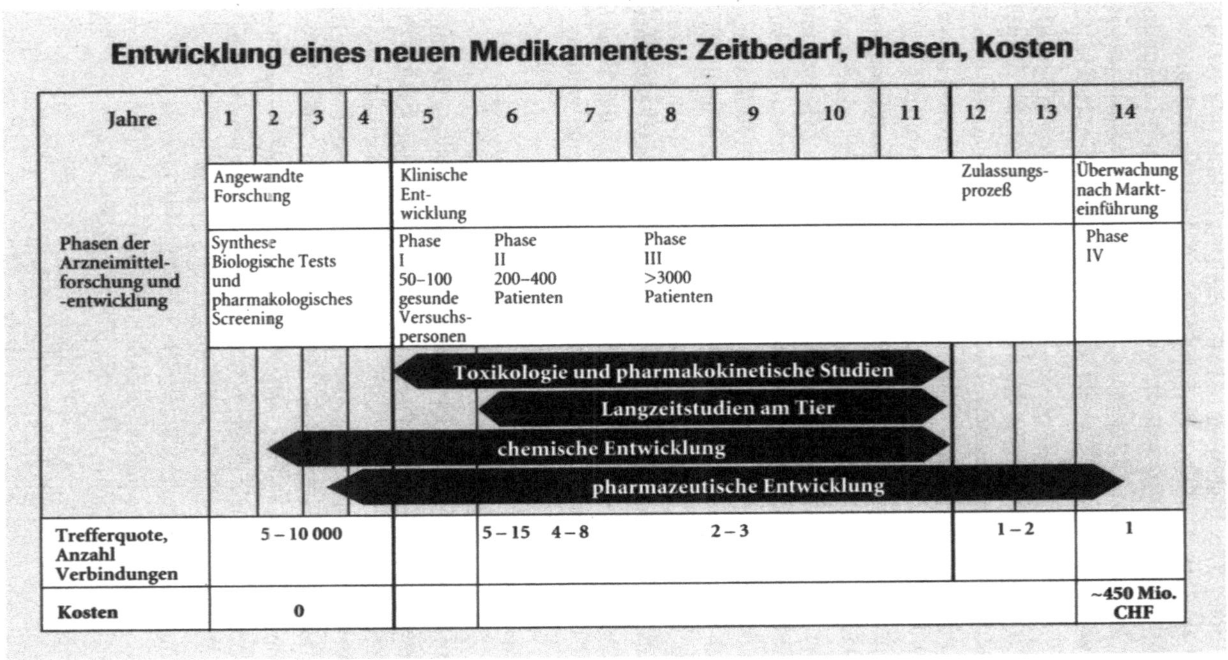

Entwicklung eines neuen Medikamentes: Zeitbedarf, Phasen, Kosten

Jahre	1	2	3	4	5	6	7	8	9	10	11	12	13	14
	Angewandte Forschung				Klinische Ent-wicklung							Zulassungs-prozeß		Überwachung nach Markt-einführung
Phasen der Arzneimittel-forschung und -entwicklung	Synthese Biologische Tests und pharmakologisches Screening				Phase I 50–100 gesunde Versuchs-personen	Phase II 200–400 Patienten		Phase III >3000 Patienten						Phase IV
					Toxikologie und pharmakokinetische Studien									
						Langzeitstudien am Tier								
			chemische Entwicklung											
			pharmazeutische Entwicklung											
Trefferquote, Anzahl Verbindungen	5 – 10 000				5 – 15	4 – 8		2 – 3				1 – 2		1
Kosten	0													~450 Mio. CHF

Abb. 3.1

183

seite wichtiger Tageszeitungen sowie durch Rundfunk und Fernsehen publiziert. In den Wochen und Monaten nach der Rücknahme von Thalidomid erhärtete sich der von Lenz und McBride geäußerte Verdacht und wurde zur Gewißheit. Lenz und andere Autoren wiesen auf den besonderen Typ der durch Thalidomid verursachten Mißbildungen hin. Sowohl von McBride als auch von Lenz wurde das Risiko von Mißbildungen für Frauen, die zwischen der vierten und achten Schwangerschaftswoche Contergan eingenommen hatten, mit mehr als 20 Prozent angegeben. In einigen retrospektiven Studien wurden sogar Häufigkeiten von 50 Prozent ermittelt.

Nachdem die embryoschädigende Wirkung von Thalidomid erwiesen war, stellte sich die Frage nach Tiermodellen, die den Nachweis dieser und ähnlicher Wirkungen erlaubt hätten. In Mäusen und Ratten, denen der Wirkstoff in hohen Dosen verabreicht wurde, fanden sich kaum toxische Effekte und nie teratogene Wirkungen. Schließlich wies Somers nach, daß Thalidomid imstande war, die Plazenta von Kaninchen zu passieren, und daß der Wirkstoff in dieser Tierspezies Mißbildungen auslöste, die den am Menschen beobachteten Störungen analog waren. Später konnten die teratogenen Effekte auch an Primaten (Rhesus- und Cynomolgusaffen) erzeugt werden.[27]

Eine Katastrophe und die Folgen

Thalidomid, ein zunächst als besonders untoxisch und gut verträglich erscheinendes Medikament, hatte innerhalb weniger Jahre die gravierenden Schwächen des Arzneimittelwesens in der industrialisierten Welt offengelegt. Am schnellsten und rigorosesten reagierte die amerikanische Öffentlichkeit auf die offensichtlich gewordenen Mißstände auf diesem Gebiet, obwohl die USA von einer wirklichen Katastrophe verschont geblieben waren. Der Nachweis von Sicherheit und Wirksamkeit neuer Arzneimittel wurde nun universell gefordert und gesetzlich verankert. Die Prüfung auf teratogene Wirkungen an dafür als geeignet befundenen Tierspezies erhielt besonderes Gewicht. Die in den USA bis 1962 geltende Regel, daß ein Medikament innerhalb von 60 Tagen nach der Einreichung der NDA automatisch als zugelassen gelte, wenn die FDA sich innerhalb dieser Zeit nicht geäußert hatte, wurde aufgehoben. Der gesamte

Rahmen der Arzneimittelentwicklung und -zulassung, wie wir ihn heute kennen, wurde damals in der Kefauver-Harris Bill (Gesetz Nr. 87–781) verankert.

Aber noch ein zusätzlicher, in Gesetzen und Verordnungen nicht faßbarer Umstand verschaffte sich Geltung: das naive Vertrauen, das man vor der Thalidomidaffäre allen Arzneimitteln und besonders auch der forschenden Arzneimittelindustrie entgegengebracht hatte, war zerstört und wurde bis heute nicht wiederhergestellt. Von nun an regierte das Mißtrauen. Selbst große und sich in der Folge als segensreich erweisende Fortschritte der Arzneimitteltherapie wie die Einführung der β-Blocker, der Kalziumantagonisten, der Benzodiazepine, neuer Immunsuppressiva wie Cyclosporin A und vieler anderer Medikamente wurden bestenfalls mit distanziertem Interesse aufgenommen, das nie mehr frei war von Skepsis.

Aus heutiger Sicht war die Thalidomidkatastrophe die Folge einer seltenen Mischung aus Inkompetenz, Verantwortungslosigkeit und Naivität. Sie spielte sich nicht an der Front des technischen und wissenschaftlichen Fortschrittes ab, sondern in seinem Kielwasser. Dennoch hatte in den Augen einer Öffentlichkeit, die derartige Unterscheidungen nicht trifft oder aus Mangel an naturwissenschaftlicher Bildung nicht treffen kann, der Fortschritt seine dunkle, scheinbar unkontrollierbare Seite gezeigt. Kollektive Gefühle dieser Art haben eine lange Lebensdauer. Auch die unbestreitbaren Fortschritte der Arzneimittelforschung und -therapie, die inzwischen erzielt wurden, auch die bewußte und strikte Vermeidung weiterer Katastrophen vergleichbaren Ausmaßes durch eine strenge Gesetzgebung und durch eine im großen und ganzen gewissenhaft agierende Industrie haben sie nicht zur Ruhe kommen lassen.

Entwicklung als Prozeß

An dieser Stelle soll der Entwicklungsprozeß als ein interdisziplinär komplexer Ablauf beschrieben werden. Zunächst sollen dazu einige quantitative Informationen gegeben werden. Die Phase I dauert (mit Schwankungen, die von der Natur des entwickelten Arzneimittels abhängen) etwa ein Jahr, die Phase II mindestens doppelt so lange. Typischerweise nimmt eine Phase III zwei bis vier Jahre in Anspruch. Weitere zwei Jahre werden für die Prüfung und die Bewilligung durch die FDA oder andere wesentliche Arzneimittelbehörden benötigt. Dies bedeutet, daß für den eigentlichen Entwicklungsprozeß etwa acht Jahre veranschlagt werden müssen. Natürlich läßt sich dieser Zeitraum – und wir werden später darauf zurückkommen – verkürzen, im Idealfall sogar um etwa die Hälfte. Dies aber ist, wie noch zu schildern sein wird, mit der Inkaufnahme höherer Risiken verbunden (Abb. 3.1).

Die Gesamtkosten für Forschung und Entwicklung (F + E), die für eine erfolgreiche Substanz aufgewendet werden müssen, lagen 1976 bei etwa 116 Millionen Dollar. Diese Zahl betrug 1987 bereits 287 Millionen, und 1990 wurde sie von der Pharmaceutical Manufacturers Association (PMA) mit 359 Millionen Dollar angegeben.[28] Inzwischen werden Zahlen von mehr als 500 Millionen Dollar genannt (siehe Kapitel 5). Diese Kosten enthalten natürlich auch alle Aufwendungen für eingestellte Arbeiten und nicht weitergeführte Substanzen. Außerdem enthalten sie die sogenannten «Opportunitätskosten», also die Zinsen, die mit dem in F + E investierten Kapital erwirtschaftet worden wären, wenn man dieses Geld *nicht* für Forschung und Entwicklung aufgewendet hätte. Der Kostenanstieg zwischen 1976 und 1990 ist dennoch beeindruckend, zumal alle inflationären Anstiege dadurch ausgeschaltet wurden, daß die Kosten für alle drei Jahre auf den Dollarwert eines Jahres, nämlich 1990, bezogen wurden. Die Zunahme der Forschungs- und Entwicklungskosten beruht in erster Linie auf dem Anstieg der Entwicklungskosten. Dieser wiederum reflektiert die ständig wachsende Komplexität des Entwicklungsprozesses (Abb. 3.2). Die Zahl der wissenschaftlichen Studien, die Teil einer Neuzulassung (NDA) sind, verdoppelte sich, wenn man die Zeiträume 1977–1980 und 1989–1990 gegenüberstellt, von 30 auf 60, die durchschnittliche Zahl der Patienten pro Studie stieg in denselben Zeiträumen von 1 500 auf 3 500 an, und die Anzahl der Textseiten in einer NDA vermehrte sich von im Durchschnitt 40 000 (1977–80) auf fast 90 000 für den Zeitraum zwischen 1989 und 1992. Wie wir wissen, ist sie inzwischen weiter angestiegen und erreicht, wie bereits erwähnt, in manchen Fällen die Zahl von 250 000.[29]

186

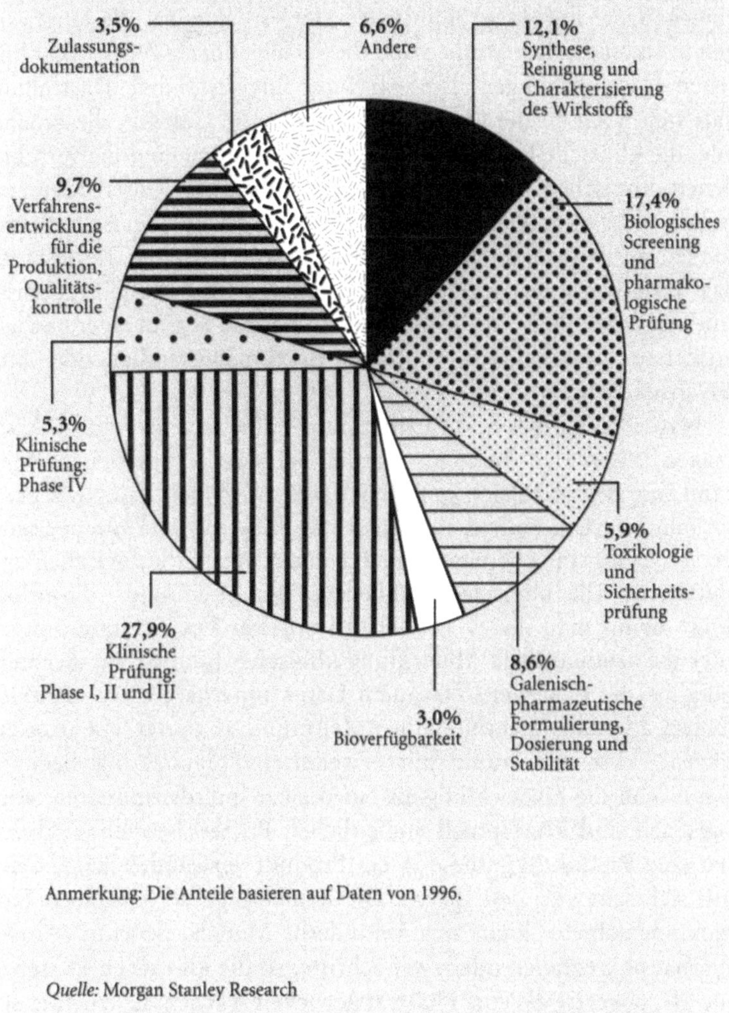

Abb. 3.2: Das Schema zeigt, auf welche Einzeltätigkeiten die Kosten einer Arzneimittelentwicklung entfallen. Nur ein kleiner Teil dieser Kosten ist der eigentlichen
Forschung zuzuordnen (siehe Text).

Zeit raffen oder sich Zeit lassen?

Wir sind bisher auf die Einzelschritte des Entwicklungsprozesses eingegangen: auf die präklinischen Untersuchungen, die langfristigen toxikologischen Studien und die verschiedenen Typen von klinischen Untersuchungen. Diese bewußt unvollständige Darstellung hält sich noch an die Disziplinen, also an die Galenik, die Biochemie, die klinische Pharmakologie, die Toxikologie und die verschiedenen klinischen Fächer. Diese «disziplinären» Untersuchungen stellen mehr oder weniger lineare Verlängerungen oder Komplettierungen der während der Forschungsphase ermittelten Tatbestände dar. Viele von ihnen verlaufen sequentiell, weil man die Ergebnisse einer früheren Phase als Voraussetzung für den Beginn einer nachgeordneten, auf den zuvor ermittelten Ergebnissen aufbauenden Studie ansieht.

Natürlich ist dies im Prinzip richtig – aber nur im Prinzip. Viele Fragen lassen sich durchaus parallel zueinander bearbeiten. Man kann zum Beispiel gleich zu Beginn der Entwicklung, also noch etwa ein Jahr vor dem Eintritt einer neuen Verbindung in klinische Studien, soviel Substanz bereitstellen, daß damit alle toxikologischen und annähernd alle klinischen Studien zu bestreiten sind. «Frontloading» nennt man dieses Vorziehen kritischer Entwicklungsschritte oder die semiparallele Abwicklung klinischer Studien, bei der man lediglich die sicherheitsrelevanten Daten innerhalb eines mehrwöchigen, allenfalls mehrmonatigen Zeitraums abwartet, ehe man die nächste klinische Studie mit erweiterter Fragestellung beginnt. Wenn man die Entwicklung als einen zwar interdisziplinären, aber logistisch und konzeptuell einheitlichen Prozeß betrachtet, durch den eine Produkthypothese in ein Produkt verwandelt wird, dann läßt sich sehr viel Zeit sparen. Die Reihenfolge der einzelnen Entwicklungsschritte kann sich verändern. Manche Schritte können überhaupt wegfallen oder zwei Schritte, so die klinischen Phasen II und III, operativ als eine Phase abgewickelt werden. Es leuchtet sofort ein, daß derartige Anpassungen, die Zeit sparen sollen, riskant sind; um so riskanter, je origineller die Substanz ist, die entwickelt werden soll. Aber in dieser Elastizität, in der Angemessenheit der gewählten Methodik an die jeweilige Situation liegt ja gerade das

Wesen einer modernen Entwicklung. Wenn man eine hervorragende Verbindung mit einem neuartigen Wirkungsmechanismus entwikkelt, wird man intuitiv zu einem schrittweisen, eher vorsichtigen Vorgehen neigen. Entwicklung ist sehr teuer, und ehe man 100 Millionen Dollar oder D-Mark aufs Spiel setzt, möchte man alle nur erdenklichen experimentellen und nach Möglichkeit auch schon klinische Hinweise auf den erhofften Erfolg einer neuen Substanz haben. Wenn man sich mit einer solchen Substanz allein weiß oder zuversichtlich sein darf, seinen Konkurrenten um einige Jahre voraus zu sein, wird man sich ein absicherndes, längere Zeit in Anspruch nehmendes Verfahren auch leisten können.

Die Situation kann sich jedoch sofort ändern, wenn man sich in einem Kopf-an-Kopf-Rennen mit Konkurrenten befindet und wenn man für einen Markt arbeitet, in dem nur für zwei oder drei Konkurrenzpräparate Platz ist. Auch wird ein sogenannter «großer Markt», also die (wenn auch geringe) Chance, die investierten Entwicklungskosten mit einer hohen Verzinsung zurückzubekommen, eher ein Anreiz zum Eingehen von technischen und finanziellen Risiken sein als ein limitierter Markt, etwa eine Krankheit, die zwar ernst ist und für die ein Behandlungsbedarf besteht, die aber besonders in einer immer kostenbewußteren Umgebung kaum einen bedeutenden Umsatz ermöglichen wird. Man wird bei solchen Überlegungen aber immer in Rechnung stellen müssen, daß eine zunächst nur auf ein kleines Patientensegment beschränkte Wirkung sich auf verwandte Indikationen ausdehnen lassen kann und daß eine Substanz, die nur bescheidene Umsätze und Gewinne versprach, sich in der Folge durch den Zugewinn neuer Indikationen zu einem ökonomisch überaus erfolgreichen Präparat entwickeln läßt. Das bereits erwähnte Cyclosporin A ist eine solche Substanz. Sie wurde zunächst zur Behandlung von Abstoßungsreaktionen nach Nierentransplantationen entwickelt und eroberte sich nach und nach andere Transplantationsindikationen und danach auch Indikationen im Bereich der Autoimmunerkrankungen. Auch ist zu bedenken, daß der mögliche Erfolg neuartiger Substanzen nicht aufgrund der Verkäufe in der angestrebten Indikation beurteilt werden darf. Der «Transplantationsmarkt» war klein, weil es vor der Einführung von Cyclosporin A noch keine Methode der medikamentösen Immun-

suppression gab. Cyclosporin A schuf sich, ebenso wie andere neuartige Stoffe, seinen Markt *selbst*. Dies ist ein Gedanke, der auch
heutigen Marketingmanagern nicht immer spontan einleuchtet.
Und wer hätte, als Aspirin gefunden und entwickelt wurde, daran
gedacht, daß diese Substanz fast ein Jahrhundert nach ihrer Ersteinführung noch hohe Umsätze in der Vorbeugung von Herzerkran-
kungen erzielen würde? Die b-Blocker wurden zunächst zur Behandlung der Angina pectoris entwickelt. Heute bilden sie einen
Grundpfeiler in der Hochdruckbehandlung. Einige von ihnen haben
sich darüber hinaus als wirksame Medikamente in der Verhütung
von Erst- und Zweitinfarkten erwiesen.[30]

Die Kunst des Angemessenen

Modernes Entwicklungsmanagement muß also darin bestehen, für
jede originelle Substanz, die eine oder mehrere therapeutische Möglichkeiten verspricht, die optimale Entwicklungsgeschwindigkeit,
den richtigen Mitteleinsatz und auch die Reihenfolge der anvisierten
Einsatzgebiete zu bestimmen. Dabei sind technische und finanzielle
Risiken ebenso sorgfältig abzuwägen wie die Konkurrenzsituation.
Jenseits allen technischen und wirtschaftlichen Kalküls wird dazu
auch die Fähigkeit gehören, die Entwicklung der Medizin aufgrund
vorhandener epidemiologischer, therapeutischer und diagnostischer
Informationen über einige Jahre hinaus in die Zukunft weiterzuden-
ken. Ohne diesen Neuerungswillen, der sich zutraut, Therapie selbst
zu gestalten und nicht nur nachzuvollziehen, wird auch eine organisatorisch und prozessual perfekte Entwicklung nur Stückwerk bleiben.
Der Entwickler muß ein in die Zukunft sehender und planender
Unternehmer sein, der die Fähigkeit und den Mut besitzt, bestimmte
Fragen der Behandlung von Krankheiten, auch solche, die mit allgemeineren Gesichtspunkten der Krankenversorgung zusammenhängen, selbst zu gestalten. In diesem Sinne ist Entwicklung nicht nur
ein zu optimierender Prozeß, sondern auch die Fähigkeit, Therapie-
schemata mitzuentwerfen und Zukunft vorwegzunehmen. Dabei
kann man Fehler machen, und es gibt kein Patentrezept für deren
Vermeidung. *Eine* Methode der Fehlervermeidung besteht in der

möglichst vollständigen Mobilisierung und Verwendung von relevantem Wissen. Ein Teil dieses Wissens ist «Marktwissen» oder «Finanzwissen». Ein anderer, ebenso wichtiger oder wichtigerer Teil aber betrifft die medizinischen, also die genetischen und sozialen Grundlagen von Krankheiten, die biochemischen Mechanismen ihrer Entstehung, ihrer Behandlung und die technischen Möglichkeiten, solche Kenntnisse therapeutisch zu nutzen. Innerhalb der pharmazeutischen Industrie besteht heute die Gefahr, daß sich die Arzneimittelentwicklung von ihrer eigentlichen Grundlage abkoppelt und zu einem Instrument einer Marktstrategie wird, die vom Status quo, das heißt strenggenommen von der Vergangenheit ausgeht, von dem also, was bereits geleistet wurde und was nunmehr im Begriff ist, wieder an Bedeutung zu verlieren.

4. Innovationsmanagement: Die Führung von Forschung und Entwicklung

Wir haben davon Kenntnis nehmen müssen, daß Forschung und Entwicklung sehr unterschiedliche Funktionen sind, denen auch gegensätzliche oder zumindest sehr verschiedene Kulturen entsprechen. Erinnern wir uns noch einmal: Pharmaforschung muß therapeutische Konzepte erarbeiten und im Prinzip, das heißt in Form bestimmter Prototypen, realisieren. Dazu muß sie die Fortschritte in den Grundlagenwissenschaften mitvollziehen, sie muß neue wissenschaftliche Möglichkeiten aufgreifen, zum Teil auch selbst erzeugen und sie in origineller Weise kombinieren. Die *Neuartigkeit der Kombination* ist vielleicht das Wesen der Forschung, besser der angewandten Forschung. Jeder Schematismus ist ein Feind des Neuen. Das Neue aber ist das Ziel aller Anstrengungen – Schematismus, zu stark im Prozeßhaften verankerte Abläufe sind deshalb forschungsfeindlich.

Forschung braucht viel operative Freiheit; nur in einem großzügig abgesteckten und interpretierten Rahmen können Techniken und Ideen in der Weise kombiniert werden, wie es die Hervorbringung von neuartigen Lösungen fordert. Flache Strukturen, Informalität, eine gewisse «Unordnung», die nicht mit Ungenauigkeit zu verwechseln ist, Spontaneität, der ständige Impuls, die Grenzen des Wissens und der technischen Handlungsspielräume zu erweitern: dies sind die kulturellen Merkmale erfolgreicher Forschung. Man kann planen, wie man sich einem Problem oder einer offenen Frage nähern will. Natürlich kann man den Einsatz von Mitteln und von Personen planen, die ein bestimmtes Ziel erreichen sollen, das beispielsweise darin bestehen kann, ein neues mechanistisches Prinzip zur Behandlung von Infektionen durch pathogene Pilze auszunutzen. Was aber dann am Ende dieser Bemühungen steht, wie die Substanz aussieht, die den therapeutischen Anspruch erfüllt, wie das Profil dieser Substanz sich im einzelnen darstellt, kann man nicht planen. Ebensowenig wie man Überraschungen einplanen kann, die eine bestimmte therapeutische Absicht in einen ganz neuen Zusammenhang rücken. Glückliche Zufälle sind, um es in einem Wort zu sagen, nicht planbar. Man kann aber eine Atmosphäre schaffen, in der unerwartete und zunächst unerklärte Resultate ernst genommen werden. Forschung ist geprägt durch Ungewißheit, und nur in dem Maße, in dem man der inhaltlichen Ungewißheit durch Planung beikommen kann, ist sie planbar.

Eine Entwicklung beginnt, wie wir gesehen haben, dagegen mit einer Substanz, über die eine in Teilen noch hypothetische, in jedem Falle aber begründbare Vermutung der Wirksamkeit in einer bestimmten oder auch in mehreren Indikationen formuliert werden kann. Und das Ziel ist nicht nur die Falsifizierung einer Wirkungshypothese, sondern ihre Bestätigung unter einem relativ eng formulierten Satz von Bedingungen. Gedanklich ist der Schritt von einer gut, also biochemisch, pharmakologisch und tierexperimentell gestützten Hypothese zu deren Bestätigung für den Menschen, ihre Anwendbarkeit auf eine bestimmte Krankheit oder auf einen pathophysiologischen Mechanismus oft recht bescheiden. Wir sollten ihn *immer* möglichst klein halten, das heißt, wir sollten eine Entwicklung erst *dann* beginnen, wenn dieser Schritt klein gehalten werden kann. Wo dies nicht der Fall ist, sollte man lieber weiterforschen, unter Umständen auch mit klinischen oder klinisch-pharmakologischen Methoden. Der *konzeptuelle* Schritt von einem Entwicklungspräparat zu einem Medikament ist also nicht bedeutend. Der *Anspruch an seine Reproduzierbarkeit*, und damit an die Verläßlichkeit aller zu seiner Beurteilung eingesetzten Methoden, ist jedoch enorm und wird von Außenstehenden, auch von Wissenschaftlern, die diesem Anspruch aus fachlichen Gründen fern stehen, meistens unterschätzt. Und es besteht kein Zweifel, daß die methodische Komplexität dieses Schrittes, ebenso wie die Folgerichtigkeit, mit der schon aus wirtschaftlichen Gründen zu verfahren ist, ohne Planung und ohne strikten Formalismus, ohne die penible Einhaltung bestimmter Regeln, die den Prozeß betreffen, und ohne die Anlegung gnadenloser Qualitätsmaßstäbe nicht zu bewältigen ist.

Zwei Kulturen

Eine kulturelle Diskrepanz also zwischen Forschung und Entwicklung, die auch eine organisatorische Trennung rechtfertigt?

Gemeinsamkeiten von Forschung und Entwicklung

Dies wäre wohl eine zu weit gehende Folgerung, denn Forschung und Entwicklung bleiben auch in ihrer mentalen und methodischen Verschiedenheit eng aufeinander angewiesen. Für den Erfolg der Forschung ist es entscheidend, daß originelle Substanzen, die von ihr produziert werden, die Chance erhalten, entwickelt zu werden und, wenn immer möglich, auch den Markt zu erreichen. Dies ist sozusagen die «materielle» Seite des Forschungsinteresses. Genauso wichtig aber ist die funktionelle Seite. Für eine neue Substanz, die aus der Forschung hervorgeht, ist die Bewertung der zugrundeliegenden pharmakologischen oder chemischen Hypothesen durch die klinische Entwicklung der eigentliche Härtetest. Werden sie bestätigt, dann ist damit auch eine indirekte Bestätigung oder Aufwertung der involvierten experimentellen Methoden verbunden. Dabei kann es sich um biochemische, zellbiologische oder – und diese Kategorie ist besonders wichtig – um tierexperimentelle Modelle handeln, in denen eine Krankheit oder Teilaspekte einer Krankheit nachgeahmt werden. Die *Wirklichkeit* ist immer die klinische Anwendung am Menschen, und nur sie kann der Forschung diesen letzten «reality check» liefern, den Beweis nämlich, daß ihre experimentellen Konzepte und Versuche in der therapeutischen Realität standhalten. Aber auch eine negative Information ist von Bedeutung. Die Tatsache, daß eine Hypothese, die durch theoretische Überlegungen und durch Tierexperimente gestützt wird, in breit angelegten klinischen Versuchen *nicht* bestätigt werden kann, führt immer zu der Frage: «Warum nicht?» Diese Frage, auf verschiedenen experimentellen Ebenen gestellt, führt oft zu Antworten, die neue, erfolgreiche Forschungsansätze ermöglichen. Die Forschung braucht also die Ergebnisse der Entwicklung zu ihrer eigenen methodischen Orientierung. Umgekehrt ist die Entwicklung auf die konsequente Nutzung aller aus der Forschung stammenden Informationen über eine neue

Substanz oder ein neues Wirkprinzip angewiesen. Mißerfolge in der Klinik lassen sich oft nur mit Hilfe der präklinischen Forschung aufklären. Ebenso können experimentelle Ergebnisse wichtige Hinweise auf die Indikationen liefern, die in der Klinik mit Aussicht auf Erfolg zu explorieren sind. Leider besteht die Tendenz, kommerziellen Erwägungen bei der Wahl der Einsatzgebiete, für die ein neues Medikament entwickelt werden soll, eine zu große Bedeutung einzuräumen. Hierzu ein Beispiel: ein «humanisierter» monoklonaler Antikörper gegen die kleine Untereinheit des IL-2-Rezeptors erwies sich in vielen Versuchsanordnungen als Hemmer der T-Zell-Immunantwort. Ein Einsatz dieses Antikörpers gegen Abstoßungsreaktionen nach Organtransplantationen oder als Immunsuppressivum bei T-Zell-abhängigen Autoimmunerkrankungen schien aufgrund der experimentell ermittelten Befunde naheliegend. Dennoch wurde der Antikörper aus rein kommerziellen Erwägungen zunächst in einer Indikation geprüft, die zwar konzeptuell in den Rahmen paßte, für die aber weder eine ganz stichhaltige theoretische Begründung noch experimentelle Befunde vorlagen, nämlich in der sogenannten «Graft versus Host»-Erkrankung. Diese Störung kommt durch die Reaktion der mit einem Transplantat übertragenen Lymphozyten gegen den Empfängerorganismus zustande. Es gibt für diese Krankheit kein gutes Tiermodell, deshalb lagen auch keine tierexperimentellen Befunde vor. Die sehr sorgfältig durchgeführte klinische Doppelblindstudie erwies sich als Reinfall. Eine im Anschluß daran durchgeführte Prüfung des Antikörpers bei allogenen Nierentransplantationen zeigte hingegen – wie von der Forschung vorausgesagt – eine souveräne klinische Wirksamkeit. Die Häufigkeit von Abstoßungsreaktionen wurde durch den Antikörper weit über das mit herkömmlichen Immunsuppressiva erreichte Maß hinaus vermindert.

Hier wird bewußt auf die Aufzählung weiterer Beispiele verzichtet, die alle zeigen könnten, daß kommerzielle Erwägungen, besser gesagt *Wünsche*, die experimentell nicht abgesichert sind, sich als schlechte Ratgeber für die Entwicklung neuer Substanzen erwiesen haben. Die von der Forschung ermittelten Befunde liefern hier eine weit zuverlässigere Orientierung. Deshalb sollten für die Wahl des ersten Indikationsgebietes einer neuen Substanz, die auch ein neues

196

Wirkprinzip verkörpert, *immer* solche Indikationen ausgewählt werden, für die wissenschaftlich eine hohe Realisierungschance besteht. Ist die Substanz erst einmal auf einem Gebiet verankert, wird es möglich sein, ihr noch weitere, oft lukrativere Anwendungsgebiete zu erschließen. Mit einem kommerziell verursachten negativen klinischen Ergebnis im Gepäck ist es oft schwierig, noch die Unterstützung für weitere Versuche zu finden, selbst wenn sie sich wissenschaftlich gut begründen lassen.

Unterschiedliche Kulturen – gemeinsame Ziele

Forschung und Entwicklung sind also, dies sollte dieser Exkurs illustrieren, funktionell aufeinander angewiesen. Außerdem sind sie aus übergeordneter unternehmerischer Perspektive als gleichartige Funktionen zu bewerten: beide dienen der *Bereitstellung* neuer und neuartiger Verbindungen. Aus diesen Gründen wird hier dafür plädiert, die beiden Bereiche organisatorisch *nicht* zu trennen. Natürlich kann es eine Forschungsorganisation und eine davon klar abgegrenzte Entwicklungsorganisation geben. Beide sollten jedoch, und das ist für ihren Erfolg entscheidend, unter einem Dach angesiedelt sein. Sie sollten einem Leiter von F + E unterstellt sein, also zumindest auf der Führungsebene integriert sein.

Zentrifugale Impulse, die kulturell bedingt sind, und zentripetale Impulse, die auf gegenseitigen Abhängigkeiten beruhen, halten sich oft die Waage. Ob sich zwei entscheidend wichtige Organisationen aufeinander zu entwickeln oder sich voneinander entfernen, wird also oft davon abhängen, ob sie zusammen geführt werden oder nicht. Die Erfahrung in mehreren großen Unternehmen hat gezeigt, daß eine Trennung der beiden Bereiche in der Unterstellung auch zu einer mentalen Trennung führt oder diese in Ansätzen ja immer vorhandene Trennung weiter verstärkt. Wenn die Entwicklung (Klinik, Arzneimittelsicherheit, Projektmanagement und regulatorische Aktivitäten) der Divisionsleitung (und damit meistens dem Marketing) und die Forschung einem internationalen Forschungsleiter unterstellt sind, dann bedarf es schon bedeutender Anstrengungen auf seiten des beteiligten Managements, um ein Auseinanderdriften der beiden Organisationen zu verhindern. Die Erfahrung, besonders auch jüngste Erfahrung, zeigt, daß das Vorhandensein und die Wirksamkeit so starker integrativer Kräfte eher im Wunschdenken der Unternehmensleitungen existieren als in der Wirklichkeit. Historisch betrachtet ist die jetzt vielerorts durchgeführte Trennung von Forschung und Entwicklung der erste Schritt der klassischen Pharmaindustrie, sich von der Forschung zu lösen und zu reinen Entwicklungs- und Marketingunternehmen zu werden. Andererseits zeigen der anhaltende Erfolg und die funktionale Konstanz eines Unternehmens wie Merck Sharp & Dohme, daß die organisatorische Zusammenfassung von F + E in *einer* Hand einen nicht zu unterschätzenden Erfolgsfaktor darstellt.

Wenn man den Begriff der Innovation in Anlehnung an Joseph Schumpeter als neues Produkt oder als neuen Prozeß zum Zeitpunkt der Markteinführung definiert, dann wird sofort klar, daß Forschung und Entwicklung die entscheidenden Schritte zur Innovation sind. Denn zuerst muß das Neue gefunden und genau beschrieben werden; daran anschließend sind die Bedingungen seiner praktischen Anwendung auszuarbeiten. Dies muß so rasch wie möglich geschehen, denn alles Neue ist anfällig gegen die Zeit.

Wenn aber Forschung und Entwicklung die entscheidenden Schritte auf dem Wege zur Innovation sind, dann stellt sich die Frage nach der Art und Weise, in der diese Funktionen eingesetzt werden, damit Innovationen entstehen. Dieser Ansatz aber ist gleichbedeutend mit der Frage nach der Führung von Forschung und Entwicklung.

Forschung und Entwicklung im Unternehmen

Forschung begegnet uns im Unternehmen in zwei prototypischen Rollen: einmal als unternehmensgründender Antrieb, zum anderen als «Produkte schaffendes» Mittel zum Zweck. Generell gilt, daß sich jüngere Industrien häufig um neue Technologien herum entwickeln und von ihnen geprägt werden. Ebenso beobachten wir, daß Forschung in reifen Unternehmen «eingesetzt» wird, um unternehmerische Ziele zu erreichen, die aus Marktbedürfnissen abgeleitet sind.[1] Wie bereits geschildert, entwickelte sich die pharmazeutische Industrie aus zwei Quellen: einmal aus den Apotheken, die im 19.

198

Jahrhundert Arzneimittel in größerer Menge und in immer gleichbleibender Qualität und Reinheit zur Verfügung stellen wollten, zum zweiten aus den Farbstoff-Divisionen chemischer Firmen. Im zuletzt genannten Fall verstanden chemische Unternehmen den von Paul Ehrlich aufgezeigten Zusammenhang zwischen Farbstoffen und Chemotherapeutika und erkannten die sich ihnen bietende unternehmerische Chance. In beiden Fällen waren neue Technologien im Spiel. Es ging aber auch um den Einsatz vorhandener Methoden zur Begründung neuer unternehmerischer Aktivitäten. Die Chemie spielte dabei in beiden Fällen eine wesentliche Rolle.

Aus der Grundlagenforschung stammende technologische Impulse haben die Geschichte der Pharmaindustrie immer wieder beeinflußt. Die Chemie wurde bereits erwähnt, sowohl in ihrer synthetischen als auch in ihrer analytischen Funktion. Durch die Entdeckung und schließliche Entwicklung des Penicillins (1929 und 1938–1942) wurden viele Firmen veranlaßt, sich die Methoden der Fermentation, der Aufreinigung mikrobieller Wirkstoffe und der Suche nach neuen Antibiotika anzueignen. Diese Aktivitäten waren überaus erfolgreich und ermöglichten durch industrielle und wissenschaftliche Beiträge bedeutende Fortschritte in der Behandlung bakterieller und anderer mikrobieller Infektionen. Der Aufstieg der Biochemie, der schon früh im 20. Jahrhundert begonnen hatte, eröffnete der pharmazeutischen Forschung neue Wege zum Verständnis von Organfunktionen, die in den fünfziger und sechziger Jahren auf breiter Front zu neuen Medikamenten führten. Schließlich hat sich die Molekularbiologie seit Ende der siebziger Jahre so fundamental auf die biomedizinische Forschung ausgewirkt, daß völlig neue Wege zur Suche nach Arzneimitteln beschritten werden konnten. Zunächst waren rekombinante Proteine, monoklonale Antikörper und ihre Derivate die Ziele. Heute spielen molekularbiologische Methoden und Konzepte eine führende Rolle in allen therapieorientierten Zweigen der biologischen oder pharmakologischen Forschung. Die aus der Molekularbiologie stammende Genomforschung, also die Kartierung und Sequenzierung von Genen sowie das Verständnis ihrer Funktion, ihrer Interdependenz und ihrer Rolle in Physiologie, Pathophysiologie und in der Entwicklungsbiologie, eröffnet der Medizin und der Pharmazie zum erstenmal die

Möglichkeit, krankheitsverursachende Gene und Genprodukte zu identifizieren und zu verstehen. Dieser Ansatz wiederum bietet neue Möglichkeiten zur Auffindung und Entwicklung *kausal* wirkender Therapeutika. Die noch in ihren Anfängen steckende, aber mit großem Einsatz vorangetriebene Gentherapie schließlich könnte, wenn sie einmal in großem Umfang erfolgreich wäre, die bisherige wissenschaftliche und unternehmerische Grundlage der Pharmaindustrie erschüttern und Teile davon sogar außer Kraft setzen.[2]

Forschung schafft neue Märkte – nicht umgekehrt

Die Geschichte der Pharmaindustrie ist nicht etwa die Geschichte der systematisch unternommenen Befriedigung von therapeutischen Bedürfnissen. Viel eher ist sie die Chronik wissenschaftlicher Durchbrüche, die sich auf die Bereitstellung neuer Medikamente für bestimmte Krankheiten auswirkten. Der Fortschritt in der Pharmaindustrie folgte der Entfaltung der relevanten Forschungsgebiete – nicht umgekehrt. In diesem Sinne kann man wohl von einer Geschichte des Medikamentes sprechen, eher aber noch davon, daß Medikamente selbst Geschichte machten, nämlich die Geschichte der Pharmaindustrie.[3]

Wissenschaftliche und technische Impulse eröffneten neue unternehmerische Möglichkeiten, dazwischen aber gab es immer wieder lange Perioden, in denen die Optimierung einer Therapie mit kleinen Anpassungen und Veränderungen im Vordergrund stand. Für solche Modifikationen konnten Marketingwünsche durchaus den Antrieb liefern. Forschung ist in dieser Konfiguration dann wirklich nur Mittel zum Zweck, das heißt zur Erreichung bestimmter Produktprofile innerhalb längst abgesteckter technischer Möglichkeiten.

Zur Zeit beobachten wir, daß molekularbiologische Forschung in ihren vielen Spielarten neue therapeutische Konzepte generiert, zu deren Verwirklichung viele neue Unternehmen gegründet werden. Hier tritt Forschung als unternehmensbegründende und antreibende Kraft in Erscheinung. Die Leiter solcher Firmen sind oft selbst Wissenschaftler, sie verstehen die technischen Grundlagen ihrer unternehmerischen Aktivitäten hervorragend. Für sie steht nicht die Ausarbeitung strategischer Pläne im Vordergrund ihres Interesses, sondern die schnelle Umsetzung technologischer Impulse in medizinisch wichtige Produkte. Schon heute ist diese neue Industrie, in den USA als Biotechindustrie bekannt, quantitativ und qualitativ eine Hauptquelle wichtiger therapeutischer Konzepte und Produkte. Sowohl in der Zahl als auch in der Originalität der von ihr bearbeiteten Projekte ist diese junge Industrie, die nicht nur biologische, sondern auch neue chemische und informationstechnische Methoden benützt, im Begriff, den klassischen Pharmafirmen den Rang abzulaufen. Was ihr weitgehend fehlt, sind Methoden und Kapital zur Produktentwicklung. Hier liegt auch die Chance der Pharmaindustrie, durch Allianzen mit kleineren und technisch motivierten Firmen ihre eigene Rolle als Innovatorin neu zu definieren.

Das Forschungsmanagement

Wer Innovation anstrebt, braucht dazu Forschung und Entwicklung, also muß er auch eine Vorstellung davon haben, wie diese Funktionen einzusetzen sind. Die Frage nach der Führung von Forschung und Entwicklung kann auf drei Ebenen gestellt werden: einmal auf der organisatorischen und institutionellen Ebene, zweitens auf der individuellen Ebene und drittens auf der prozessualen Ebene. Auf der übergeordneten institutionellen Ebene hätten wir zu fragen: wie sollen Forschungs- und Entwicklungsabteilungen strukturiert sein, wie ist ihre Zugehörigkeit zum Unternehmen definiert, nach welchen Gesichtspunkten sollen sie geführt werden? Ganz besonders interessiert hier die Frage: wie selbständig soll die Forschung operieren, oder anders herum gefragt: wie stark müssen Forschung und Entwicklung in ein Unternehmen integriert sein?

In der zweiten Kategorie lauten die Fragen anders: hier wird es darauf ankommen, wie man zusammen mit Wissenschaftlern Ziele setzt, wie man den Verlauf von Projekten verfolgt und beurteilt, wie individuelle Leistungen belohnt werden und welche «klimatischen» Voraussetzungen geschaffen werden müssen, damit Wissenschaftler sich wohl fühlen und produktiv sind.

Auf der dritten Ebene lautet die entscheidende Frage: kann man

Arzneimittelforschung als einheitlichen oder zumindest hinreichend strukturierten Prozeß verstehen, und wenn dies so ist: wie kann man diesen Prozeß durch technische Hilfsmittel optimieren?

Forschung als Institution: die angemessene «Verfassung»

Beschäftigen wir uns zunächst mit der ersten Kategorie, also mit der Frage nach der «Verfassung» von Forschung und Entwicklung und nach der «Regierungsform», die dem Wesen dieser Funktion(en) am besten entspricht. Ich möchte an dieser Stelle erneut darauf hinweisen, daß Arzneimittelforschung und -entwicklung sehr unterschiedliche Tätigkeiten sind, die zu ihrer optimalen Entfaltung sehr verschiedene mentale und kulturelle Voraussetzungen benötigen. Forschung, auch angewandte Forschung, ist individualistisch, selbst da, wo sie ohne Arbeitsteilung nicht mehr auskommt. Ein Forscher muß bestehendes Wissen und etablierte Kategorien ständig in Frage stellen. Er oder sie stellt damit auch die Personen in Frage, die solche Kategorien geschaffen haben und vertreten; sich selbst also, seine Kollegen, seine Vorgesetzten und die Ordnungsprinzipien, ohne die ein Unternehmen nun einmal nicht auskommen kann. Die Gliederung einer Forschung in therapeutische Gebiete, in funktionale oder in projektorientierte Hierarchien repräsentiert zum Beispiel solche Ordnungen. Forschung im besten Sinne ist der Prozeß, der aus einem Chaos von Möglichkeiten, Befunden und Begriffen neue Einsichten gewinnt, Einsichten allerdings, die Konsequenzen in der realen Welt haben und sich in ihr bewähren. In diesem zuletzt genannten Punkt liegt ein wichtiger Unterschied zwischen der Arzneimittelforschung in einem Unternehmen und der Grundlagenforschung an einer Universität oder einem Institut. Im zuletzt genannten Fall sind die Ansprüche, die an die Bewährung eines Resultats in der Welt der Medizin mit ihren harten Kriterien wie Wirksamkeit, Sicherheit und Lebensverlängerung gestellt werden, weniger streng. Zumindest nicht in dem unmittelbaren Sinn, den wir aus der industriellen Forschung kennen.

Eine solche neue Wirklichkeiten schaffende Tätigkeit gedeiht nicht in einer wissenschaftsfremden Hierarchie, in Formalismus, in aufgezwungenen Ordnungen, die ihren Ursprung in ganz anderen

Lebensbereichen haben, zum Beispiel im Militär (Schweiz), im Beamtentum (Deutschland, Frankreich) oder in einer rein wirtschaftlich orientierten Tätigkeit (Verkaufsorganisationen, Produktionsabteilungen und dergleichen). In der Tat kommt Forschung am besten zurecht, wenn sie sich lose an ihren funktionalen Zielen orientiert und organisiert. Die besten Wissenschaftler mit den besten Ideen versammeln Gruppen von Mitarbeitern um sich, die interdisziplinär an der Erreichung eines Zieles arbeiten, das sowohl in rein wissenschaftlichen Vorstellungen als auch in darüber hinausgehenden therapeutischen Ideen bestehen kann. Mehrere derartige Gruppen sollten von einem erfahreneren und ebenfalls aus der Forschung kommenden Kollegen geführt werden, den man wegen seines guten Urteils, seines Überblicks, seiner weiterführenden Vorstellungen und seiner persönlichen Integrität schätzt und achtet. Dies wäre etwa die Idealvorstellung.

Die große Fluidität von Forschungsideen und die wichtige Rolle, die laterales Denken und Phantasie spielen, erfordern immer wieder neue kollaborative Gruppierungen: Forschungsorganisationen müssen flexibel sein (dürfen). Hierarchie, Bürokratie, zu starke Ablenkungen durch die Bedürfnisse anderer Unternehmensbereiche sind kontraproduktive Einflüsse für eine Forschungsorganisation. Leider nehmen diese Einflüsse zu. Lange Zeit galt das besondere Augenmerk der Leiter von Pharmafirmen oder -abteilungen der möglichst weitgehenden Integration von Funktionen aus allen Unternehmensbereichen. Damit sollte eine Optimierung transfunktionaler Prozesse erreicht werden.[4] Zum Teil gelang dies auch, nur vergaß man, daß Forscher, und gerade die begabtesten und produktivsten unter ihnen, oft Individualisten sind, die sich solchen Zwängen gern entziehen. Praktisch bedeutet dies, daß sehr gute Wissenschaftler Firmen verlassen, die ihnen keine Freiheiten mehr bieten, und daß sie andere berufliche Möglichkeiten der Tätigkeit in einer pharmazeutischen Firma vorziehen.

Der «Sog» der kleinen Unternehmen

Eine inzwischen vor allem in den USA auf mehr als 1400 kleine Unternehmen angewachsene Biotechindustrie bietet besonders den tüchtigen und erfolgreichen Wissenschaftlern Alternativen zu einer Tätigkeit in der Pharmaindustrie, zumal die Gründung oder die Betreuung einer Biotechfirma sich in vielen Fällen mit einer akademischen Karriere verbinden läßt. Ein wichtiger Punkt kommt noch hinzu: die Pharmaindustrie befindet sich weltweit in einer Phase des Umbruchs und der Konsolidierung. Diese Vorgänge hängen mit einem chronischen Mißverhältnis zwischen der Größe der Unternehmen und dem von ihnen getriebenen Aufwand einerseits und ihrer Produktivität andererseits zusammen. Darauf wird später im einzelnen einzugehen sein.

Eine wichtige Begleiterscheinung dieser Vorgänge waren und sind Entlassungen, auch im Bereich von Forschung und Entwicklung. Was Jahrzehnte hindurch als besonders attraktives Merkmal der Pharmaindustrie galt, die Stabilität der Arbeitsplätze, besonders in Forschung und Entwicklung, ist plötzlich in ernsten Zweifel geraten. Wenn schon diese Stabilität, verbunden mit guten Arbeitsmöglichkeiten und einer weitverbreiteten Liberalität im Hinblick auf die Wahl und Bearbeitung von Forschungsthemen, nicht mehr existiert, warum sollten Forscher dann überhaupt noch die Mitarbeit in der Industrie suchen? Dort gibt es mehr Bürokratie, mehr Hierarchie, mehr Fremdbestimmung, weniger langfristiges oder zukunftsorientiertes Denken als in Universitäten oder in der Biotechindustrie. Auf der positiven Seite aber standen bisher immer noch eine hohe Stabilität und eine generöse Ausstattung der Arbeitsplätze. Wenn diese positiven Faktoren jetzt wegfallen oder stark eingeschränkt werden, dann geraten viele Pharmafirmen in Schwierigkeiten, weil der talentierteste und motivierteste Teil des Nachwuchses andere Karrierewege vorziehen könnte. Daß es schwerer geworden ist, begabte jüngere Forscher in die Pharmaindustrie zu holen, als es noch vor einigen Jahren der Fall war, ist kaum zu übersehen. Jeder Forschungsmanager kann davon ein Lied singen – besonders, wenn er dabei von der Situation in den USA ausgeht. Wenn aber die Besten nicht mehr zur Verfügung stünden, dann müßte das langfristig einen Abstieg der Forschungsqualität in der Pharmaindustrie nach sich ziehen, und dies bedeutete ein weiteres Absinken der Produktivität. Bereits heute ist die Zahl der Neueinführungen von Einzelsubstanzen weltweit von etwa 60 (Mitte der achtziger Jahre) auf 40 Substanzen pro Jahr (1994) gesunken. Wenn man zuließe, daß diese Entwicklung sich fortsetzt, würden viele Firmen, vielleicht sogar die gesamte «etablierte» Pharmaindustrie, ihre Daseinsberechtigung als forschende Unternehmen verlieren und sich zu reinen Entwicklungs- und Verteilungsinstituten entwickeln.[5] Die Forschung bliebe dann den kleineren Firmen überlassen, die in ihrer Gesamtheit die heutige Biotechindustrie ausmachen, unterstützt von den Universitäten, die zumindest in den USA ihre gesellschaftliche Rolle umgestalten und sich nicht nur als Erzeuger und Verbreiter neuen Wissens verstehen, sondern auch als Partner in der wirtschaftlichen Nutzung ihrer Erfindungen und Entdeckungen.

In einigen Pharmafirmen beginnt man zu begreifen, daß dies eine gefährliche Entwicklung wäre, die Forschung und Entwicklung institutionell voneinander trennen würde. Trotz ihrer Unterschiedlichkeit brauchen und bedingen sich diese beiden Funktionen. Idealerweise sollten sie also weiterhin nebeneinander unter einem gemeinsamen Dach existieren und gemeinsam geführt werden. Für reine Entwicklungsorganisationen wäre es auch schwer, die besten und aussichtsreichsten Projekte zu erwerben: forschende Biotechfirmen würden immer die Zusammenarbeit mit Pharmafirmen vorziehen, die auch ihrerseits einiges an Forschungskompetenz anzubieten hätten.

Eine neue Ordnung für die Forschung

Wenn eine Firma auch in Zukunft Forschung und Entwicklung als tragende Säulen des Unternehmens betrachten will, dann muß sie in der Gestaltung der Forschungsumgebung im eigenen Hause neue Wege gehen. Die besten Unternehmen der Biotechindustrie, aber auch akademische Abteilungen und Institute können dazu wichtige Orientierungen liefern.

Erinnern wir uns: Forscher brauchen eine gewisse Eigenständigkeit und Flexibilität in der Wahl ihrer Ziele. Die Natur ihrer Arbeit und ihres Denkens erfordert Informalität. Das Minimum an hierarchischer Struktur, ohne die eine größere Einrichtung nicht auskommen kann, sollte von Menschen geprägt sein, die selbst aus der Wissenschaft kommen und die das Vertrauen ihrer Mitarbeiter haben.

Dieses Vertrauen sollte auch die Überzeugung beinhalten, daß die Integrität des wissenschaftlichen Prozesses und die methodische und medizinische Integrität von Forschungsprojekten durch die verantwortlichen Manager geschützt wird. Intellektuelle Stimulation durch andere Wissenschaftler ist ein weiteres wichtiges Element, für das zu sorgen wäre, ebenso wie für die Eindämmung wissenschafts- und medizinfremder Ablenkungen. Schließlich sind Wissenschaftler, die in eine Firma eintreten, sei es eine Biotechfirma oder ein Pharma- unternehmen, daran interessiert, am Erfolg, auch am finanziellen Erfolg, einen angemessenen Anteil zu haben. Erfolgsprämien kön- nen diese Funktion erfüllen. Am wirksamsten aber sind finanzielle Instrumente, die anteiligen Besitz, also Miteigentümerschaft, signa- lisieren. Optionen auf Aktien, deren Wert die Forscher langfristig durch ihre eigene Arbeit beeinflussen können, sind in dieser Hin- sicht reizvoll. Sie bieten ja nicht nur die Aussicht auf einen weit über das bezogene Gehalt hinausgehenden finanziellen Erfolg, sondern sie bedeuten innerhalb unterschiedlich weiter Grenzen auch Mitbe- stimmung über den grundsätzlichen Weg eines Unternehmens. Und selbst da, wo dieser Einfluß gering ist: faktisch in der «eigenen» Fir- ma zu arbeiten oder mitzuarbeiten, hat ein anderes Gewicht als die Arbeit in einem fremden Unternehmen, dem man für Geld seine Dienste anbietet.

Das «semiautonome» Zentrum

Die anzustrebenden Veränderungen laufen darauf hinaus, daß man die Forschungseinheiten großer Unternehmen verselbständigt, daß man ihnen den Status eigener Laboratorien oder Institute gibt, die innerhalb gemeinsam definierter Grenzen unternehmerische Verant- wortung für sich selbst tragen. Welche Kompetenzen muß die Firma dabei noch in der Hand behalten? Einige wenige: zunächst muß die Firma mit ihren Forschungszentren über deren längerfristige Aufga- ben und strategische Ausrichtungen entscheiden. Zweitens wäre die Zuteilung eines jährlichen Budgets, das wiederum mit der Formulie- rung von Zielen für das Finanzjahr verbunden sein sollte, ein Füh- rungsinstrument. Drittens hätte das Forschungsmanagement der Firma dafür zu sorgen, daß die Zusammenarbeit der Zentren untereinander (wenn es mehrere gibt) so abläuft, daß Doppelspurigkeiten vermieden und Möglichkeiten zu Synergien genutzt werden. Schließlich müßten große Beteiligungen und Zusammenarbeiten, von denen die strategische Ausrichtung der Firma berührt würde, weiterhin von der Zustimmung der Divisions- oder Unternehmensleitung abhängig sein. Es wäre nicht nur wünschenswert, sondern unter den nun einmal gegebenen Umständen sogar zwingend notwendig, daß für ein Forschungszentrum ein System finanzieller Anreize und Erfolgsprämien geschaffen wird, in dem der Besitz von Aktien oder Optionen auf Aktien eine wichtige Stellung einnimmt. So ausgestattet, könnte ein Forschungszentrum der pharmazeutischen Industrie durchaus wieder mit der Biotechnologieindustrie und mit Universitätsinstituten konkurrieren.[6]

Innerhalb eines weit gesteckten Rahmens wären die Wissenschaftler selbst für ihren Erfolg verantwortlich, und wissenschaftlicher Erfolg wäre eng an finanziellen Erfolg gekoppelt. Die Art, wie dieser Erfolg zu erzielen sei – ob im Alleingang oder durch Zusammenarbeiten –, läge im Ermessen des Forschungszentrums selbst, ebenso wie die Art und Weise, in der man zusammenarbeiten will, oder die Regeln, die man sich für die tägliche Arbeit gibt. Ein nach Quantität und Qualität genau definierter Erfolg wäre der einzige entscheidende Maßstab, nach dem das Unternehmen seine Forschungszentren beurteilt.

Wie sollte der Erfolg aussehen? An oberster Stelle stünde eine bestimmte Zahl (bei zumindest grob definierter Originalität) von Substanzen, die der Firma pro Zeiteinheit (Jahr) für ihre eigene Entwicklung angeboten würden. Die Forschungs- und Entwicklungsleitung der Firma (Pharmamanagement) würde entscheiden, ob und in welchem Umfang von diesem Angebot Gebrauch gemacht werden soll. Erfolgsprämien würden nur für Substanzen gezahlt, die so attraktiv sind, daß die betreffende Firma sie selbst entwickelt. Dabei könnte man diskutieren, ob für derartige Projekte weitere «Prämien» an die Mitarbeiter zu zahlen wären, wenn sie kritische Punkte in der Entwicklung erreichten oder überschritten und schließlich auf den Markt gelangten. Eine wichtige Frage berührt den «Reifegrad» solcher Entwicklungsprojekte bei der Übergabe: sollen es lediglich pharmakologisch und toxikologisch, chemisch und galenisch gut

charakterisierte Produkte sein, für die der klinische Wirksamkeits-
und Sicherheitsbeweis noch aussteht, oder sollte ein solcher klinischer «proof of concept» immer eingeschlossen sein?

Vieles spricht für die Bearbeitung eines Projektes bis zum Nachweis einer klinischen Verträglichkeit und Wirksamkeit. Dies ist jedoch nicht immer möglich. Bei einer chronischen Krankheit wie pri-
mär-chronischer Polyarthritis oder einem Medikament gegen Multiple Sklerose kann der Wirksamkeitsnachweis nur im Rahmen einer
regulären Entwicklung erbracht werden. Kurze klinische Studien
können lediglich Aussagen über die Sicherheit eines Medikamentes,
über seine vermeintliche Dosierung, über seine Kinetik oder über
seinen Einfluß auf bestimmte Ersatzparameter (surrogate markers)
erlauben. Wo solche Aussagen für die Entscheidung wesentlich sind,
eine Substanz in die Entwicklung zu nehmen, sollten sie zusätzlich
zu den experimentellen Daten erarbeitet werden. Da, wo die
«Hemmschwelle» zur Entwicklung allein aufgrund der experimentellen Daten bereits überschritten ist, könnte man darauf verzichten.
Die Forschungszentren sollten aber die methodischen Voraussetzungen haben, um klinische Studien der Phase I und auch erste Phase-II-
Studien durchzuführen. Für den Fall, daß die eigene Firma sich gegen eine Entwicklung der von ihnen bereitgestellten Substanzen ent-
scheidet, sollten sie auch die Möglichkeit besitzen, ihre Substanzen
anderen «Entwicklern» in Lizenz anzubieten.

Die hier skizzierte «Loslösung» der Forschung aus dem Verband
der Firma sollte ein forschungsgemäßes Klima ermöglichen, sie sollte auch dazu beitragen, daß Wissenschaftler, die für die Zukunft eines Unternehmens zu sorgen haben, nicht durch lange Sitzungen
und durch die Einbeziehung in eine Vielzahl von unproduktiven
Aktivitäten abgelenkt werden. Sie darf die funktionell wichtigen
Kommunikationen zwischen Forschung einerseits und Entwicklung,
Produktion und Marketing andererseits aber nicht behindern oder
gar unterbrechen. Es handelt sich also nicht um die Überführung der
Forschung in die völlige Autonomie, sondern in einen sorgfältig aus-
balancierten «semiautonomen» Zustand. Zumindest im Augenblick
scheint es, als bestünde die einzige Alternative zu diesem Schritt in
der allmählichen Aufgabe der Forschung durch die Pharmaindustrie
und in der Beschränkung auf Entwicklung und Verteilung.

Die Führung von Forschern auf der individuellen Ebene hat sich an zwei Punkten zu orientieren: einmal an den Zielen des Unternehmens und zum anderen an der Persönlichkeit des zu führenden Mitarbeiters. Der verantwortliche Manager – und dies gilt für alle Führungsebenen – muß die Ziele des Unternehmens und die mit diesen Zielen verbundenen strategischen Prinzipien kennen und sich mit ihnen identifizieren können. Natürlich muß er auch eine genaue Vorstellung davon haben, in welchem Umfang, auf welche Weise und in welchem Zeitrahmen die eigene Abteilung oder das eigene Zentrum zur Erreichung dieser Ziele beitragen müssen. Der zweite Punkt betrifft die Persönlichkeit des zu führenden Mitarbeiters, seine Möglichkeiten, seine Stärken und Schwächen und seine persönlichen Vorstellungen von sich und dem Unternehmen, in dem er arbeitet. Im Rahmen der Ziele des Unternehmens – und gelegentlich auch über diesen Rahmen hinaus – bedeutet Führung den Versuch, dem Mitarbeiter zur Entfaltung seiner besten und kreativsten Möglichkeiten zu verhelfen. Die intellektuellen Vorgänge, die zur Entdeckung neuer Sachverhalte und zur Erfindung neuer Methoden führen, sind letztlich nicht planbar. Sie sind nur an ihren Ergebnissen zu erkennen.

Das, was wir Führung nennen, also Beispiele geben und Orientierungen setzen, ist hier nur indirekt anwendbar – gewissermaßen als Vermittlung allgemeiner intellektueller und unternehmerischer Werte. Intellektueller Anspruch, Redlichkeit, Toleranz, Informalität und konstruktive Kritik sind einige der Werte, die ein Forschungsleiter vermitteln muß, um ein Klima zu erzeugen, in dem sich ungewöhnliche Ideen und originelle Problemlösungen durchsetzen können. Dies sind Prinzipien, die auch an anderer Stelle im Unternehmen von Nutzen sein können. Fast immer aber werden sie dort in Kombination mit anderen Kriterien wie Treue zum Unternehmen, Kundenorientiertheit oder Qualitätsbewußtsein eingefordert. Gegen derartige Kriterien ist im Prinzip nichts einzuwenden; sie bewegen sich allerdings auf einer Ebene, die mit der intellektuellen Erschaffung von etwas Neuem nichts zu tun hat.

In der Forschung geht es – innerhalb bestimmter thematischer Grenzen – um die Schaffung des Neuen, noch nicht Gedachten, noch nie Gezeigten. Um Schöpfung also, nicht um Herstellung, Anwendung oder um Verkauf. Einen Wissenschaftler kann man nicht beauftragen, eine geniale oder auch nur eine kluge Idee zu haben; wohl aber kann man Menschen zusammenführen, die sich gegenseitig stimulieren. Man kann ein Klima schaffen, in dem das Ungewöhnliche eine Chance hat, gefunden zu werden, eine Atmosphäre, in der alle Mitglieder einer Gruppe durch die Freude an neuen Einsichten und Lösungen miteinander verbunden sind. Der kritische Bereich, in dem sich der Daseinszweck eines Unternehmens, seine Ziele und Teilziele einerseits und die Persönlichkeiten der einzelnen Mitarbeiter innerhalb einer Forschungsorganisation andererseits begegnen, besteht in der Formulierung der zu bearbeitenden Forschungsthemen. Dies geschieht in den meisten Fällen auf einem bereits bestehenden historischen Hintergrund.

So wird die Wahl großer Arbeitsgebiete wie Herz-Kreislauf-Forschung, Infektiologie oder Forschung am zentralen Nervensystem sich nach den existierenden Stärken, also nach historischen Gegebenheiten, nach medizinischen Bedürfnissen und nach der strategischen Gesamtausrichtung des Unternehmens orientieren. Will eine Firma sich in breiten Indikationsfeldern etablieren – gegen die dort anzutreffende Konkurrenz –, oder denkt man an bestimmte Indikationsnischen, seltenere Krankheiten, in denen man bei Forschungserfolgen eine dominierende Rolle spielen kann? Weiterhin – und dies wird oft vergessen – hat sich die Auswahl breiter Arbeitsgebiete auch danach zu richten, ob diese Gebiete wissenschaftlich und methodisch genügend erschlossen sind. Es gibt viele Beispiele dafür, daß für die Bearbeitung unzugänglicher Gebiete Unsummen ausgegeben wurden, ohne daß greifbare Erfolge resultierten. Der «Kreuzzug» gegen den Krebs, von einem ahnungslosen und schlecht beratenen amerikanischen Präsidenten mit riesigem finanziellen Aufwand in Szene gesetzt, blieb ein Schlag ins Wasser: die wissenschaftlichen Grundlagen zum Entwurf neuartiger Therapeutika waren damals (Anfang der siebziger Jahre) noch nicht vorhanden. Die völlig erfolglose Forschung vieler Unternehmen auf dem Gebiet der Stoffwechselkrankheiten veranschaulicht diesen Punkt genauso gut. Bis in die jüngste Vergangenheit gab es nur sehr vage Vorstellungen über die Ursache der Insulinresistenz oder die genetischen Grundlagen der Fettsucht oder auch des Altersdiabetes. Erst heute werden diese Gebiete erschlossen – durch die Identifikation krankheitsverursachender Gene und ihrer Produkte einerseits und durch die Aufklärung rezeptorabhängiger Signalübertragungen andererseits.[7]

Die Forschungsziele im einzelnen

Sind die großen Zielgebiete im Dialog zwischen Forschung und Unternehmensleitung einmal festgelegt, dann ist die Formulierung der operativen Einzelziele, das heißt die Schaffung von originellen und potentiell erfolgreichen Forschungsprojekten, ganz überwiegend eine Angelegenheit der Wissenschaftler selbst. Gewiß, aus dem Erfolg eines Marktpräparates können sich ganz konkrete Wünsche für Nachfolgepräparate ergeben, mit denen sich der einmal erzielte Erfolg verlängern und vielleicht noch ausbauen läßt. In solchen Fällen, die durchaus strategisch sinnvoll sein können, kann das Marketing eine wichtige anregende Rolle für die Auffindung eines neuen Präparates spielen. Die wirklichen Arzneimittelinnovationen aber resultierten bisher stets aus spekulativen Forschungsprojekten, die unmittelbar von Erkenntnissen ausgehen, die durch die biologische oder biomedizinische Grundlagenforschung in einer nie genau vorhersagbaren Weise gewonnen wurden. Auch die Verfolgung chemischer Strukturverwandtschaften spielte für die Entstehung neuer Arzneimittel eine große Rolle. Man rufe sich an dieser Stelle den Zusammenhang zwischen Sulfanilamid und den Diuretika oder auch den Sulfonylharnstoffen ins Gedächtnis.[8] Derartiges geschieht natürlich fernab von allen Marketingerwägungen. Ein Unternehmen, das dem Irrtum verfällt, seine Forschungsziele durch marketingorientiertes Wunschdenken zu bestimmen, statt sich innerhalb bestimmter thematischer Grenzen von wissenschaftlichen Zielsetzungen leiten zu lassen, spielt mit seiner Existenz. Denn praktisch alle wichtigen Durchbrüche in der Arzneimittelforschung beruhten auf der hellsichtigen Erkennung und Nutzung von Chancen, die die

Grundlagenforschung geschaffen hatte. Aspirin, die Antibiotika, Muskelrelaxantien, β-Blocker, Kalziumantagonisten bis hin zu den Interferonen belegen diese Aussagen in kaum zu erschütternder Eindeutigkeit. Das Marketing kann therapeutische Bedürfnisse immer nur aus «heutiger» Sicht formulieren. Wenn man berücksichtigt, daß die Forschung, die eine heutige Sicht ermöglicht, immer schon viele Jahre zurückliegt, dann wird klar, daß es sich bei den Wunschperspektiven des Marketings meistens um Produkte oder neue Formulierungen handelt, die heute vielleicht nützlich, in fünf Jahren aber, dann nämlich, wenn diese Wünsche allenfalls erfüllbar sind, bereits wieder obsolet sein können.

Die weitgehende Bestimmung der detaillierten Forschungsziele durch wissenschaftsinterne Mechanismen darf natürlich nicht als Tarnung verwendet werden, hinter der Forschung und Entwicklung sich den Ansprüchen des Unternehmens entziehen. Es ist Sache des Forschungsmanagements, dafür zu sorgen, daß in den gewählten Forschungsprojekten nicht nur die Kriterien guter und zeitgemäßer Wissenschaft erfüllt bleiben, sondern daß auch die Merkmale erfolgreicher Arzneimittelforschung darin enthalten sind. Die angestrebten Ziele müssen nach heutigen Erkenntnissen innerhalb vernünftiger Zeiträume, das heißt innerhalb einiger Jahre, erreichbar sein. Die aufwendige Suche nach dem niedermolekularen Antagonisten oder gar dem Agonisten eines Proteinrezeptors, dessen natürlicher Ligand ebenfalls ein großes Protein ist, verstößt zum Beispiel gegen die obengenannte Maxime, wenn nicht ganz spezifische Umstände hinzutreten.[9] Ebenso wichtig für Arzneimittelprojekte ist, daß sie chemischen Überlegungen glaubwürdige Ansatzpunkte bieten, zumindest aber, daß der Zeitpunkt, zu dem Chemie ins Spiel gebracht werden kann, nicht mehr als ein bis zwei Jahre entfernt liegt.

Zum wissenschaftlichen Zielsetzungsprozeß aus der Sicht des Forschungsmanagements gehört auch eine gewisse Ausgewogenheit im Hinblick auf die veranschlagten Zeiträume und die in Kauf zu nehmenden Risiken, ferner die Notwendigkeit, die Zahl der schließlich zu bearbeitenden Projekte den vorhandenen Ressourcen anzupassen. Oft verbringen industrielle Forschungsgruppen viele Jahre mit sogenannten exploratorischen Projekten, also mit vielleicht interessanten, aber auch sehr spekulativen und sehr riskanten For-

212

schungsvorhaben. Solche Aktivitäten sind wichtig, weil sie neues Terrain erschließen können. Im allgemeinen bieten Universitäten oder Grundlageninstitute der Entwicklung solcher Ideen günstigere Bedingungen als Industrielaboratorien. Deshalb wäre es ratsam, exploratorische Projekte vorwiegend oder ausschließlich in Zusammenarbeiten mit Hochschulen abzuwickeln. Es versteht sich von selbst, daß dazu ein entsprechend «disponierter» Partner benötigt wird. Wie dies im einzelnen aussehen könnte und welche Wirkungen davon auf die Produktivität der eigenen Forschung ausgehen können, wird weiter unten besprochen.

Je größer die Kreativität einer Forschungsorganisation, desto mehr wird deutlich, daß ein wesentlicher Teil eines erfolgreichen Forschungsmanagements darin besteht, unter verschiedenen Projekten und Projektideen auszuwählen. Dabei kommen immer mehrere Kriterien zur Anwendung: die wissenschaftliche Qualität des Projektes, seine Realisierungswahrscheinlichkeit, die für die Durchführung zu veranschlagende Zeit, der personelle und finanzielle Aufwand sowie das Risiko zu scheitern. In größerem unternehmerischen Rahmen sind Fragen zu beantworten, die den möglichen therapeutischen und kommerziellen Nutzen betreffen, der für das Unternehmen aus den Erfolgen eines Projektes resultieren könnte. Diese allgemeinen Kriterien sollten, besonders bei der Beurteilung sehr origineller Projekte, mit großer Zurückhaltung verwendet werden. Ihre Anwendung wäre ja nur dann oder erst dann sinnvoll, wenn die Ergebnisse von Forschungsprojekten sich mit Präzision vorhersagen lassen. Dies aber ist, wie wir wissen, selten oder nie der Fall.[10]

Instrumente des Forschungsmanagements

Die regelmäßige Beurteilung der Forschungsprojekte, die Setzung neuer Ziele und die Überprüfung der Erreichung von Zielen sollte nach den Grundsätzen des «peer review» stattfinden. Für ein Institut oder Forschungszentrum bedeutet dies, daß alle Gruppen- oder Abteilungsleiter sich unter dem Vorsitz des verantwortlichen Forschungsleiters regelmäßig zusammenfinden, um die bearbeiteten Projekte zu analysieren und zu beurteilen. Für den Zusammenhalt der Gruppe ist es wesentlich, daß die Projekte und Arbeitsvorschläge, die sich aus dem Projektstand ergeben, von den verantwortlichen Wissenschaftlern selbst vorgetragen werden. Am zweckmäßigsten folgt man hier einem Turnus, bei dem jedes Projekt mindestens einmal, besser zweimal im Jahr grundsätzlich evaluiert wird. Dies schließt natürlich *Ad-hoc*-Evaluationen, die sich aus der Entstehung besonderer Probleme ergeben, nicht aus. Ein solches Gremium sollte innerhalb eines Forschungszentrums über den Mitteleinsatz, also über die Ressourcenzuteilung für die Projekte, über die Fortführung oder Beendigung und gegebenenfalls auch über die Aufnahme neuer Projekte entscheiden und dafür sorgen, daß die getroffenen Entscheidungen von allen Mitarbeitern verstanden und nach Möglichkeit mitgetragen werden. Einem Konsensusmanagement soll damit nicht das Wort geredet werden. Bei unlösbaren Meinungsverschiedenheiten hat der verantwortliche Forschungsleiter die Pflicht zur Entscheidung und zur Vertretung dieser Entscheidung gegenüber dem übergeordneten Management.

Wenn ein Unternehmen über mehrere Forschungszentren verfügt, dann wird ein internationales Gremium, dem alle Leiter von Forschungszentren oder Instituten unter der Führung des Gesamtforschungsleiters angehören, für die Formulierung strategischer Richtlinien und für die regelmäßige kritische Evaluation aller großen Arbeitsgebiete (Indikationsgebiete) zu sorgen haben. Hierbei ist es vorteilhaft, wenn auch die präklinischen Entwicklungsfunktionen und der Leiter der internationalen klinischen Forschung teilnehmen. Die Teilnahme des weltweit für regulatorische Angelegenheiten zuständigen Managers sowie des Leiters des Projektmanagements ist zumindest für Fragen, die die Entwicklung berühren, wünschenswert. In Firmen, die ihre Forschung und Entwicklung (F + E) globalisiert haben, wird jedes Forschungszentrum bestimmte Arbeitsgebiete, also eigene thematische Schwerpunkte, vertreten. Da die Aufnahme einer neuen Substanz aus einem der Zentren in das Entwicklungsportfolio eine der wichtigsten Entscheidungen ist, die im Unternehmen regelmäßig zu treffen sind, wird hierüber das internationale Gremium auf Empfehlung des im Einzelfall verantwortlichen Zentrums zu entscheiden haben. Sind klinische Forschung, Projektmanagement und regulatorische Angelegenheiten zu einer eigenen Entwicklungsfunktion zusammengefaßt, dann hat der Leiter dieser

214

Funktion bei der Aufnahme eines neuen Produktes in die Entwicklung ein wichtiges Wort mitzureden. In einigen Fällen behält sich die Divisionsleitung die letzte Entscheidung für alle derartigen Fälle vor.

«Peer review» – wie Wissenschaft sich selbst regiert

Bei der überwiegend nach wissenschaftlichen und therapeutischen Kriterien stattfindenden Projektbeurteilung auf lokaler Ebene sollten unbedingt auch auswärtige, das heißt nicht zum Unternehmen gehörende Spezialisten aus Universitäten oder aus anderen Forschungsinstituten herangezogen werden. Viele Unternehmen schrecken davor zurück, nicht zur eigenen Firma gehörenden Wissenschaftlern vollständigen Einblick in die eigenen Projekte zu gewähren. Die Vorteile solcher Beurteilungen, die in Distanz, Objektivität und in der umfassenden, auch die Wettbewerbssituation einschließenden Beurteilung eines therapeutischen Gebietes liegen, wiegen schwerer als die Gefahren, die im Weitertragen vertraulicher Information zu sehen sind. Gute Wissenschaftler, die auch für andere wissenschaftliche Gremien, etwa für die Deutsche Forschungsgemeinschaft oder für die NIH, gutachterlich tätig sind, kennen durchaus die Grenzen, die im Interesse der beratenden Firma, aber auch im Hinblick auf die Integrität des «peer review» einzuhalten sind.[11]

Die hier beschriebenen Beurteilungs- und Kontrollmechanismen sollten in größeren Abständen von etwa ein bis zwei Jahren durch sehr gründliche und umfassende Überprüfungen der gewählten Arbeits- und Indikationsgebiete ergänzt werden. Diese «reviews» sollten interdisziplinären Charakter tragen, also neben präklinischen Wissenschaftlern und Klinikern auch Angehörige des Marketings einbeziehen; durch eine derart breite Beurteilung und Abstimmung kann eine gesamtunternehmerische Perspektive vermittelt werden, die die Kommunikation zwischen F + E und den Filialen erleichtert. Die Schlußfolgerungen derartiger synoptischer Beurteilungen werden mit der Forschungsleitung, unter Umständen auch mit der Unternehmensleitung, diskutiert und gegebenenfalls in Maßnahmen umgesetzt.

Natürlich können durch die Tätigkeit der beschriebenen Gremien auch neue Projekte und sogar neue Arbeitsgebiete zustande kommen. Eigentlich ist die Hervorbringung neuer Ideen und Projekte nicht die Aufgabe von Gremien, sondern die Aufgabe jedes einzelnen Forschers. Die Forschungsorganisation eines großen Unternehmens sollte ein Markt sein, auf dem jedes Mitglied des Unternehmens Ideen anbieten kann. Wenn Ideen in dieser Umgebung genügend Unterstützung erhalten, werden sie auch Anschluß an eines der bestehenden Entscheidungsgremien finden und damit unter Umständen Projektstatus gewinnen. Ebenso wie die Schaffung neuer wissenschaftlicher Möglichkeiten Aufgabe jedes einzelnen Forschers im Unternehmen ist, muß die Forschungsleitung ihre besondere Verpflichtung darin sehen, das Unternehmen ständig auf neue strategische Möglichkeiten hinzuweisen – also auf den Einstieg in neue Arbeitsgebiete und Technologien. Forschungsmanagement ist nicht nur «Führung der Forschung» und die beurteilende und auswählende Begleitung der projektbezogenen Arbeit; seine Aufgabe liegt darüber hinaus und vielleicht an erster Stelle im Erkennen zukünftiger technischer und wissenschaftlicher Entwicklungen und im Entwerfen unternehmensspezifischer Zukunftsstrategien.

Forschung als Prozeß

Neue Technologien könnten den Prozeß der Pharmaforschung grundlegend verändern. Bisher war dieser Prozeß bei aller Arbeitsteiligkeit immer noch individualistisch. Ein Projekt begann mit einer chemischen oder pharmakologischen Idee, die in bereits bekannte oder vermutete biochemische und/oder pathophysiologische Zusammenhänge paßte. Eine solche Idee konnte sehr spezifisch sein und zum Beispiel die Blockade eines Rezeptors oder die Hemmung eines Enzyms betreffen: die Arbeiten von Sir James Black über ß-adrenerge Rezeptoren und Histamin-Typ-2-Rezeptoren sind Beispiele für die Blockade eines Rezeptors; die vom Sulfanilamid ausgehende Identifikation von Carboanhydrasehemmern illustriert die zweite Kategorie. Es gab auch globalere Forschungsansätze: Cyclosporin A wurde dadurch entdeckt, daß man mikrobielle Metaboliten suchte, die imstande waren, die Bildung von Lymphoblasten in einer «mixed lymphocyte culture» zu unterdrücken. Fast immer stand ein Mechanismus im Vordergrund, der mit einer Krankheit

216

oder mit wichtigen physiologischen oder pathophysiologischen Abläufen in Verbindung gebracht werden konnte. «Blindes» Screening wurde zwar auch betrieben, trug aber zu den großen Arzneimitteldurchbrüchen des zu Ende gehenden Jahrhunderts nicht sehr viel bei.[12] Natürlich hängt diese Bewertung davon ab, wie man blindes Screening definiert. Wir wollen es hier als den Versuch verstehen, eine möglichst große Zahl von Substanzen ohne irgendein mechanistisches Konzept in mehreren, ebenfalls opportunistisch ausgewählten biologischen Tests zu prüfen, um über «Zufallstreffer» auf mögliche «leads» oder Entwicklungssubstanzen aufmerksam zu werden.

Erfolgreiche Projekte also gruppierten sich meistens um Konzepte, Hypothesen, spekulative Ideen. Im Mittelpunkt stand zu Beginn entweder ein Chemiker oder (häufiger) ein Biologe oder ein Gespann aus beiden Schlüsseldisziplinen. Struktur im Sinne streng organisierter arbeitsteiliger Abläufe bekam ein Projekt erst mit zunehmender Erfolgswahrscheinlichkeit. Das könnte sich nun ändern. Die Genomforschung wird uns bald die Strukturen aller Gene in höheren Organismen verfügbar machen. In vielen Fällen können wir die Datenbasen, die Genstrukturen mit allen dazugehörenden Anmerkungen enthalten, wie Bibliotheken benutzen.

Man weiß zum Beispiel, daß der Insulinrezeptor nach Bindung seines Liganden phosphoryliert wird und daß er in diesem Zustand ein biochemisches Signal aussendet. Seine Dephosphorylierung durch eine spezifische Phosphatase beendet dieses Signal. Eine Hemmung dieser Phosphatase sollte das Insulinsignal verlängern oder verstärken. Auf diese Weise könnte die für den Diabetes mellitus Typ II, aber auch für die Fettsucht und für bestimmte Hochdruckformen typische Insulinresistenz durchbrochen werden. Die Identifizierung und Charakterisierung eines solchen Enzyms könnte durch «Genbibliotheken» ungemein erleichtert werden, und in der Tat profitiert die Arzneimittelforschung bereits heute von der Kartierung und Identifikation von Genen. Viele Strukturen (> 30 Prozent) der heute sequenzierten Gene lassen aber kaum Hinweise auf ihre Funktion zu. Und auch da, wo eine grobe funktionelle Zuordnung möglich ist, bietet sich nicht oft ein überzeugender Hinweis für eine spezifische Funktion. Sobald wir die volle Sequenz eines Gens kennen, können wir es aber auch exprimieren; dies bedeutet, daß nicht nur die DNA-

Sequenzen zur Verfügung stehen, sondern auch die entsprechenden Proteine. Man hat in diesem Zusammenhang in Analogie zum Genom auch vom Proteom gesprochen, um die Gesamtheit aller im Organismus hergestellten Proteine zu bezeichnen. Aufgrund bestimmter struktureller Merkmale kann man viele dieser Proteine klassifizieren in Membranrezeptoren, cytoplasmatische Rezeptoren, Ionenkanäle, Tyrosinkinasen, Metalloproteinasen, Phosphatasen, cytoskeletale Proteine und viele andere funktionale oder strukturelle Gruppen von Proteinen. Und man kann die Fähigkeit dieser Proteine, kleine Moleküle zu binden, im großen Maßstab testen.

Neue Techniken der kombinatorischen Chemie ermöglichen die rasche Herstellung sehr großer Substanzbibliotheken, die Hunderttausende oder Millionen einzelner Substanzen umfassen.[13] In der Vergangenheit bestanden diese Bibliotheken hauptsächlich aus Peptiden oder Nukleotiden verschiedener Sequenz, immer häufiger aber sind sie aus denselben Bausteinen aufgebaut, die ein organischer Chemiker traditionellerweise für seine Arzneimittelsynthese benutzt. Noch kranken viele der hergestellten Bibliotheken an einer zu geringen Diversität: die vielen Substanzen sind einander zu ähnlich. Immer häufiger aber wird es Substanzsammlungen mit hohem Diversitätsgrad geben, die man nun in hochautomatisierten Testabläufen unter Verwendung von Robotern gegen eine ebenfalls sehr große Zahl von Zielproteinen testen kann. Allerdings: was man zunächst testet, ist «Bindung». Ob diese Bindung zu funktionellen Veränderungen führt, muß zunächst in einfachen und schrittweise in immer komplexeren Systemen geprüft werden. Aber es gibt logische und in sich geschlossene Vorstellungen darüber, wie man von einfach bindenden Substanzen den Weg zu Verbindungen herstellt, die einen Funktionsgewinn oder -verlust, eine Veränderung der intrazellulären Lokalisation oder eine Dimerisierung von Proteinen herbeiführen. Der nächste Schritt bestünde in der Auswahl derjenigen Substanzen und Zielmoleküle, deren Interaktion in einen funktionellen und/oder pathophysiologisch definierbaren Zusammenhang gestellt werden kann, anschließend wären Substanzen zu «optimieren». Dies könnte ebenfalls durch kombinatorische Techniken geschehen oder auch durch Synthesen, die an Struktur-Wirkungs-Beziehungen orientiert sind.[14]

«Automatisierte» Arzneimittelforschung?

Die meisten dieser Abläufe wären automatisierbar. Mit den auf diese Weise gewonnenen Verbindungen könnte man dann in Tierversuche gehen, um die geeigneten Entwicklungskandidaten auszusuchen. Die hier kurz skizzierte Sequenz klingt vielleicht hypothetisch und ein wenig zu simpel. Es kann jedoch nicht bezweifelt werden, daß computergesteuerte, hochautomatisierte Abläufe in der Pharmaforschung wie auch in anderen Bereichen der biomedizinischen Forschung eine immer größere Rolle spielen werden. Dies bedeutet, daß der individualistische Charakter der Pharmaforschung auf weite Strecken durch Methoden verdrängt wird, deren Erfolgschance allein in der Bewältigung großer Zahlen von Tests liegt. Die zusammenführende, konzeptuelle Arbeit würde nur noch von wenigen, funktionell allerdings besonders wertvollen Mitarbeitern geleistet. Es liegt auf der Hand, daß eine so stark prozeßorientierte Forschung andere, auch zusätzliche Führungsaufgaben stellt, die durchaus an entsprechende Aufgaben in der Arzneimittelentwicklung erinnern.

Es wäre auch vorstellbar, daß die weitgehende Umgestaltung der Forschung zu einem Prozeß einen anderen Typ von Mitarbeiter verlangt. Standen bisher Chemiker und Biologen im Vordergrund, die sich für ganz bestimmte Strukturen oder auch für molekulare Angriffspunkte von Arzneimitteln interessierten, dann könnte in Zukunft ein neuer Typ gefragt sein, dem es nicht so sehr um vertikales Wissen oder um das tiefe Verständnis eines bestimmten Problems geht, sondern um die vollständige Nutzung aller verfügbaren Information zur Auffindung möglichst vieler Leitsubstanzen. Ingenieure, Informatiker, Physiker werden hierbei vielleicht eher ihren Platz finden als Medizinalchemiker oder Pharmakologen. Am Ende aller «Prozesse» wird es aber immer Wissenschaftler geben müssen, die Einzelbefunde zu einem Gesamtbild fügen können; man wird also beide brauchen, den in Prozessen denkenden «Ingenieur» und den Wissenschaftler, der bestimmte Strukturen, Signalwege oder Mechanismen untersucht.

Es ist nicht damit zu rechnen, daß robotergestützte und automatisierte Abläufe die Forschung schon in den nächsten Jahren dominieren werden; auch besteht die Möglichkeit, solche Arbeiten in dafür spezialisierten kleinen Firmen als Auftragsforschung durchführen zu lassen. Dennoch: der Einfluß eines weniger an biologischen und pathophysiologischen Mechanismen, dafür stärker an automatisierten Prozessen orientierten Denkens wird sich in der Forschung stärker bemerkbar machen, ob man nun will oder nicht. Damit würden auch planerische Aktivitäten, die auf die Einhaltung von quantitativen und qualitativen Normen, auf Termine, zeitkritische Strekken, Entscheidungspunkte und dergleichen ausgerichtet sind, zunehmen. Die Führungsaufgabe eines Forschungsmanagers, die sich bisher einerseits an den Zielen des Unternehmens und andererseits an der Herstellung von Bedingungen orientierte, die der Entfaltung individueller Kreativität dienten, wäre um ein drittes, prozeßorientiertes Element ergänzt.

Innovationsmanagement

Bis in die jüngste Vergangenheit hinein bestand die Aufgabe eines Forschungsleiters in der pharmazeutischen Industrie darin, durch Forschung im eigenen Hause möglichst viele originelle Wirkstoffe zu identifizieren und eine ausreichende Zahl davon für die eigene Entwicklung zur Verfügung zu stellen. Dies gilt im Prinzip immer noch. In gewisser Weise ist diese Aufgabe durch die Bildung von interdisziplinären Forschungseinheiten, in denen Biologen und Chemiker zusammenarbeiten, um auf einem therapeutisch oder operationell definierten Gebiet neue Behandlungsmöglichkeiten zu schaffen, auch erleichtert worden. Früher arbeiteten Chemiker und Biologen in getrennten Abteilungen; heute sind sie ganz überwiegend Mitglieder derselben Abteilung. In Zukunft wird ein Forschungschef, der für die Bearbeitung eines bestimmten Gebietes wie Onkologie oder kardiovaskuläre Erkrankungen zuständig ist, nicht ausschließlich die Aufgabe haben, Verbindungen aus dem eigenen Hause bereitzustellen. In einer eng vernetzten wissenschaftlichen Welt, in der den verschiedensten Bereichen ständig neue Informationen zur Verfügung stehen, die für das eigene Gebiet relevant sein können, genügt diese Perspektive nicht mehr. Wer heute für die Forschung auf einem Gebiet wie Onkologie oder Herzkrankheiten verantwortlich ist, muß versuchen, die besten Ideen, Forschungsansätze und schließlich auch Entwicklungssubstanzen für sein Unternehmen zu gewinnen. Dabei spielt es keine Rolle, woher diese Forschungsanstöße oder Entwicklungssubstanzen kommen. Zu den Aufgaben eines modernen Forschungsmanagers gehört also nicht nur die Betreuung der eigenen Forschung. Er muß auch den Stand der Arzneimittelforschung auf seinem Gebiet weltweit kennen und beurteilen können. Er muß des weiteren in der Lage sein, die für seine Aufgaben relevante Grundlagenforschung zumindest in großen Zügen zu beurteilen.

Schließlich wird es seine Aufgabe sein, aus eigener Forschung, in Zusammenarbeiten und gelegentlich auch durch die Finanzierung von Forschungen außerhalb der eigenen Firma ein Programm zu erstellen, das seinem Unternehmen langfristig eine kompetitive Position auf dem betreffenden Gebiet sichert. Er ist also nicht nur Forschungsmanager, sondern im eigentlichen Sinn Innovationsmanager für ein bestimmtes Gebiet, zum Beispiel für Onkologie, kardiovaskuläre Medizin oder Infektionskrankheiten. Um diese Rolle wirklich wahrnehmen zu können, muß er auch über die notwendigen Instrumente verfügen. Wer schnell und flexibel auf sich von außen anbietende Gelegenheiten zur Zusammenarbeit reagieren will, kann sich nicht an einen starren Budgetrahmen alten Stils halten.

Zusammenarbeit erfordert Flexibilität

Theoretisch steht ein bestimmtes Budget sowohl für die eigene Forschung als auch für Zusammenarbeiten mit Dritten oder die Finanzierung auswärtiger Arbeiten zur Verfügung. *In praxi* ist es jedoch nicht möglich, die Kosten in der eigenen Forschung akut zu senken, wenn man eine Zusammenarbeit mit einem akademischen Partner oder mit einer Biotechfirma beginnt. Die Mittelaufteilung für Arbeiten im eigenen Haus und für die Zusammenarbeit mit Dritten kann in weiten Grenzen schwanken. Im Durchschnitt der führenden Pharmafirmen werden 15–25 Prozent des Forschungsbudgets für Zusammenarbeiten – oder wie man heute gerne sagt «Strategische Allianzen» – ausgegeben. Dabei ist die Tendenz durchaus noch steigend.[15] Um die nötige Flexibilität zu schaffen, sollten Forschungsmanager die Möglichkeit haben, Teile ihres Forschungsbudgets in einen Fonds zu überweisen, aus dem sie jederzeit Mittel zur Finanzierung von Zusammenarbeiten entnehmen können. Leider verbieten die «International Accounting Rules», nicht ausgegebene Beträge aus dem Budget ins nächste Finanzjahr zu übernehmen. Man kann diese Hürde aber umgehen und schafft damit eine wichtige Voraussetzung für eine größere Flexibilität auf der Ebene der Forschungsmanager, die bestimmte therapeutische Gebiete betreuen. Ein Forschungsmanager, der zum Beispiel das Gebiet Onkologie leitet, sollte seine Ziele nach Qualität und Quantität mit seinem Forschungschef und dem divisionalen Management abstimmen. Mit welcher Mischung aus eigenen Forschungsarbeiten und kollaborativen Projekten oder im Kontrakt abgewickelten Arbeiten er diese Ziele dann erreicht, sollte weitgehend ihm selbst überlassen bleiben. Er könnte Geld, das für Zusammenarbeiten zurückgestellt wurde, auch wieder für die Stärkung der eigenen Forschung benützen, wenn ihm dies angemessen erschiene.

Von der Forschungsabteilung zur «business unit»

Von dieser stärker unternehmerisch geprägten Auffassung der Funktion eines Forschungsmanagers bis zum Leiter einer «Geschäftseinheit» (business unit) ist es konzeptuell nur ein relativ kleiner Schritt. Eine Geschäftseinheit ist im Unternehmen ein Bereich mit eigenem Einkommen, dessen Erfolg am erwirtschafteten Gewinn beurteilt werden kann.

So weit muß man im Falle einer Forschungseinheit nicht gehen. Man könnte eine solche Einheit, beispielsweise die schon erwähnte Abteilung für Onkologie, aber so ausrüsten, daß sie fast wie eine eigene Firma funktioniert. Sie müßte dazu über eigene klinische Pharmakologen und klinische Onkologen verfügen, außerdem über einige mit dem Markt für in der Onkologie verwendete Medikamente vertraute Geschäftsleute (Masters of Business Administration). Ebenso brauchte sie ein eigenes Controlling. Diese zuletzt genannte Funktion könnte sie allerdings, ebenso wie das Personalwesen, mit anderen Geschäftsbereichen teilen. Die Einheit würde neue Medikamente finden und bis zum sogenannten «proof of concept» entwickeln. Unter «proof of concept» werden kritische klinische Untersu-

222

chungen in Phase I oder II verstanden, mit denen die zugrundeliegende pharmakologische Hypothese bestätigt wird. Der Ausdruck wird auch verwendet, um die klinische Bestätigung nicht zentraler, aber wichtiger Komponenten des Wirkungs- oder Nebenwirkungsspektrums einer Substanz zu bezeichnen. Wenn für die Entwicklung eines neuen Antibiotikums zum Beispiel dessen lange Verweildauer im Körper unerläßlich wäre, dann würde man den Nachweis einer langen Halbwertszeit (t $^{1}/_{2}$) bei gesunden Probanden zum Beispiel als «proof of concept» akzeptieren. Ebenso könnte die Abwesenheit einer bestimmten für eine Stoffklasse typischen Nebenwirkung eine *conditio sine qua non* für die Entwicklung einer neuen Substanz sein. Der «proof of concept» bestünde dann in dem Nachweis, daß diese Nebenwirkung in der Tat ausbleibt. Natürlich sind solche nicht zentralen, aber wichtigen Komponenten der Wirkung nur interessant, wenn alle übrigen positiven Wirkungen, die man von der neuen Substanz erwartet, auch vorhanden sind.

Das Unternehmen oder besser: die pharmazeutische Division des Unternehmens würde dann mit der entsprechenden Einheit einen Vertrag abschließen, der die Bedingungen regelt, unter denen Substanzen nach dem «proof of concept» in die globale Entwicklung übernommen werden. Er sollte natürlich auch klarstellen, wie eine Geschäftseinheit über Substanzen verfügt, die von der eigenen Firma nicht entwickelt werden können oder sollen.

Wie weit man auf dem Wege der Verselbständigung von Forschungseinheiten geht, ist immer eine Frage der Unternehmenskultur, das heißt auch der geschichtlichen Gegebenheiten und der beteiligten Personen. Es ist sicher belebend, kleineren Einheiten mehr Eigenständigkeit und unternehmerische Verantwortung zu übertragen. Auf der anderen Seite kann man damit auch zu weit gehen. Die unternehmerisch «autonomen» Gebilde müssen untereinander und mit dem gemeinsamen Unternehmen immer noch eine Einheit bilden. Wenn «Geschäftseinheiten», die ja eigentlich Forschungsbereiche repräsentieren, aufhören, zusammenzuarbeiten, weil sie sich als Konkurrenten empfinden oder ihre Prioritäten falsch setzen, dann ist man zu weit gegangen. Auch ist es kontraproduktiv, unternehmerische Selbständigkeit an zu kleine organisatorische Einheiten, etwa an Projektgruppen, zu vergeben: wenn zu viele Gruppen an ihre ein-

malige Sendung glauben und den Erfolg der eigenen Gruppe über
den des Unternehmens als Ganzes stellen, dann kann dies zu einer
«Atomisierung» der Unternehmensstruktur und zu schweren funktionellen Einbußen führen. Die richtige Mitte zwischen der Eigenständigkeit von Forschungseinheiten einerseits und ihrer Einbindung in das gesamte Unternehmen andererseits zu finden, gehört
sicher zu den schwierigsten Aufgaben eines Forschungsleiters wie
auch jedes anderen Spitzenmanagers.[16] Viele reden in blumigen Sät-
zen von Unternehmertum und der Entfaltung von Kreativität, um
am Ende wie Sparkassenbeamte zu handeln.

Entwicklung ist Innovationserhaltung

Nach der Definition des amerikanischen Ökonomen Joseph Schumpeter ist eine «Innovation» ein Produkt und ein Prozeß zum Zeitpunkt seiner Einführung in den Markt.[17] Pharmazeutische Innovationen wären in diesem Erklärungsrahmen neue Medikamente, die
bereits zugelassen sind und nun in die verschiedenen Märkte eingeführt werden.

Man kann den Prozeß, durch den eine pharmazeutische Innovation zustande kommt, in fast beliebig viele Stadien einteilen: Grundlagenforschung, Bildung eines Konzeptes, Übersetzung einer mecha-
nistischen Vorstellung in biochemische oder zellbiologische Tests
und in Tiermodelle, die Suche nach chemischen Leitsubstanzen, Verbesserung und Optimierung einer Leitsubstanz nach Kriterien der
Wirkung, der Bioverfügbarkeit, der Stabilität, des Stoffwechsels,
Ernennung einer Entwicklungssubstanz, klinische Prüfung der Verträglichkeit, Bestimmung einer vermutlich wirksamen Dosis, Wirk-
samkeitsprüfungen an Patienten mit der zu behandelnden Krankheit, breite klinische Prüfung, Erstellung eines abschließenden Do-
kumentes, das als Basis für die Zulassung dienen kann. Im wesentlichen aber geht es um zwei Schritte: die Schaffung einer neuen Substanz und ihre Entwicklung zum medizinisch einsetzbaren Medikament. Der erste Schritt ist eine Sache der Forschung, der zweite eine
Angelegenheit der Entwicklung.[18]

Neuartigkeit ist zeitanfällig

Eine neue Substanz, die ihre Wirksamkeit in verschiedenen experimentellen Modellen gezeigt hat und über deren Bioverfügbarkeit, Pharmakokinetik und Toxizität Daten vorliegen, die eine klinische Anwendung möglich erscheinen lassen; eine Substanz, von der man weiß, daß man sie in immer gleicher Qualität und Reinheit herstellen kann und daß sie formulierbar sein wird, stellt etwas Neues dar, zumindest sollte in ihr die Möglichkeit einer neuartigen oder erheblich verbesserten Therapie für eine wichtige Krankheit klar zu erkennen sein.

Selten aber befindet man sich mit einer solchen neuartigen Substanz allein auf weiter Flur. Meist stellt die neue Verbindung *eine* Lösungsmöglichkeit für ein Problem dar, mit dem sich auch andere befassen. Meistens also hat man Konkurrenten, und der endgültige Erfolg oder Mißerfolg hängt nicht nur von der Originalität und den guten Eigenschaften der neuen Verbindung ab, sondern auch davon, daß man sie schnell auf den Markt bringt. Neuartigkeit ist anfällig gegen Zeit. Was heute neu ist, kann morgen oder übermorgen der Standard sein. Es reicht also nicht aus, etwas Neues zu schaffen, man muß die Neuartigkeit des Geschaffenen auch erhalten. Entwicklung ist die Erhaltung des Neuartigen gegen den nivellierenden Einfluß der Zeit. Sie ist also neben der Schaffung einer neuen Substanz die zweite essentielle Komponente jeder Innovation. Deshalb muß es im Interesse eines jeden Pharmaunternehmens liegen, den Entwicklungsprozeß so schnell und so effizient wie möglich zu gestalten. Bei einem erfolgreichen Präparat kann eine Einsparung von einem Jahr in der Entwicklungszeit das Äquivalent von mehreren hundert Millionen D-Mark, Dollar oder Franken an Einnahmen bedeuten.

Andererseits aber muß während der Entwicklung auch auf unerwartete Phänomene geachtet werden, die auf noch nicht bekannte, aber ausnutzbare Wirkungen einer Substanz verweisen. Die antidepressiven Wirkungen des Tuberkulostatikums Iproniazid wurden erst in der Klinik entdeckt; die systematische Untersuchung dieser unerwarteten Effekte durch interessierte Kliniker, die von der Herstellerfirma zunächst nur halbherzig unterstützt wurden, führte schließlich zu der wichtigen Klasse der Monoaminooxydasehemmer, die bis heute in der Behandlung der Depressionen eingesetzt werden. Auch die antipsychotischen Wirkungen der Phenothiazine wurden nicht vom Pharmakologen, sondern von Klinikern gefunden. Ohne kreative klinische Beobachtungen hätte sich aus der Behandlung von Infektionen mit Prontosil nie der Ansatz zur Auffindung und Entwicklung neuer Diuretika ergeben. Vom Sulfanilamid, dem antibakteriellen Metaboliten, der aus Prontosil entsteht, führt ein Weg zum Acetolamid, zu den Hydrochlorothiaziden und schließlich zum Furosemid, der ohne originelle klinische Anregungen nie gefunden worden wäre. Diese Liste ließe sich fortsetzen, es gibt mindestens ein Dutzend ähnlicher Beispiele.[19] Ebenso wichtig ist die systematische Erfassung bestimmter klinischer Nebenwirkungen, die in ihrer Gesamtheit Hinweise auf vielleicht unerwartete und in den Tierexperimenten nicht erfaßte toxische Eigenschaften einer neuen Substanz geben können. Entwicklung muß also nicht nur schnell und effizient sein, sondern auch aufmerksam, intelligent und kreativ betrieben werden. Beides ist sehr schwer unter einen Hut zu bringen.

In der heutigen Umgebung haben Schnelligkeit und Effizienz der Entwicklung eindeutig den Vorrang vor Wissenschaftlichkeit und dem Auffinden neuer therapeutischer Möglichkeiten. Dies schlägt sich auch in der Zusammensetzung der Entwicklungsorganisationen nieder. Gut ausgebildete Ärzte treten zugunsten von Projektmanagern in den Hintergrund, die zwar den komplexen Prozeß der Entwicklung übersehen, von den medizinischen und wissenschaftlichen Aspekten der von ihnen betreuten Präparate aber häufig nicht viel wissen. Auch der Einfluß finanzieller Analysen, die meistens zur Errechnung eines «net present value» für ein neues Entwicklungspräparat führen, ist gegenüber den fünfziger und sechziger Jahren, in denen viele Medikamente durch die Beobachtung klinischer Nebenwirkungen entdeckt wurden, viel stärker geworden. Diese Analysen mögen als Orientierungen sinnvoll sein. Sie beruhen aber sehr häufig auf oberflächlichen epidemiologischen Überlegungen und sind fast immer falsch. Sie sollten deshalb nie die entscheidenden Kriterien für die Beendigung oder Weiterentwicklung eines neuen Präparates sein.

Leider erleben wir auf diesem Gebiet in einigen Firmen Exzesse, die für die Zukunft der betroffenen Unternehmen nicht viel Gutes verheißen. In den Bemühungen, den Entwicklungsprozeß zu beschleunigen, folgen viele Firmen einem Prinzip, das sie als «front loading» bezeichnen. Man versteht unter diesem Begriff die möglichst frühe Einleitung oder Erledigung von Aufgaben, die sonst geschwindigkeitsbestimmend für den Gesamtprozeß werden können, zum Beispiel die Herstellung ausreichender Wirkstoffmengen für präklinische Toxizitätsstudien und klinische Untersuchungen in Phase I. Beim «front loading» verzichtet man bewußt auf die funktionale Interdependenz bestimmter Vorgänge, zum Beispiel auf den Zusammenhang von Wirkstoffbedarf und dem Ergebnis präklinischer Toxizitäts- oder Stoffwechseluntersuchungen. Man stellt soviel Wirkstoff her, daß alles, was parallel durchgeführt werden kann, auch parallel erledigt wird. Anstatt sequentiell vorzugehen, arbeitet man wo immer möglich parallel. Dadurch wird Zeit gespart, allerdings um den Preis eines erhöhten Risikos und insgesamt höherer Kosten. Es leuchtet ein, daß «front loading» sinnvoll ist, wenn man das klinische Profil einer neuen Substanz bereits gut voraussagen kann (Indikation, Dosierungsschema, erwartete Wirkung, Vermeidung von Nebenwirkungen). Ebenso leuchtet ein, daß diese Strategie riskant ist und daß sie sich am ehesten für Fälle anbietet, in denen man ein Präparat einer schon bekannten Wirkstoffkategorie entwickelt, vielleicht mit dem Ziel einer genau definierten therapeutischen Verbesserung.[20] Dies könnte zum Beispiel eine antifungale Substanz mit denselben fungiziden Eigenschaften wie Amphotericin B, jedoch ohne Nephrotoxizität sein, ein Kalziumantagonist, der keine Reflextachykardie und keine Knöchelödeme erzeugt, oder ein Cephalosporin mit einem breiten Wirkungsspektrum und einer besonders langen Halbwertszeit. Problematisch aber wird dieses Konzept des «front loading» in allen Fällen, in denen wirklich originelle Substanzen zur Entwicklung kommen, also prototypische Stoffe, deren klinischer Einsatz noch keineswegs gut definiert ist.

Auch dazu lassen sich Beispiele nennen, die zumindest heute (1997), zum Zeitpunkt der Niederschrift dieses Abschnittes, gelten. Wo sollte zum Beispiel ein Endothelinrezeptorantagonist, der sowohl die ETA- als auch ETB-Rezeptoren blockiert, eingesetzt werden? Hypertonie wäre eine Möglichkeit, aber in dieser Indikation gibt es bereits viele gute Wirkstoffe. Was spezifisch könnte ein Endothelinantagonist dem bestehenden Arzneimittelschatz in dieser Indikation hinzufügen? Koronare Spasmen («Prinz-Metall-Angina») wäre eine Möglichkeit, Vasospasmus bei Hirnblutungen oder nach Hirntrauma eine weitere. Chronische Herzinsuffizienz? Hier gelten dieselben Einwände, wie sie für die Behandlung der Hypertonie schon erwähnt wurden. In solchen Fällen kann es viel produktiver sein, die besten Indikationen durch die Durchführung kleiner und informeller Studien zu ermitteln, bevor man Aktivitäten ankurbelt, die wirklich ins Geld gehen. Ganz besonders gilt dies dann, wenn man mehrere Wirkstoffkandidaten untersucht und wenn die für die Entwicklung am besten geeignete Substanz aufgrund klinischer Ergebnisse ausgewählt werden soll. «Front loading» wäre in einem solchen Fall keine zu empfehlende Strategie.

Für neue Cytokine gelten ähnliche Überlegungen. Die entscheidende Rolle von Interleukin-12 beim Zustandekommen einer zellulären Immunantwort, das Wechselspiel zwischen Interferon-γ, dessen Synthese von Interleukin-12 stimuliert wird, und IL-4, dessen Bildung durch IL-12 gehemmt wird, sind bekannte Tatsachen. Die aber lassen den möglichen klinischen Anwendungen von Interleukin-12 immer noch einen sehr breiten Spielraum. Tumorbehandlung, Virusinfektionen, Allergien: ist es in einem solchen Fall besser, multiple Studien in mehreren hypothetisch zu rechtfertigenden Indikationen vorzunehmen oder alles auf eine Karte zu setzen, möglichst noch auf diejenige, die kommerziell am lohnendsten erscheint? In einer solchen Situation würden sich Wissenschaftler in ihrer Mehrheit für eine Suchstrategie und eine anschließend schnelle Entwicklung in den *besten* Indikationen entscheiden.

Geschäftsleute denken oft anders. Für sie ist ein neues Präparat nur dann «gut», wenn es auf eine wirtschaftlich lohnende Indikation zielt. Auf eine nicht sehr kostspielige, aber zeitraubende Suchstrategie mit unsicherem Ausgang lassen sie sich nicht gern ein. «Entweder es wirkt bei chronischer Herzinsuffizienz besser als alles Bisherige, oder wir lassen die Finger davon» lautete eine typische Aussage zu einem Entwicklungspräparat. Natürlich kann man sich verzetteln – und davor fürchten sich viele Manager zu Recht. Aber man kann in kurzsichtigem und allzu engstirnigem Gewinnstreben auch an guten Möglichkeiten vorbeilaufen, deren Nutzung von den

228

fünf großen «Gs» des Paul Ehrlich: Geist, Geduld, Gesundheit, Glück und Geld zumindest die ersten beiden erfordert. Das Geheimnis des Erfolges liegt nicht darin, daß Forscher immer ihren Willen haben, obwohl dies besser wäre, als wenn die Geschäftsleute sich auf breiter Front durchsetzten. Die Nichtwissenschaftler, die für das Geschäft verantwortlich sind, müssen neuen Ideen einen gewissen kritischen Widerstand entgegensetzen, aber es muß ein elastischer Widerstand sein, ein intelligenter Widerstand, der die Forscher zwingt, ihre Argumente wirklich zu durchleuchten und ihren jeweiligen Fall durch ihre besten Ideen und vor allem durch Daten zu unterstützen. Widerstand gegen neue Ideen darf nicht zu einem Kostenschematismus erstarren, der am Ende mehr mit Ideologie zu tun hat als mit der Sorgfaltspflicht des Unternehmers.

Bedrohen Forschungskosten die Innovation?

Forschung und Entwicklung kosten viel Geld. Außerdem wachsen die Forschungskosten schneller als andere Kosten im Unternehmen: der von der Regierung der Vereinigten Staaten veranschlagte Inflationsfaktor für Forschung lag in den letzten Jahren über 50 Prozent höher als die allgemeine Inflationsrate.[21] Bei einer allgemeinen Teuerung von vier Prozent müßte man für die Forschungskosten also eine Teuerung von sechs Prozent veranschlagen.

Warum ist dies so? Der Hauptgrund hierfür liegt in der ständigen Methodenerneuerung in der Forschung. Methodische, häufig apparative Fortschritte zwingen eine Forschungseinheit dazu, sich in relativ kurzen Zeitabständen, also alle paar Jahre, neuere, leistungsfähigere, also auch teurere Geräte anzuschaffen. Forschung wird immer komplexer, immer leistungsfähiger und immer kostspieliger. Wer heute ein NMR-Gerät mit einer Leistung von 400 Megahertz hat, braucht morgen – schon, um mit seinen Konkurrenten Schritt zu halten – ein größeres, leistungsfähigeres Gerät, das vielleicht mit 600 oder 700 Megahertz arbeitet. Die Entwicklung von transgenen Tieren (transgene Mäuse, «knock-out»-, «knock-in»-Mäuse etc.), also von Tiermodellen, an deren Keimbahn ganz bestimmte genetische Veränderungen vorgenommen werden, erfordert nicht nur Zeit, teure Geräte und sterile Räume zur Tierhaltung, sondern, wie alle Experimentatoren auf diesem Gebiet wissen, vor allem Platz. Wer Zugang zu Hunderten oder sogar Tausenden von transgenen Tieren (Mäusen) haben will, muß ohnehin dazu übergehen, Embryonen einzufrieren. Um einen besonderen Mäusestamm oder mehrere solcher Stämme zur Verfügung zu haben, muß man die Embryonen implantieren und die Tiere in großer Zahl anzüchten. Die Technik hat sich in der modernen Biologie und also auch in der Arzneimittelforschung als eine der elegantesten Methoden erwiesen, um Genfunktionen zu studieren.[22] Der zu treibende Aufwand aber ist beträchtlich; in vielen Instituten ist die Verfügbarkeit leistungsfähiger Einheiten für transgene Tiere bereits ein limitierender Faktor für den Fortgang der Forschungsarbeiten geworden.

Die Liste dieser Beispiele ließe sich beliebig verlängern. Der Einsatz von Robotern zur Erledigung von stereotyp zu wiederholenden Operationen, neue miniaturisierte Analyseverfahren, Mikrochips, auf denen cDNAs fixiert sind und mit denen man die Genexpressionen bestimmter Zellpopulationen (Organe, Blutzellen etc.) unter einer Vielzahl von Bedingungen und als Funktion der Zeit messen kann, neue Verfahren zur Kartierung und Sequenzierung von Genen: alle diese Neuerungen haben die Arzneimittelforschung während der letzten Jahre erfaßt und verändern sie ständig. Forschung wird dadurch leistungsfähiger, aber auch teurer, und wer den technischen Fortschritt aus Kostengründen nicht mitvollziehen kann, muß sich anderswo einschränken; zum Beispiel weniger Gebiete bearbeiten oder engere Fragestellungen mit relativ größerem technischen Aufwand verfolgen. Natürlich hat auch das seine Grenzen, besonders dann, wenn die Entwicklungskosten ebenfalls zunehmen.

Die Summen, die für die Auffindung und Entwicklung eines neuen Arzneimittels aufgewendet werden müssen, stiegen von etwa 24,4 Millionen Dollar (1956–1966) auf 54 Millionen (1976), 231 Millionen (1987) und bis auf 359 Millionen Dollar (1990). Heute liegen die Kosten eher in der Größenordnung von 350–500 Millionen Dollar pro Präparat (Abb. 4.1).[23] Natürlich schließen diese Beträge nicht nur die direkt für ein Projekt ausgegebenen Summen ein, sondern auch die Kosten für «erfolglose» Projekte. Außerdem betrugen die direkten Kosten nur etwa 60 Prozent der hier angegeben Gesamtkosten. Etwa 40 Prozent entfielen auf indirekte Kosten, das

230

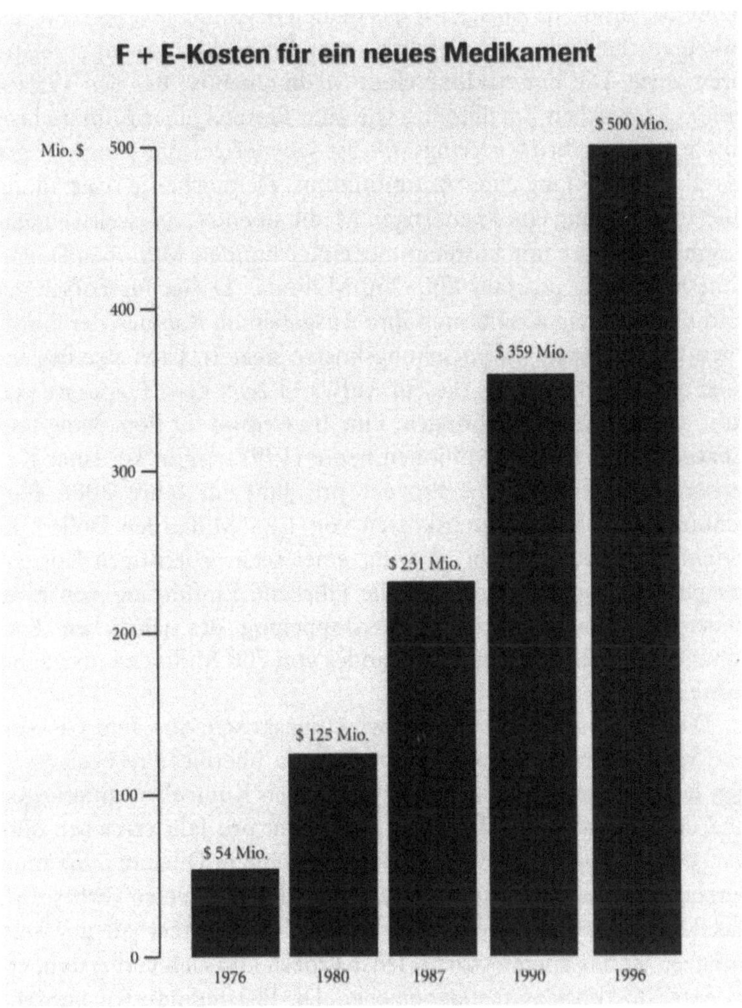

Abb. 4.1: Kosten für die Auffindung und Entwicklung neuer Arzneimittel
zwischen 1976 und 1996. Die Zahlen stammen aus verschiedenen Analysen, die
nicht mit derselben Methode durchgeführt wurden und deshalb auch nicht direkt
miteinander vergleichbar sind. Die Zahlen sind nicht inflationsbereinigt. Alle
Zahlen enthalten auch die Kosten für Fehlschläge in Forschung und Entwicklung.
Gemeinsam ist ihnen auch, daß sie sowohl direkte Kosten als auch die Kapitalzin-
sen enthalten. Der in den einzelnen Berechnungen angenommene Zinsfuß lag
immer bei 8 oder 9 Prozent.

heißt auf verlorene Zinsen für das in die Forschung investierte Kapital. Natürlich gibt es besonders teure Entwicklungen und relativ preiswerte. Die Entwicklung eines Medikamentes, das den Verlauf einer chronischen Entzündung wie zum Beispiel einer primär-chronischen Polyarthritis verlangsamt, ist schwieriger und langwieriger als die Entwicklung eines Antibiotikums. Dennoch: die Auffindung und Entwicklung eines neuartigen Medikamentes, das weltweit eingeführt werden kann, kostet immer einige hundert Millionen Dollar. Eine Firma, die pro Jahr 600–700 Millionen Dollar für Forschung und Entwicklung ausgibt und ihre Ausgaben im Rahmen der jährlichen Inflationsrate für Forschungskosten steigert, kann also bestenfalls damit rechnen, aus diesem Aufwand zwei neue Präparate pro Jahr auf den Markt zu bringen. Eine Investition für Forschung und Entwicklung von 700 Millionen heute (1997) ergibt bei einer Kostensteigerung von sechs Prozent pro Jahr im Jahre 2006 Forschungs- und Entwicklungskosten von 1,25 Milliarden Dollar! In einem Fließgleichgewicht, das mit einer sechsprozentigen Kostensteigerung arbeitet, erforderte die jährliche Einführung von zwei neuen Substanzen also eine Verdoppelung des jährlichen Forschungs- und Entwicklungsaufwandes von 700 Millionen über zehn Jahre.[24]

Da die Forschungs- und Entwicklungskosten aus dem Gewinn vor Steuern finanziert werden müssen, da überdies Preissteigerungen bei Medikamenten strengen nationalen Kontrollen unterliegen und unter keinen Umständen sechs Prozent pro Jahr erreichen dürfen, befindet sich die Pharmaindustrie in einem Dilemma. Sie muß versuchen, ihre Produktion an neuen Medikamenten zu verbessern: das heißt, sie muß für weniger Geld mehr leisten. Innerhalb gewisser Grenzen ist das auch möglich. Jeder Prozeß läßt sich verbessern, effizienter und kostengünstiger machen. Die Pharmaindustrie konzentrierte sich zunächst auf ihre Entwicklung, die ohnehin seit Mitte der siebziger Jahre einen immer größeren Anteil an den Gesamtkosten für Forschung und Entwicklung in Anspruch genommen hatte. In den fünfziger und sechziger Jahren dieses Jahrhunderts betrugen die Entwicklungskosten im Durchschnitt etwas weniger als 50 Prozent der gesamten Forschungs- und Entwicklungsaufwendungen. Sie stiegen dann fast überall an, um schließlich in einigen Unternehmen ein Verhältnis von 80 : 20 zugunsten der Entwicklung zu erreichen. Ganz überwiegend war dieser Anstieg der Entwicklungskosten auf eine überproportionale Steigerung der Aufwendungen für die klinische Forschung zurückzuführen. Die Kostendämpfungen im Gesundheitswesen in verschiedenen Ländern haben in den letzten Jahren dazu geführt, daß diese Kosten nicht mehr mit der gleichen Dynamik wachsen wie bisher. Außerdem haben die Firmen gelernt, ihren Entwicklungsprozeß zu straffen, sich auf die für eine Registrierung wichtigen Fragen zu konzentrieren und Zeit zu gewinnen. Entwicklungszeiten von vier bis fünf Jahren (vom Eintritt einer Substanz in die klinische Entwicklung bis zur Registrierung im ersten Land) sind heute eher die Norm, und in manchen Fällen (Rocephin, Risperidon) konnten diese Zeiträume auch schon auf dreieinhalb Jahre reduziert werden. Dies sind beeindruckende Werte, wenn man daran denkt, daß noch vor zehn Jahren die Entwicklungszeiten eher in der Größenordnung von sieben bis zehn Jahren lagen.

Sowohl als Prozentsatz der erzielten Umsätze als auch in absoluten Zahlen stiegen die Forschungs- und Entwicklungskosten während der letzten zwanzig Jahre stark an. Betrug der prozentuale Aufwand für Forschung und Entwicklung während der siebziger und frühen achtziger Jahre für die international tätige Industrie im Durchschnitt noch elf Prozent, so liegt er heute bei 16–17 Prozent. Bei einigen wenigen Firmen betrugen die Forschungs- und Entwicklungskosten auch schon mehr als 20 Prozent der Umsätze. Die derzeit herrschende Unsicherheit im Gesundheitssektor erzeugt bei den forschungsintensiven Firmen eher Zurückhaltung bei der Planung ihrer Ausgaben für Forschung und Entwicklung. Einige Firmen sehen allerdings vor, daß ihre Aufwendungen für Forschung und Entwicklung in den nächsten Jahren erheblich steigen werden – von derzeit etwa 13 Prozent auf über 20 Prozent. Wo das optimale Verhältnis zwischen Einnahmen und Forschungsausgaben liegt, weiß im Augenblick niemand sicher zu sagen. Die steigende Komplexität von Wissenschaft und Technik, die Tatsache, daß immer mehr Einzelinformationen benötigt werden, um ein wirklich innovatives Produkt zustande zu bringen, verweisen eher auf steigende Forschungskosten. Die Ansprüche der Gesellschaft an die Wirksamkeit und Sicherheit von Medikamenten deuten in die gleiche Richtung. Für

Mittelmaß ist einfach kein Platz mehr. Auf der anderen Seite zwingen Kostendämpfungen im Gesundheitssektor und ein wachsender Wettbewerb die Unternehmen zu äußerster Kostendisziplin. Auch müssen die Forschungs- und Entwicklungskosten im Zusammenhang mit anderen Aufwendungen gesehen werden. Die Aufwendungen für Marketing und Vertrieb liegen traditionellerweise bei etwa 25 Prozent des Umsatzes, manchmal auch darüber. Ist es in einem Klima, in dem es mehr als je zuvor auf den echten therapeutischen Wert eines Medikamentes ankommt, auf seine Originalität sowie auf seine objektiv nachgewiesene Wirksamkeit und Sicherheit, wirklich noch gerechtfertigt, mehr Geld für Ärztebesucher, für Anzeigen, für Werbung und dergleichen auszugeben als für Forschung und Entwicklung? Sollte die herkömmliche Werbung für Arzneimittel nicht allmählich durch eine produktbegleitende Erklärung und Erläuterung neuer Präparate auf medizinischer Grundlage ersetzt werden? Und wie würde sich eine solche Veränderung in den Marketingmethoden auf die Kosten für Vertrieb und Marketing auswirken?

Spontan möchte man annehmen, daß die Schaffung von etwas Neuem mehr Mittel in Anspruch nehmen dürfe als die Verteilung des neu Geschaffenen. Vielleicht also findet eine aufgeklärtere und dem Ziel einer didaktisch geschickten und wissenschaftlich korrekten Information entschiedener verpflichtete Pharmaindustrie ein anderes, produktiveres Verhältnis zwischen den für Forschung und Entwicklung und für Marketing aufzuwendenden Mitteln als die heutige Pharmaindustrie. Die Zukunft wird es zeigen.

5. Die Zukunft von Forschung und Entwicklung in der Pharmaindustrie

Die Zukunft der Pharmaforschung und Entwicklung hängt von vielen Faktoren ab, in erster Linie vom Schicksal der Industrie selbst. Viele Jahrzehnte lang hatte die pharmazeutische Industrie eine Art Monopol für die Entdeckung und Entwicklung neuer Arzneimittel inne. Nirgendwo sonst waren alle Fähigkeiten und alle Disziplinen, die zur Arzneimittelforschung gebraucht wurden, unter einem Dach vereinigt; und so lange die Gesundheitskosten insgesamt und speziell die Arzneimittelkosten innerhalb dieser Gesundheitskosten angemessen und finanzierbar erschienen, gab es kaum einen Grund, an diesem «Monopol» Anstoß zu nehmen.

Das hat sich nun geändert. Arzneimittelpreise werden im Zusammenhang mit den überall gestiegenen Gesundheitskosten kritisch betrachtet und direkt oder indirekt auch kontrolliert. Damit ist der Industrie Bewegungsfreiheit verlorengegangen, die sie früher dazu benutzte, sich selbst und ihre häufig redundanten Produkte in nicht immer angemessener Weise darzustellen, die sie aber auch verwendete, um für seltenere Krankheiten oder für die Gesundheitsprobleme der dritten und vierten Welt nach therapeutischen Lösungen zu suchen. Damit ist es vorerst auch vorbei.

Die Gründe für die derzeitigen wirtschaftlichen Schwierigkeiten der Industrie sind schnell genannt. Sie lassen sich drei Kategorien zuordnen: demographischen Faktoren, wirtschaftlichen Entwicklungen und schließlich wissenschaftlichen und technischen Fortschritten. Wenden wir uns diesen Kategorien der Reihe nach zu. Die Industrieländer haben keinen Geburtenüberschuß. Ihre Geburtszahlen reichen knapp aus, um die Todesfälle zu ersetzen. Dennoch ist in der Bevölkerungsstruktur dadurch ein Ungleichgewicht eingetreten, daß die Menschen heute älter werden als noch vor zehn oder zwanzig Jahren. Dies führt, zumindest vorübergehend, auch zu einer Zunahme der Bevölkerung, vor allem eines medizinisch bedürftigen Bevölkerungsteiles. Außerdem sind in vielen Ländern die Ansprüche an die Finanzierung sozialer Bedürfnisse überproportional zum Einkommen der Regierungen gestiegen. Es fällt überall schwer, die aufgebauten Sozialleistungen zu reduzieren. Natürlich ist dies in Deutschland besonders schwierig, weil hier Definitionen von sozialer Bedürftigkeit entwickelt wurden, die in anderen Ländern nicht einmal diskutierbar erschienen. Das Gesundheitswesen konkurriert also einerseits mit Sozialleistungen, andererseits gerät es durch steigende Ansprüche einer älter gewordenen Bevölkerung immer mehr unter Druck. Hinzu kommt, daß das Wirtschaftswachstum in Deutschland und dem übrigen Europa während der letzten Jahre bescheiden blieb oder sogar stagnierte. In der Bundesrepublik betrug das durchschnittliche jährliche Wachstum des Bruttosozialproduktes seit 1992 im Durchschnitt 1,2 Prozent.[1] Dieser Umstand engt die finanzielle Bewegungsfreiheit der Regierungen weiter ein. Die jahrelang aus sozialpolitischen Gründen aufrechterhaltene Subventionierung obsoleter Industrien (man denke an den Kohlenbergbau, die Stahlindustrie) sowie Gleichgültigkeit und Feindseligkeit gegenüber neuen, Arbeitsplätze schaffenden Technologien haben die Industrielandschaft besonders in Deutschland verändert. So ist die Entwicklung biotechnologischer Verfahren und der Aufbau einer eigenen Biotechindustrie durch den Widerstand der grünen Parteien und der Sozialdemokraten in Mitteleuropa um mindestens ein Jahrzehnt verzögert und anschließend durch eine überflüssige und zunächst noch sehr bürokratisch gehandhabte Gesetzgebung weiter erschwert worden. «High-tech»-Industrie hat in Deutschland nicht schnell genug an Bedeutung gewonnen, der Anteil älterer und auch schon veralteter Industrien ist hoch; viele ausländische Investoren trauen der Industrie energisches Wachstum nicht mehr zu. Erst in allerletzter Zeit zeichnet sich ein etwas freundlicheres Bild ab.

Ein weiterer wichtiger Punkt hat mit der großen Komplexität von Forschung und Entwicklung selbst zu tun. Besonders die neue Biologie hat das methodische Repertoire der Pharmaforschung bedeutend erweitert. Aber auch in der Chemie gab es bedeutende Neuerungen: man denke nur an die rasche Entwicklung der kombinatorischen Chemie und an die immer anspruchsvolleren und leistungsfähigeren Methoden der Strukturchemie. Schließlich sind alle Forschungsbereiche und besonders auch die Entwicklung vom Einfluß der Informationstechnik betroffen. Die Arzneimittelentwicklung wird zum Beispiel als ein Prozeß aufgefaßt, durch den verschiedene sequentiell oder parallel zueinander gewonnene Informationen schrittweise zu einem Dokument vereinigt werden, das die Registrierung des betreffenden Wirkstoffes ermöglichen soll. Dies geschieht durch elektronische Datenverarbeitung und -weitergabe. Alle diese Entwicklungen ermöglichen zwar wissenschaftliches Arbeiten von größerem Umfang und von großer Komplexität: sie machen die Forschung aber auch teurer. Außerdem liegt die Inflationsrate für Forschung und Entwicklung typischerweise 50 Prozent über der allgemeinen Inflationsrate.[2]

Auf einen Nenner gebracht: in Relation zu anderen Sozialleistungen sind die Aufwendungen für Gesundheit einerseits zu hoch. Andererseits wachsen die Ansprüche an dieses Gesundheitssystem. Die Arzneimittel machen zwar nur einen Teil dieser Kosten aus (in Deutschland etwa zwanzig Prozent, in den USA neun Prozent, in den meisten europäischen Ländern liegen sie irgendwo innerhalb dieser Spanne),[3] sie sind aber von den Maßnahmen, die Gesundheitskosten zu reduzieren, voll mitbetroffen. Der therapeutische Wert von Arzneimitteln wird einerseits an den Kosten der zu behandelnden Krankheit, andererseits an den Kosten anderer Medikamente oder Behandlungsmethoden in der gleichen Indikation gemessen. Medikamente, die gegenüber bereits bestehenden Therapien nichts Neues anbieten, haben angesichts der hohen Entwicklungskosten und des Preisdruckes keine Chance auf einen wirtschaftlichen Erfolg. Die Arzneimittelredundanz wird also abnehmen, und damit gehen der Industrie insgesamt Einnahmequellen verloren. Einfacher ausgedrückt: die Industrie muß mit bescheidenerem finanziellen Einsatz mehr erwirtschaften als bisher.

Strategische Optionen

Welche Möglichkeiten stehen ihr dabei zur Verfügung? Wenn man sehr grundsätzliche Maßstäbe anlegt, sind es nur zwei: eine offensive und eine defensive Strategie. Die defensive Strategie liefe darauf hinaus, die kleiner werdenden Gewinnmargen durch größere

Verkaufsvolumina zu kompensieren. Wer diesen Weg gehen will, muß versuchen, die Verteilung seiner Produkte zu kontrollieren. Dies ist in Europa weniger naheliegend als in den USA, wo man versucht, durch Zusammenschluß von vielen Käufern in sogenannten Health Management Organizations (HMOs) die Anbieter zur Preiskonkurrenz zu zwingen. In einem gewissen Umfang gelingt dies schon heute.

Unter einer HMO hat man ein profitorientiertes Unternehmen zu verstehen, das versucht, für seine «Kunden», das heißt für einen möglichst großen Kreis von Patienten, Gesundheitsleistungen zu günstigen Preisen anzubieten. Dies gelingt dann, wenn eine HMO eine große Zahl von Personen vertritt (idealerweise mehrere Millionen) und wenn sie auf diese Weise in der Lage ist, mit Krankenhäusern, Gruppenpraxen, Diagnostikfirmen und anderen Anbietern von diagnostischen oder therapeutischen Leistungen Tarife auszuhandeln, bei denen einerseits die Patienten (versichert oder nicht versichert) zu erträglichen Preisen versorgt werden und andererseits die HMO selbst gut verdient. Die HMO zwingt Krankenhäuser und Ärzte, ihre Leistungen zu relativ niedrigen Preisen anzubieten, und verdient an der Differenz zwischen dem, was sie Patienten oder ihren Versicherungen in Rechnung stellt, und dem, was sie selbst den Kliniken und Ärzten für erbrachte Leistungen zahlt. Dabei bestimmen HMOs oft, welche Medikamente im Routinefall verschrieben werden und welche überhaupt nicht oder nur in Ausnahmefällen verwendet werden dürfen. Sie legen, oft in Zusammenarbeit mit den Ärzten, fest, welche Leistungen im Einzelfall zu erbringen sind, wie lange ein Patient nach einer bestimmten Operation in der Klinik bleiben darf (muß) und dergleichen mehr. HMOs sind also Organisationen, die versuchen, medizinische Leistungen zu ökonomisch tragbaren Bedingungen zu ermöglichen, sie mischen sich aber auch in zunehmend kritisierter Weise in ärztliche Entscheidungen ein, nicht immer zum Vorteil der von ihnen vertretenen Patienten. Daß die von den HMOs betriebene «managed care» zu einer Ökonomisierung medizinischer Leistungen geführt hat, wird kaum bestritten. Ob sie auch zu einer besseren und den Bedürfnissen der Kranken angepaßteren Medizin beitragen, darf zumindest bezweifelt werden. Wenn die Voraussagen stimmen, daß der amerikanische Markt bis

238

zur Jahrhundertwende zu 70–80 Prozent von HMOs beherrscht wird, könnten dadurch unausweichliche Zwänge resultieren. Verschieden große Firmen haben aus diesem Grunde mit HMOs Allianzen vereinbart, die sicherstellen, daß ihre Medikamente innerhalb der Population, die von einer HMO betreut wird, eine möglichst weite Verbreitung finden. Die Akquisition von MEDCO durch Merck für sechs Milliarden Dollar, die 1993 die Fachwelt beunruhigte, gehört in diesen Zusammenhang. Was Verteilerfirmen und HMOs jenseits der bevorzugten Verordnung bestimmter Arzneimittel anbieten, sind natürlich Daten über Patienten, über die Verschreibungsgewohnheiten von Ärzten, Wirtschaftlichkeitsberechnungen, also pharmaökonomische Daten, Informationen, die nützlich sind, wenn man seine Präparate möglichst günstig im Markt plazieren will. Mit einer Steigerung der Qualität der medizinischen Versorgung hat das alles noch nichts zu tun. Billige Versorgung steht im Vordergrund, nicht die Bereitstellung der bestmöglichen Diagnose und Therapie.[4] Man versteht vielleicht, warum ich diese Strategie, deren Eckpunkte *Volumen und Verteilung* sind, als «defensiv» bezeichnen möchte.

Demgegenüber beruht eine offensive Strategie auf der Überzeugung, daß neuartige Medikamente, die Leben verlängern können, Lebensqualität verbessern und dies in deutlich größerem Umfang tun werden als schon vorhandene Arzneimittel, auch in Zukunft ihren «Preis» haben werden. Wer in der Lage ist, in regelmäßigen Abständen (etwa ein bis zweimal pro Jahr) gute, das heißt medizinisch und wirtschaftlich überlegene Medikamente anzubieten, der sollte auch in den restriktiven Märkten von heute und morgen Erfolg haben können. Strategien, die auf dieser Überzeugung beruhen, wären als «offensiv» zu bezeichnen. Wir sprechen auch von Innovationsstrategien. Innovationen aber beruhen auf neuen oder neuartigen Produkten, und neue Produkte können nur durch Forschung und Entwicklung gewonnen werden. Diese aber kosten Geld. Die Verfolgung einer Innovationsstrategie im heutigen wirtschaftlichen und technischen Umfeld kann nur bedeuten, daß man mit den für Forschung und Entwicklung eingesetzten Ressourcen in Zukunft produktiver umgehen will als bisher. Dazu gibt es zwei Wege: einmal die Verbesserung der eigenen Forschung mit dem Resultat größerer Produktivität, zum anderen die Zusammenarbeit mit Dritten. Bevor wir diese Optionen im einzelnen erörtern und ihre relative Beteiligung an einer Innovationsstrategie untersuchen, müssen wir herausfinden, wie es mit der Fähigkeit der Industrie bestellt ist, innovative Medikamente zu erfinden und zu entwickeln.

Innovationsdefizit in der pharmazeutischen Industrie

Eine 1995 durchgeführte Studie ging von der Überlegung aus, daß die Zahl der neuen Produkte, die eine oder mehrere Firmen in Zukunft auf den Markt bringen können, eine feste Beziehung zur Anzahl der präklinischen Forschungsprojekte aufweisen müsse, die fünf bis sechs Jahre vor der beabsichtigten Einführung bearbeitet wurden.[5] Die Autoren dieser Studie bestimmten also die Zahl der präklinischen Forschungsprojekte, die 1993 in der pharmazeutischen Industrie bearbeitet wurden. Dabei konnten sie in einigen Fällen auf direkte Informationen zurückgreifen, in den meisten Fällen mußten sie die Zahl der Forschungsprojekte aufgrund der veröffentlichten Forschungskosten schätzen. Dies war möglich, weil für einige Firmen sowohl die Zahl der präklinischen Forschungsprojekte als auch die Höhe der Forschungskosten bekannt waren.

Es zeigte sich, daß 1993 von 50 Firmen weltweit etwa 1 300 präklinische Projekte bearbeitet wurden. Entsprechende Zahlen wurden auch für die zehn führenden Firmen sowie für die ersten 20 oder 30 pharmazeutischen Firmen erhalten. Wenn man nun die historisch bekannten Erfolgsraten für den Übergang von Forschungsprodukten in die Entwicklung und von Entwicklungsprodukten auf den Markt berücksichtigte, konnte man abschätzen, wie viele Handelspräparate aus den 1993 in der Industrie bearbeiteten Projekten hervorgehen würden. Allerdings mußte diese Zahl noch durch die Zahl der Jahre geteilt werden, die zur totalen Erneuerung eines Forschungsportfolios benötigt wird. Die Autoren benutzen hier ebenfalls eine historische Zahl, die an realen Beispielen ermittelt worden war und die vier Jahre betrug. Wenn nun für die Entwicklungszeit sechs Jahre angenommen wurde, konnte man die Zahl der 1999 einzuführenden Produkte schätzen. Diese Rechnung geht davon aus, daß die Zahl der aus der Forschung in die Entwicklung eintretenden

240

Präparate in jedem der vier Jahre, die zur Erneuerung des Portfolios benötigt werden, etwa gleich groß ist. Es ist bemerkenswert, daß die für das Jahr 1999 zu erwartenden Zulassungen sowohl für die gesamte Industrie (alle 50 Firmen) als auch für die Gruppen der ersten 10, 20 oder 30 Firmen niedriger lagen als die entsprechenden Zahlen aus der jüngeren Vergangenheit. Mit anderen Worten: der schon seit 1985 beobachtete Trend zu weniger Neueinführungen scheint sich fortzusetzen. Wenn man diesen ernüchternden Befund den Wachstumserwartungen der Industrie gegenüberstellt, ergeben sich abhängig von den erwarteten Wachstumsraten erhebliche Diskrepanzen zwischen dem, was die Industrie liefern *kann,* und dem Zuwachs, den sie dabei erzielen *möchte.* Um die Zahl der fehlenden Substanzen annähernd richtig abzuschätzen, mußten wiederum Annahmen für die Lebensdauer, die im Durchschnitt erzielten jährlichen Verkäufe und die Entwicklungsdauer des «Standardpräparates» getroffen werden. Die Autoren entschieden sich für durchschnittliche Verkäufe von 400 Millionen Dollar pro Jahr und für eine Lebensdauer der Präparate von durchschnittlich 17 Jahren. Die Länge der Entwicklungszeit (Eintritt in die Entwicklung bis zur ersten Registrierung) wurde mit sechs Jahren angenommen. Diese Gegenüberstellung zeigte, daß die Industrie mit den projizierten Registrierungen nicht in der Lage sein würde, ihre derzeitige Größe zu erhalten: selbst bei einem Nullwachstum fehlten ihr elf neue Substanzen pro Jahr. Die führenden zehn Firmen hätten nach dieser Rechnung fünf Substanzen pro Jahr zuwenig, für die führenden 20 beträgt das Innovationsdefizit sieben neue Substanzen pro Jahr. Bei einem durchschnittlichen Wachstum der Industrie von fünf Prozent betrüge das Defizit für die ganze Industrie 19 Substanzen pro Jahr, bei einer zehnprozentigen Wachstumsrate 30 Substanzen pro Jahr (Tab. 5.1).

Es ist nach diesen Zahlen unwahrscheinlich, daß die Industrie insgesamt ein nennenswertes Wachstum zeigen kann. Dies schließt nicht aus, daß einzelne Firmen aufgrund guter Forschungsleistungen auch in Zukunft erfolgreich sein werden. Für die Gesamtindustrie aber belegen die Zahlen die Notwendigkeit, ihre Größe in Einklang mit ihrer innovativen Basis zu bringen.

Innovationsdefizit bei den führenden Pharmafirmen

Wachstums-rate	Für alle Firmen			Pro Unternehmen		
	Top 10	Top 20	Top 50	Top 10	Top 20	Top 50
− 15 %	1,9	2,9	3,9	0,2	0,2	0,1
− 10 %	0,2	0,4	0,2	0,0	0,0	0,0
− 5 %	− 1,9	− 2,9	− 4,6	− 0,2	− 0,2	− 0,1
0 %	− 4,7	− 7,3	− 10,9	− 0,5	− 0,4	− 0,2
5 %	− 8,2	− 12,8	− 19,0	− 0,8	− 0,6	− 0,4
10 %	− 12,7	− 19,8	− 29.2	− 1,3	− 1,0	− 0,6
15 %	− 18,4	− 28,6	− 42,1	− 1,8	− 1,4	− 0,8
20 %	− 25,5	− 39,6	− 58,1	− 2,6	− 2,0	− 1,2

Die Zahlen in den beiden rechten Spalten bezeichnen die Differenz zwischen der Anzahl von Neueinführungen, die erreichbar erscheinen, und der Zahl, die benötigt würde, um das in der linken Spalte angegebene Wachstum zu erreichen.
Bei einer Wachstumsrate von − 10 % bestünde demnach kein Defizit.
Bei einem Nullwachstum fehlten pro Jahr 11 Substanzen, bei 10 % Wachstum wären es 30 Substanzen pro Jahr. Die Zahlen wurden für die führenden 10, 20 oder 50 Unternehmen auf der Basis von Daten aus dem Jahre 1993 berechnet.

Tab. 5.1

Steigerung der Forschungsproduktivität durch «interne»
Maßnahmen

Innovationen sind also «Mangelware».[6] Während der vergangenen Jahre lag in der Pharmaindustrie der Schwerpunkt aller produktivitätsfördernden Maßnahmen eindeutig bei der Entwicklung. Es war klar, daß hier oft Jahre vergeudet wurden, und bei einem Produkt von mehreren hundert Millionen Umsatz pro Jahr bedeuten einige Jahre Verzögerung in der Entwicklung eben Umsatzeinbußen, deren Größe sich aus dem Produkt der jährlichen Verkäufe und der Länge der Verzögerung ergibt. Die führenden Pharmafirmen sind aber dabei, ihre Entwicklungsleistung erheblich zu verbessern. Es steht zu erwarten, daß sie diesen Sektor ihrer Produktbereitstellung inner-

242

halb der nächsten Jahre weiter optimieren werden, so daß vielleicht in fünf bis zehn Jahren der Entwicklungsprozeß überall so gut beherrscht wird, daß er als kompetitives Differenzierungsmerkmal nicht mehr stark ins Gewicht fällt. Was dann über Erfolg oder Mißerfolg von Pharmafirmen entscheiden wird, ist ihre Fähigkeit, neue Entwicklungsprodukte überhaupt zu *finden*. Der eigentliche Unterschied zwischen erfolgreichen und erfolglosen Firmen könnte also in der Qualität und der Zahl der neuartigen Produkte liegen, die pro Jahr für die Entwicklung bereitgestellt werden. Hier liegt das Defizit, dem wir uns heute gegenübersehen. Hier liegt also auch der Ansatzpunkt für korrigierende Maßnahmen.

Produktivere Zentren durch mehr Autonomie

Es geht darum, die Produktivität der Forschung zu steigern. Dies kann einmal durch interne Maßnahmen geschehen, zum anderen durch Zusammenarbeit mit Dritten. Intern ist daran zu denken, daß die großen Firmen mit ihren einerseits schwerfälligen, andererseits von finanziellen Optimierungstendenzen bestimmten Strukturen keine ideale Umgebung für die Entfaltung einer kreativen Forschung bieten. Forschung kann in dieser Umgebung keine optimalen Ergebnisse erbringen, es sei denn, man gewährt ihr bewußt Freiräume, die sie heute nur noch in wenigen Firmen genießt. Hinweise, wie dies zu bewerkstelligen wäre, gibt es: wir wissen von den Hunderten kleiner Biotechnologiefirmen, daß sie gemessen an ihrem Geldeinsatz und ihrer Größe außerordentlich produktiv sind. Produktivität heißt hier nicht Profitabilität, sondern bedeutet, daß mit relativ wenig Geld, einer kleinen Zahl von Mitarbeitern und über relativ kurze Zeiträume erstaunliche Resultate erzielt werden. Man könnte die Forschungsproduktivität in den großen Firmen sicher verbessern, wenn man große Forschungsstrukturen in kleinere «semiautonome» Einheiten aufteilte und diesen Einheiten viel unternehmerischen und wissenschaftlichen Freiraum gewährte. Ein interessantes Modell für die Zukunft könnte also darin liegen, daß man die exploratorische Forschung einer großen Firma in mehrere, thematisch definierte Institute oder Forschungsfirmen aufteilt, die ihr eigenes Budget haben und die an ihren Resultaten gemessen werden, denen es aber freisteht, die Methoden, die zum Erfolg führen, selbst zu bestimmen.[7]

Während der letzten Jahrzehnte tendierte die Entwicklung innerhalb der Pharmaindustrie ja eher zu einer stärkeren Integration der Forschung und Entwicklung in andere Konzernaktivitäten. Für die Entwicklung ist das sinnvoll, weil mit der Erarbeitung oder Bestätigung eines gemeinsamen Wirkprofils unmittelbar Probleme des Marketings angesprochen sind; ebenso müssen regulatorische Entscheidungen zusammen mit der Klinik gefällt werden, das Produktionsverfahren für die späten klinischen Studien und für den Markt muß entwickelt werden. Alle diese Dinge bedürfen einer sorgfältigen Koordination. Entwicklung ist ein multifunktionaler Prozeß, der genaue Planung, gute Organisation und hohe Disziplin verlangt.

Die Einbindung der Forschung in andere Funktionen aber hat viele negative Konsequenzen. Forschung braucht Freiräume, ihre Ergebnisse sind kaum planbar; sie kann also nicht von erwünschten Resultaten her bestimmt werden, sondern muß von den am Anfang stehenden Fragen und Methoden her begriffen werden. Das bedeutet nicht, daß die Forschung vom Unternehmen abgekoppelt werden soll. Im Gegenteil: das Forschungsmanagement muß die Unternehmensstrategie mitgestalten und mittragen. Es muß die wesentlichen Aussagen und Forderungen einer solchen Strategie auch an die Mitglieder der Forschungsorganisation vermitteln. Quantitative und qualitative Ziele eines Forschungszentrums sind gemeinsam mit der Unternehmensleitung zu formulieren. Das gemeinsam mit der Forschungsleitung und der Unternehmensleitung erarbeitete Budget muß dem strategischen Rahmen und den operativen Zielen entsprechen. Innerhalb dieses thematischen und finanziellen Rahmens aber muß die Forschung frei sein, um ihre Möglichkeiten auszuschöpfen. Die Wahl ihrer wissenschaftlichen Methoden, die Zusammenarbeit mit anderen Wissenschaftlern, die Organisation eines Zentrums, die Rekrutierung benötigter Mitarbeiter: das alles sollte im Ermessen eines Forschungszentrums liegen. Die Kriterien, an denen ein Zentrum gemessen werden kann, sind schnell aufgezählt: Erreichung von Zielen (Qualität und Anzahl von Entwicklungssubstanzen über kurze und mittlere Zeiträume von 1–5 Jahren), Patente, Publikationen, Einhaltung des Budgets, Vermeidung von Doppelspurigkeiten mit anderen Zentren oder komplementär dazu die Erzeugung von synergistischen Effekten, Beiträge zur Implementation der Unternehmensstrategie durch größere Zusammenarbeiten mit Biotechfirmen oder anderen Partnern.

Qualität erzeugt Qualität

Allgemeingültige Rezepte für die Gestaltung eines Forschungszentrums gibt es nicht. Es lohnt sich jedoch, einmal einen Blick auf besonders erfolgreiche Institute oder wissenschaftliche Einrichtungen zu werfen, um vielleicht einige Kriterien zu erfassen, die häufig mit wissenschaftlichem Erfolg verbunden sind. Die wichtigste Voraussetzung für Erfolg sind gute und motivierte Wissenschaftler. Man könnte hier von kritischer Qualität sprechen. Qualität erzeugt Qualität. Gute Wissenschaftler ziehen andere gute Mitarbeiter an. Schlechte oder auch nur durchschnittliche Forscher aber tun das Gegenteil, besonders wenn sie sich in übergeordneten Positionen befinden. Wer wirklich produktive Zentren haben will, muß also den Mut aufbringen, erstklassigen Mitarbeitern viel Freiheit zu geben und sich von schwachen Mitgliedern zu trennen. Weitere Merkmale guter Zentren sind eine kritische Größe und die damit zusammenhängende Nähe zu anderen wissenschaftlichen Einrichtungen. Wissenschaft ist – heute mehr als je – ein interaktiver Prozeß. Ein Institut oder Zentrum, das im eigenen Saft schmort und ohne tägliche stimulierende Kontakte auskommen muß, wird nicht produktiv sein. Die optimale Größe für ein pharmazeutisches Forschungszentrum liegt bei einigen hundert Mitarbeitern: darin sollten alle Disziplinen vertreten sein, die zur Entdeckung und zur frühen Charakterisierung von Arzneimitteln gebraucht werden, also auch Toxikologen, Biochemiker, Pharmazeuten und Kliniker. Zentren mit mehr als 600–800 Mitarbeitern tendieren zur Anonymität. Unter einer Zahl von 200 Mitarbeitern gerät ein Zentrum in die Gefahr methodischer und konzeptioneller Einseitigkeit. Gute Wissenschaftler sind im allgemeinen bereit, fachlich begründete Autorität zu akzeptieren. Seniorität oder aus anderen Lebensbereichen, etwa aus dem Militär oder von Behörden, entlehnte strukturelle Prinzipien sind für die Organisation der Forschung Gift. Flache Strukturen, Informalität,

Offenheit und die Kongruenz von wissenschaftlicher Fähigkeit und Persönlichkeit einerseits und von Verantwortung andererseits sind typische Merkmale erfolgreicher Forschungsorganisationen. Finanzielle Anreize sind hilfreich, wenn sie leistungsbezogen sind.

Woher kommt Motivation?

Bürokratie, elektronische Arbeitszeiterfassung, operative Einengung durch Vorgesetzte, lange und ermüdende Sitzungen mit überwiegend administrativem Inhalt – dies sind sichere und leider für die Industrie typische Methoden, um Produktivität zu mindern und um talentierte und motivierte Mitarbeiter zu entmutigen.

Noch gefährlicher als diese formalen Behinderungen sind inhaltliche Einengungen, die zum Beispiel darin bestehen, daß die Zielsetzung von Forschern durch kurzfristige Marktbedürfnisse beeinflußt wird. Solche Phänomene sind bedrohlich und signalisieren für die Forschung ernste Schwierigkeiten. In der Pharmaindustrie, besonders auch in Forschung und Entwicklung, ist es üblich geworden, die Motivation von Forschern als kritisches Merkmal herauszustellen. Dazu ist zu sagen: wirklich kreative Forscher sind wie andere kreative Menschen *a priori* motiviert. Motivation ist ein Teil ihrer Lebensenergie, die auf selbst gesteckte Ziele gerichtet ist. Man kann – und sollte – Voraussetzungen herstellen, unter denen diese Energie sich entfalten kann, und man sollte störende Einflüsse abwehren. Zu glauben, daß man nicht inspirierte, opportunistische Mitarbeiter zu kreativen Leistungen «motivieren» kann, ist ein kindischer Irrtum, dessen Ursprung in einem platten, selbst in den USA heute überwundenen Behaviorismus zu suchen ist. Diese experimentelle Richtung der Psychologie ging ja von der Annahme aus, daß das Verhalten von Tieren (und Menschen) unter kontrollierten Laborbedingungen als Antwort auf bestimmte Reize beobachtet und bewertet werden könne. Die moderne Verhaltensforschung, die angeborenes Verhalten im natürlichen Umfeld beobachtet, hat gezeigt, daß der behavioristische Arbeitsansatz wichtige, eben die angeborenen Komponenten des Verhaltens außer acht läßt. Wer in der Forschung Probleme mit der Kreativität seiner Mitarbeiter hat, der hat eben die falschen Leute angestellt. Motivationsgymnastik wird nichts fruchten.[8]

Zusammenfassend wäre also festzustellen: der Schlüssel zu erhöhter Forschungsproduktivität liegt in der Rekrutierung erstklassiger, das heißt kreativer und motivierter Wissenschaftler. Solche Mitarbeiter finden in der klassischen Pharmaindustrie immer seltener Arbeitsbedingungen, die ihnen behagen. Deshalb wird für die Einrichtung autonomerer Forschungszentren plädiert, die sich in einem gemeinsam mit der Firmenleitung festzulegenden strategischen und finanziellen Rahmen bewegen, innerhalb dieses Rahmens aber besondere Freiheiten genießen. Nur wenn die Industrie verstehen wird, daß Forschung zur Erzielung maximaler Produktivität Bedingungen braucht, die sie von den herkömmlichen korporierten Strukturen unterscheiden, wird sie ihre zentrale Rolle in der Arzneimittelforschung weiter spielen können. Die Alternative wäre der Verlust der Forschung als einer typischen Funktion der Pharmaindustrie und die Beschränkung auf die Entwicklung und Verteilung.

Zusammenarbeit mit Dritten

Die Zusammenarbeit mit kleinen Firmen, besonders mit sogenannten Biotechfirmen, ist heute sehr gut etabliert. Sie kann verschiedene Ziele verfolgen. Am häufigsten waren in der Vergangenheit F+E-Vereinbarungen, bei denen die Nutzung einer bestimmten Technologie zur Erfindung oder Entdeckung bestimmter Arzneimittel im Mittelpunkt stand (50 Prozent aller Vereinbarungen). Der zweitgrößte Teil der Abkommen, etwa 30 Prozent, galt der gemeinsamen Entwicklung bereits ausgewählter Produkte, bei den übrigen 20 Prozent handelte es sich entweder um reine methodenorientierte Zusammenarbeiten oder um nicht näher klassifizierte Übereinkünfte. 1994 wurden 117 formelle Verträge zwischen Biotechfirmen und Pharmafirmen abgeschlossen, 1995 waren es bereits mehr als 140 (Burril und Craves, Bioworld 1995).[9] Die Hauptinteressen der beteiligten Pharmafirmen umfaßten die Chemie kleiner Moleküle, Gentherapie, Genomforschung, intrazelluläre Regulation, Mechanismen des Alterns, mechanistische Ansätze zur Unterdrückung der Zellteilung, neue «drug delivery»-Systeme und kombinatorische Chemie. Die Biotechindustrie, auf die später im einzelnen eingegangen wird, ist für die Pharmaindustrie zu einer wichtigen Partnerin geworden. In

der Hervorbringung neuer Ideen, neuer Methoden und neuartiger
Forschungsansätze hat sie die Forschungspalette der Pharmaindustrie sehr bereichert. Aber auch in ganz greifbaren Bereichen neu
zugelassener Präparate macht sich ihr Einfluß immer stärker bemerkbar. Insgesamt sind bis heute (Februar 1997) weltweit mehr als
40 monoklonale Antikörper und rekombinante Proteine als Arzneimittel zugelassen worden. Der Anteil der «biotechnologisch» gewonnenen Arzneimittel an der Gesamtzahl der neuen Arzneimittel
nimmt ständig zu und lag 1995 bei etwa 12 Prozent. Bis zum Ende
dieses Jahrzehnts werden biotechnologisch gewonnene Präparate
knapp die Hälfte aller Neueinführungen von Medikamenten ausmachen. Die erste Welle der biotechnologischen Revolution hat den
Arzneimittelmarkt erreicht (Tab. 5.2). Das wissenschaftliche und
technische Potential der Biotechfirmen wird von der Pharmaindustrie also bereits intensiv in Anspruch genommen. Die Produktivität
dieser Industrie kann auch helfen, das Innovationsdefizit in der
Pharmaindustrie zu vermindern.[10]

Anders steht es mit den Universitäten. Hier scheint ein großes
Potential für Zusammenarbeit noch weitgehend brachzuliegen.
Zwar sind Universitäten traditionelle wissenschaftliche Partner der
Industrie, doch diese Partnerschaft reflektiert die traditionellen Aufgaben der beiden Institutionen stärker als ihre möglichen komplementären Rollen in der Bereitstellung innovativer Produkte oder
technischer Lösungen. Universitäten waren in der Vergangenheit
häufig Empfänger von Stipendien, Forschungsunterstützungen, Geschenken, Finanzierungsbeihilfen für Veranstaltungen und dergleichen. In den USA wurden häufig auch Lehrstühle durch Industriegelder finanziert. Diese Zuwendungen waren im allgemeinen nicht
an Auflagen gebunden, sondern sie wurden vielmehr in der stillschweigenden Annahme getätigt, daß die Forschung in den Universitäten sich eines Tages auch für die Industrie als relevant erweisen
müsse und daß die Industrie ja immer auf gut ausgebildeten naturwissenschaftlichen Nachwuchs angewiesen sei. Diese Annahmen erwiesen sich im großen und ganzen auch als richtig. Während der
letzten zwanzig Jahre ist hier jedoch ein Wandel eingetreten, für den
es mehrere Gründe gibt. Das Interesse der Universitätsforscher an
der praktischen Anwendung ihrer Forschungsergebnisse im biome-

Einsatz gentechnischer Methoden in der Pharmaindustrie

Genrekombinante Produkte	Diagnose	Arzneimittel-forschung und -entwicklung	Grundlagen-forschung für ursächliche Krankheits-behandlung

Beispiele

Genrekombinante Produkte	Diagnose	Arzneimittel-forschung und -entwicklung	Grundlagen-forschung für ursächliche Krankheits-behandlung
Humaninsulin Wachstumshormon Erythropoietin (EPO) G-CSF, GM-CSF Interferone Interleukine Faktor VIII/IX t-PA Hepatitis-B-Vakzine Humanisierte mono-klonale Antikörper Fusionsproteine	Monoklonale Antikörper zur Diagnose von Infektionen, Krebs etc. PCR (Polymerase Chain Reaction) für qualitative/quanti-tative Bestimmung HIV/HCV etc. Tumordiagnostik Genetische Tests	Aufspüren von neuen körpereigenen Proteinen (TPO, Leptin) Isolieren und Reproduzieren von «drug targets» Verbesserung bestehender Arzneimittel durch Aufklärung der Wirkmechanismen	Entschlüsselung der menschlichen, bakteriellen Gene (Genomprojekte) Transgene Tiermodelle «Knock out»-Mäuse

Konsequenzen

Genrekombinante Produkte	Diagnose	Arzneimittel-forschung und -entwicklung	Grundlagen-forschung für ursächliche Krankheits-behandlung
• Hohe Arzneimittel-sicherheit • Hohe Spezifität • Standardisierte Qualität • Hohe Wirtschaftlichkeit	• Frühzeitige Diagnose • Zielgerichtete Behandlung • Disease Management • Prädiktive Diagnostik	• Zielgerichtetes Screening	• Somatische Gentherapie • Beeinflussung der Genexpression/ Proteinsynthese • Antisense Wirkstoffe

Tab. 5.2: Methoden der molekularen Biologie werden in der Grundlagenforschung, bei der eigentlichen Suche nach neuen Arzneimitteln, in der Diagnose und zur Herstellung gentechnischer Medikamente eingesetzt.

dizinischen Bereich hat sich vor allem in den USA verstärkt. Einerseits lag dies daran, daß die Molekularbiologie und damit auch die von ihr beeinflußten Biowissenschaften Immunologie, Zellbiologie, Neurobiologie und andere einen methodischen Reifegrad erlangt hatten, der Anwendungen in der Medizin geradezu herausforderte. Ein Beispiel hierfür: in den fünfziger und sechziger Jahren waren

Bakterien und Bakteriophagen die Studienmodelle der molekularen Biologie. Später kamen Hefen, Fadenwürmer *(Caenorhabditis elegans)* und die Fruchtfliege Drosophila hinzu, welche die Genetiker schon seit Jahrzehnten interessiert hatte. In den siebziger und achtziger Jahren dehnten sich die Untersuchungen auf eukaryonte Zellen und später auf Säugetiere, vornehmlich die Maus, aus. Heute ist die Entschlüsselung der Struktur des menschlichen Genoms, das funktionelle Verständnis der Gene, ihr relativer Beitrag zu physiologischer Forschung, zu normaler und pathologischer Entwicklung ein zentrales Gebiet der Molekularbiologie. Dies bedeutet, daß neue modellhafte Erkenntnisse, die in der Grundlagenforschung gewonnen wurden, nicht erst in einen medizinischen Zusammenhang übersetzt werden müssen: sie *befinden* sich bereits in diesem Zusammenhang.

Ein weiterer Grund für das verstärkte Interesse von Grundlagenforschern an der praktischen Anwendung wissenschaftlicher Erkenntnisse ist vielleicht auch kultureller Art: «es gibt nichts Gutes außer: Man tut es», heißt es bei Erich Kästner; dem häufig geäußerten Zweifel daran, daß in der Vergangenheit vorgenommene Investitionen in die Grundlagenforschung zu einer Verbesserung menschlicher Lebensbedingungen geführt haben, ist mit praktischen Lösungen am ehesten zu begegnen. Die Hinwendung vieler Grundlagenforscher zur angewandten Forschung, besonders zur Lösung diagnostischer und therapeutischer Probleme, wäre, so betrachtet, ein sehr wirksames Mittel gegen eine weitverbreitete Wissenschaftsskepsis. Diese Skepsis hat, zusammen mit wachsenden Anforderungen von anderer Seite an die Gelder in öffentlicher Hand, in den vergangenen Jahren zu einer Stagnation – in Wirklichkeit zu einer Reduktion – der für Forschung und Entwicklung aufgewendeten staatlichen Mittel geführt. Dies galt besonders für die USA, traf aber auch für andere Länder zu.[11] Universitäten waren und sind also mehr als bisher dazu gezwungen, Geld für Forschung außerhalb der staatlichen Kanäle zu finden. Die für breite Bevölkerungsschichten sichtbare Umsetzung von Grundlagenwissen in lebensverbessernde Maßnahmen wäre langfristig am ehesten geeignet, ein Umdenken zu bewirken und Regierungen und Bevölkerungen davon zu überzeugen, daß Investitionen in die Wissenschaft sich lohnen.

Alle diese Faktoren haben dazu beigetragen, daß führende Universitäten, vor allem die Universitäten in der sogenannten «Bay Area» in Kalifornien, zu Brutplätzen für neue junge Biotechnologieunternehmen wurden. Natürlich spielten dabei auch Abenteuerlust und der Wunsch, es rasch zu Reichtum zu bringen, eine wichtige Rolle. Ohne die zuvor beschriebenen Faktoren aber hätte es den von den Universitäten ausgehenden schnellen Aufstieg der Biotechindustrie nicht gegeben. Kulturell bedeutete der Sprung von der Universität zu einer kleinen Biotechfirma zwar einen Wechsel, aber keine drastische Veränderung der Lebens- und Arbeitsbedingungen. Amerikanische Universitäten lernten schnell, sich auf die neue Situation einzustellen: sie räumten ihren Fakultätsmitgliedern, die als Gründer und wissenschaftliche Berater von Biotechfirmen tätig sein wollten, schon in den achtziger Jahren dafür bestimmte Teile ihrer Arbeitszeit ein (im allgemeinen einen Tag pro Woche) und erstellten Regeln für die Bezahlung ihrer Fakultätsmitglieder aus solchen Tätigkeiten.

Das Zusammenspiel zwischen der Biotechindustrie und den amerikanischen Universitäten funktioniert heute im allgemeinen gut, obwohl es regionale Unterschiede gibt. Hingegen steckt die direkte Zusammenarbeit der Universitäten mit der Pharmaindustrie noch in den Anfängen. Eine kürzlich veröffentlichte Übersicht zeigte, daß zwischen biomedizinisch orientierten Firmen und Universitäten etwa 6 000 Projekte bearbeitet werden, von denen die meisten durchschnittlich zwei Jahre dauern und weniger als 100 000 Dollar kosten.[12] Das Verhältnis zwischen Industrie und Universität ist also durch eine Vielzahl kleiner und kurzfristiger Interaktionen gekennzeichnet. Bei etwa 30 Prozent handelt es sich um klinische Projekte, die an Universitätseinrichtungen im Auftrag der Industrie durchgeführt werden; häufig sind auch Beraterverträge der Industrie mit einzelnen Professoren sowie die Unterstützung kleinerer Forschungsvorhaben.

Eine Befragung von Wissenschaftlern in Industrie und Universität zeigte, wo die Schwierigkeiten liegen. Universitätsforscher begrüßen die Zusammenarbeit mit den Forschungseinrichtungen der Industrie aus drei Gründen: sie möchten am Technologietransfer beteiligt sein. Das Motto: «from bench to bedside» besitzt für sie große Attraktivität. Sie gewinnen Zugang zu neuen Substanzen und Technologien. Schließlich können sie aus industriellen Geldern einen Teil ihrer eigenen Forschung finanzieren. Als Nachteile empfinden sie mögliche Interessenskonflikte und die Tatsache, daß eine außeruniversitäre Instanz Einfluß auf ihre Forschung gewinnt. Umgekehrt waren die Industriewissenschaftler an Zusammenarbeiten mit Universitäten hauptsächlich deswegen interessiert, weil sie Zugang zu neuen Ideen und Methoden gewinnen wollten. Darüber hinaus versuchten sie, junge Wissenschaftler aus der Universität für ihre eigenen Organisationen zu rekrutieren. Als Hemmnisse empfanden sie die Bürokratie der Universitäten, den Verlust an Kontrolle über gemeinsam bearbeitete Projekte und die Schwierigkeit, Information vertraulich zu behandeln.

Besonders in den amerikanischen Forschungsuniversitäten steckt ein riesiges, weitgehend noch ungenütztes Potential an praktisch anwendbaren Konzepten und Methoden. Zur Zeit findet in Industrie und Universitäten ein Umdenken statt, das größere Zusammenarbeiten in Zukunft erleichtern könnte. Wir werden darauf noch näher eingehen.[13]

Schwerpunkte der Innovation: die Biotechindustrie

Die amerikanische Biotechindustrie ist das unbeabsichtigte Resultat der molekularbiologischen Revolution, die 1944 mit der Entdeckung begann, daß das DNA-Molekül der Träger der genetischen Information ist. 1953 entschlüsselten James Watson und Francis Crick die Struktur des DNA-Moleküls; danach wurden in rascher Reihenfolge alle wichtigen Schritte der DNA-, RNA- und Proteinsynthese aufgeklärt. Es gelang, den genetischen Code, die Sprache der Gene, zu entziffern, bald darauf wurden die enzymatischen Werkzeuge der DNA-Rekombination isoliert. Jetzt konnte man auch ihre Funktion verstehen. Zum erstenmal wurde 1973 ein tierisches Gen in einer bakteriellen Zelle exprimiert, zwei Jahre später entdeckten Köhler und Milstein das Prinzip der monoklonalen Antikörper. 1976 wurde Genentech, die erste Gentechnikfirma, gegründet, weitere Firmen

252

folgten rasch. Heute (1997) umfaßt die amerikanische Biotechindustrie mehr als 1300 Firmen, davon etwa 800 mit einer therapeutischen Orientierung. Insgesamt erzielten diese Firmen im Jahre 1996 Einnahmen von 12,5 Milliarden Dollar. Ihre Ausgaben während des gleichen Zeitraumes betrugen 17 Milliarden Dollar. Die Biotechindustrie ist also heute trotz aller Erfolge einzelner Firmen immer noch defizitär. Doch beschäftigte diese Industrie 1996 108 000 Angestellte. Neben den Firmen mit therapeutischer Ausrichtung sind Diagnostikfirmen häufig, Agrofirmen folgen auf dem dritten Platz. Umweltorientierte Firmen oder Hersteller von biochemischen Reagenzien spielen eine relativ untergeordnete Rolle. Der Kapitalisierungswert (Börsenwert) der amerikanischen Biotechindustrie beträgt heute (1997) etwa 50 Milliarden Dollar. In den USA gibt es 485 kleine Firmen (1–50 Angestellte), 422 mittelgroße Unternehmen (51–135 Angestellte), 236 «große» Firmen (136–299 Mitarbeiter) und 147 «top tier»-Unternehmen mit mehr als 300 Angestellten. Zehn Firmen, darunter Genentech, Amgen, Biogen, Chiron, werden als «breakaway»-Unternehmen geführt, dies sind Unternehmen mit tausend oder mehreren tausend Angestellten, die inzwischen international operieren und sich in ihrer jeweiligen Industrie zu voll integrierten Firmen ausgewachsen haben.[14]

Auch Europa hat inzwischen eine Biotechindustrie. Sie umfaßt knapp 500 Firmen; keine Firma hat mehr als 300 Mitarbeiter, außerdem sind die einzelnen Segmente Therapie, Diagnostik, Agro, Instrumente und Umwelt alle annähernd gleich groß.[15]

Die therapieorientierte, das heißt «pharmazeutische» Biotechindustrie hat inzwischen ein beachtliches Arsenal von Präparaten hervorgebracht. Mehr als 40 rekombinante Proteine und monoklonale Antikörper sind bis heute zugelassen worden, und 450 befinden sich in irgendeinem Stadium der klinischen Entwicklung, davon 127 bereits in Phase III. Viele dieser Präparate haben nur lokale Bedeutung, und die hohen Zahlen weisen darauf hin, daß in dieser Gruppe noch ein erheblicher Redundanzgrad herrscht. Dennoch kann damit gerechnet werden, daß die Zahl neuer Produkte aus der Biotechindustrie von heute etwa sechs bis sieben pro Jahr in den nächsten Jahren auf 10–20 Stoffe ansteigen wird. Diese Produktion ist ganz überwiegend den öffentlichen Firmen zuzuordnen, also den neu gegründeten Aktiengesellschaften (1996 waren dies in den USA etwa 300). Die Biotechindustrie stellt aber auch das industrielle Inkubationsgefäß für neue Technologien dar. Insbesondere die Genomforschung, die kombinatorische Chemie, aber auch die Gentherapie, die ihre eigentliche Heimat vorwiegend in den medizinischen Zentren großer Universitäten hat, sind in den amerikanischen Biotechfirmen sehr stark vertreten. Auch chemische Technologien führten zur Gründung neuer Unternehmen. Firmen wie Arris oder Ariad sind Beispiele. Die Biotechindustrie wäre also durchaus in der Lage, während der nächsten 10–15 Jahre zu einer methodisch breit gelagerten Forschungsindustrie heranzuwachsen, die den großen, auf Entwicklung und Verteilung spezialisierten Pharmafirmen neue Entwicklungssubstanzen liefert. Vieles spricht dafür, daß eine solche Aufteilung zwischen Forschung und Entwicklung stattfinden wird. Wir gehen in einem späteren Abschnitt näher darauf ein.

Innovationszentren in den Universitäten

Wir haben gesehen, daß in den amerikanischen Universitäten, deren biologische und biomedizinische Forschung nach dem Zweiten Weltkrieg durch die National Institutes of Health in sehr großzügiger Weise gefördert wurde, der Nährboden für eine ganz neue Industrie entstand. Mit dieser Industrie verbinden sie auch heute noch andauernde Beziehungen. Der Technologietransfer von der Universität in kleine, neu gegründete Firmen durch Universitätsangehörige ist ein kontinuierlicher Prozeß, der noch immer weitergeht. In absoluten Zahlen wird die biologische Grundlagenforschung in den USA auch heute noch relativ großzügig finanziert – mit etwas mehr als 12 Milliarden Dollar pro Jahr. Jedoch wachsen diese Investitionen nur noch sehr langsam. Bei einer Inflationsrate von etwa fünf Prozent (sie liegt für wissenschaftliche Forschung um 50 Prozent höher als die allgemeine Inflationsrate) bedeutet dieser Stillstand *de facto* einen Rückgang in der Förderung der Grundlagenforschung. Vor allem betroffen sind jüngere Forscher; wenn bereits etablierte Labors im bisherigen Rahmen weiter finanziert werden, bleiben keine Mittel mehr für jüngere Wissenschaftler, die ihre Karriere erst begründen müssen. Dies hat sich zu einer recht prekären Situation entwickelt, da die Zahl der naturwissenschaftlichen Doktortitel (PhDs), die von den Hochschulen vergeben werden, bis in die jüngste Vergangenheit hinein gewachsen ist. Ein weiterer Faktor, der vor allem die «Medical Schools» belastet, liegt in der Umstrukturierung des amerikanischen Gesundheitswesens. Diese Szene wird immer mehr von den bereits erwähnten HMOs beherrscht, die Millionen von Patienten vertreten und die Krankenhäuser zwingen, miteinander um die Versorgung der von den HMOs vertretenen Patienten zu konkurrieren. In diesem Wettbewerb sind die forschenden Häuser gegenüber denen, die sich ganz auf Krankenversorgung spezialisieren, im Nachteil, weil ein Teil ihres Budgets für Forschung gebraucht wird. Universitätsinstitute und forschende Universitätskliniken müssen sich also stärker um andere Einnahmequellen bemühen. Die Industrie ist ein naheliegender Partner. Allerdings stehen hier die zuvor besprochenen kulturellen Unterschiede im Wege. Nun müssen aber auch die Pharmafirmen, zumindest die traditionell forschungsorientierten unter ihnen, angesichts eines drohenden Defizits neuer Verbindungen ein Interesse an der Verbreiterung ihrer innovativen Basis haben.

Universitäten und Pharmafirmen haben also komplementäre Interessen, die sie bewegen müßten, nach neuen Modellen der Zusammenarbeit zu suchen. Solche Modelle müßten sicherstellen, daß die Grundinteressen der beiden Institutionen, Pharmaindustrie und Universität, gewahrt bleiben und daß beide ihre Situation verbessern. Welche Wege dazu gibt es? Sicher steht die breite und sozusagen voraussetzungslose Förderung der Grundlagenforschung durch die Industrie nicht mehr zur Diskussion. Wir erwähnten es bereits. Zusammenarbeiten müssen so strukturiert sein, daß der finanzierende Teil, also die jeweilige Firma, in einem Zeitraum, über den sich beide Partner einig werden, das bekommt, was sie braucht: kritische wissenschaftliche Informationen, Konzepte, experimentelle Modelle, Methoden, in einigen Fällen auch Entwicklungssubstanzen. Es ist entscheidend, daß dies von den akademischen Partnern nicht nur unterstützt, sondern auch aktiv gefördert wird. Andererseits aber ist es wichtig, daß auch die Universität etwas erhält und nicht nur «ausführendes Organ» ist. Die für eine Zusammenarbeit verantwortlichen oder direkt an ihr beteiligten Wissenschaftler aus der Industrie müssen ihrerseits den universitären Anspruch auf Zuwachs an grundlegender Erkenntnis fördern, auch wenn nicht alles, was erarbeitet wird, sofort relevant für die therapeutische Praxis oder gar für die speziellen Interessen einer Firma ist. Beide Interessen, die konkrete Erwartung von experimentellen Fortschritten als Voraussetzung für ein therapeutisches Forschungsprogramm und der Wunsch nach grundlegenden Erkenntnissen, müssen also unter einen Hut gebracht werden.

Drei Dinge scheinen dazu unerläßlich: einmal die Wahl des Arbeitsgebietes oder Projektes. Es muß wissenschaftlich reif genug für die Anwendungen sein und andererseits genügend offene Fragen von grundsätzlicher Bedeutung zulassen. Zweitens sollte man für eine solche Zusammenarbeit, die ja über eine bestimmte Zeit und mit bestimmten Zielen und Erwartungen eingegangen wird, eine besondere Struktur schaffen. Hierbei kann es sich um eine Gruppe oder – in den USA geläufig – um ein sogenanntes «center» handeln, das quer zu den Abteilungsstrukturen der Universität verlaufen kann und alle Beteiligten in einer Gruppe zusammenfaßt; andere Verpflichtungen innerhalb der Universitäten können davon durchaus unberührt bleiben. Eine solche gesonderte Struktur erlaubt auch eine gemeinsame Betreuung und Führung der Gruppe durch ein Tandem aus Industrie und Universität. Drittens ist es entscheidend, daß beide Teile verstehen, was sie in dieser Zusammenarbeit suchen, und daß sie sich gegenseitig bei der Erreichung ihrer Ziele unterstützen. Nur dann erzeugt man ein harmonisches und auch unerwartete Ergebnisse zeitigendes Klima.[16]

Überwindung des Innovationsdefizits – mit Hilfe der Universitäten

Für eine Firma ergeben sich in der Zusammenarbeit mit Universitätslabors einige ganz konkrete und vielleicht sehr wirkungsvolle Möglichkeiten. Es wurde bereits erwähnt, daß die Industrie insgesamt nicht genügend neue Entwicklungssubstanzen hervorbringt. Zu einem erheblichen Teil liegt das daran, daß sie die falschen Projekte bearbeitet und sich zu lange damit aufhält. Wir erinnern uns an die einfache Gleichung

$$\frac{D \times \mu r}{t} = E$$

wobei D die Zahl der präklinischen Projekte, µr die Wahrscheinlichkeit des Überganges von der Forschung in die Entwicklung und t die durchschnittliche Bearbeitungsdauer in der Forschung darstellen. E bedeutet die Zahl der resultierenden Entwicklungssubstanzen, t beträgt im allgemeinen vier Jahre oder länger, und µr liegt historisch bei 0,4. Wenn es gelänge, t erheblich zu verkürzen und µr zu erhöhen, dann würde ein gegebener Bestand an Projekten D eine höhere Zahl an Entwicklungsprojekten E pro Jahr ermöglichen. Wenn eine Firma in ihrem präklinischen Forschungsportfolio 60 Projekte bearbeitete, dann würde sie unter diesen Annahmen pro Jahr sechs Entwicklungssubstanzen bereitstellen können.

$$\frac{60 \times 0,4}{4} = 6$$

Wenn es gelänge, die Bearbeitungszeit deutlich zu verkürzen – etwa auf zwei Jahre – und dabei die Übergangswahrscheinlichkeit zu erhöhen, nehmen wir an auf 60% = 0,6, dann könnte sie ein weit besseres Ergebnis erzielen, nämlich die Bereitstellung von 18 Entwicklungssubstanzen.

$$\frac{60 \times 0,6}{2} = 18$$

Wie aber könnte man die Verringerung der Bearbeitungszeit bewirken und außerdem noch eine Erhöhung der Erfolgswahrscheinlichkeit erzielen? Nach dem oben genannten Modell müßte man zwei Jahre lang alle terminierten Projekte (15 pro Jahr) durch neue, «präinkubierte» Projekte ersetzen. Dies könnte durch ausgedehnte Zusammenarbeiten mit Universitätslaboratorien geschehen. Wenn 75 Projekte im Durchschnitt zwei Jahre lang präinkubiert würden und die Wahrscheinlichkeit, diese Projekte zu regulären Forschungsvorhaben zu führen, mit 40 Prozent beziffert wäre, kämen wir zu den 15 präinkubierten Projekten pro Jahr. Innerhalb von vier Jahren könnte dann die Produktivität der Firmenforschung von sechs Entwicklungsprojekten pro Jahr auf 18 Projekte angestiegen sein – theoretisch in vier Schritten: nach dem ersten Jahr 9, nach zwei Jahren 12, nach drei Jahren 15 und schließlich 18. Da die Finanzierung von nichtindustriellen Labors erheblich billiger sein kann als die Arbeiten im eigenen Hause, könnte diese Produktivitätsverbesserung erzielt werden, ohne daß die Kosten im gleichen Maße steigen müßten. Wenn man im Fließgleichgewicht 75 «auswärtige» Projekte finanziert, kostet das bei durchschnittlich zehn Mitarbeitern pro Projekt 50–60 Millionen D-Mark. Das Problem liegt zur Zeit noch darin, geeignete Projekte innerhalb der Universitäten zu identifizieren und den Zustrom von präinkubierten Projekten so zu dimensionieren, daß eine maximale Steigerung der Produktivität resultiert. Die sorgfältige Überwachung dieser Zusammenarbeiten stellt dann noch ein weiteres Problem dar (Abb. 5.1).[17)]

Viele Universitäten (in den USA) werden sich der Tatsache bewußt, daß sie über Forschungsaktivitäten verfügen, die bei richtiger Betreuung Anschluß an die industrielle Entwicklung gewinnen könnten. Zur Zeit werden Überlegungen angestellt, die darauf hinauslaufen, solche Aktivitäten aus speziellen Investmentfonds zu finanzieren und die Projekte dann, wenn sie die nötige Reife erlangt haben, mit Gewinn an die Industrie zu übergeben. Für die Industrie sind solche Überlegungen sehr reizvoll. Auch die Universitäten sollten sie nützen; sie müssen aber darauf achten, daß sie ihre eigentliche Aufgabe, Information zu generieren und ohne Beschränkungen zu verbreiten, nicht gefährden.

In den USA sind viele Hochschulen auf dem besten Wege, diese schwierige Balance zu verstehen und zu bewältigen. Weniger positiv fallen Urteile aus, die sich mit der europäischen, speziell mit der deutschen Universitätsszene auseinandersetzen. Viele Voraussetzungen, die amerikanische Hochschulen in die Lage versetzt haben, der Nährboden für neue Industrien zu sein und mit bestehenden Firmen in sehr flexibler Weise zusammenzuarbeiten, fehlen in den deutschsprachigen Ländern fast vollständig. Jahrzehntelang hat sich die deutsche Universität allen Ideen eines Wettbewerbs der Hochschulen untereinander, der Objektivierung von Forschungsleistungen und allen auf die Herstellung von Qualität gerichteten Maßnahmen verweigert. Ein produktiver und kompetitiver Mittelbau mit eigenen selbständigen Professuren existiert nur in Ausnahmefällen (Heidelberg, Zentrum für Molekulare Biologie; Maximilians-Universität München, Genzentrum), die alte, auf wenige Ordinarien abgestellte Struktur mit ihren traditionellen Abhängigkeiten ist noch überall sichtbar. Die andauernde Produktivität und international nachge-

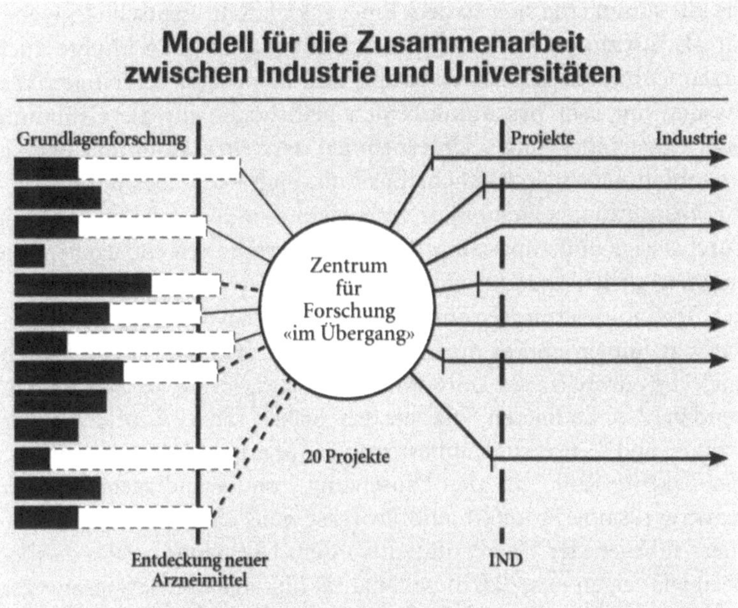

Abb. 5.1: Das Modell geht von folgender Überlegung aus: Eine Firma sucht sich unter den Forschungsvorhaben einer Universität diejenigen aus, die aus ihrer Sicht durch zusätzliche Arbeiten innerhalb weniger Jahre zu Ausgangspunkten für Projekte in der Arzneimittelforschung führen könnten. Die Grundlagenaspekte der einzelnen Projekte bleiben völlig unberührt. Die Firma finanziert zu 100 Prozent alle Arbeiten, die in ihrem Interesse liegen (gestrichelte Flächen). Die intellektuellen Rechte bleiben bei der Universität, die finanzierende Firma erhält jedoch eine exklusive Lizenz zur kommerziellen Nutzung aller aus der Zusammenarbeit resultierender Erfindungen. Die Universitätswissenschaftler können über die Resultate der von einer Firma finanzierten Arbeiten intern, das heißt zu wissenschaftlichen Zwecken, frei verfügen. Ein Zentrum für «Übergangsforschung», im wesentlichen ein kleines logistisches Instrument, koordiniert die Kontakte zwischen Universität und Firmenforschung sowie den Übergang der Projekte aus dem Universitätsbereich in die Firmenforschung und Entwicklung.

wiesene Leistung spielen für die Erhaltung einmal vergebener Professuren praktisch keine Rolle. Budgets werden nach antiquierten kameralistischen Prinzipien verwaltet. Sachmittel können nicht in Personalmittel überführt werden und umgekehrt; Stellen sind nicht oder nur unter großen Umständen ineinander umwandelbar. Einkünfte sind besonders im klinischen Bereich ungleichmäßig und ungerecht verteilt. Noch viele weitere Mängel ließen sich aufführen. Sie alle summieren sich zu dem Eindruck, daß die deutsche Universität als Institution dringend reformbedürftig ist (man könnte auch sagen: *chronisch* reformbedürftig), daß sie in ihrer derzeitigen Verfassung nur sehr beschränkt einen Nährboden für die Gründung oder Entstehung junger Unternehmen darstellen kann und daß sie sowohl ihre wissenschaftliche Basis als auch – und dies besonders – ihre institutionale Flexibilität verbessern muß, um mit der Industrie durchlässige und anpassungsfähige Partnerschaften einzugehen, die einen schnellen und zur wirtschaftlichen Wertschöpfung beitragenden Technologietransfer ermöglichen. Es steht allerdings zu hoffen, daß das immer stärker normativ wirkende angelsächsische Prinzip auch die europäischen Universitäten zwingt, ihre Rolle neu und lebendiger zu definieren, als sie das bisher taten. Grundlagenforschung und Lehre sind unbestrittene Aufgaben der Universitäten. Eine aktive Rolle bei der Umsetzung von Grundlagenwissen in marktwirksame Produkte und Prozesse muß daneben ein wesentliches Anliegen der Universitäten werden. Die besten ausländischen Beispiele zeigen uns, daß diese Dualität hin und wieder Spannungen erzeugt; sie zeigen aber auch, daß die traditionelle Rolle der Universität sowie die in jüngster Zeit zugewachsene vermehrte Teilnahme am Technologietransfer sich gegenseitig stimulieren und ergänzen können.

Pharmazeutische Zukunftsszenarios

Die Diagnose über den derzeitigen Zustand der pharmazeutischen Industrie ist gestellt. Die Industrie repräsentiert eine in mehr als einem Jahrhundert gewachsene, auf der Welt einmalige Agglomeration von verschiedenen Fähigkeiten, die alle dem Ziel dienen, Arzneimittel zu finden und zu entwickeln. Die großen international operierenden Pharmafirmen haben immer noch die Möglichkeit, teure Forschungs- und Entwicklungskosten durch dicht gestaffelte internationale Registrierungen und durch eine konsequente internationale Vermarktung zu kompensieren. Für kleinere Unternehmen besteht diese Möglichkeit nicht, sie müssen sich deshalb nach Partnern umsehen. Insgesamt gerät die Industrie aus den bereits geschilderten demographischen, ökonomischen und wissenschaftlichen Gründen immer stärker unter Druck. Sie muß, um zu überleben, ihre Produktivität entscheidend verbessern. Nicht alle Unternehmen werden dazu in der Lage sein; die Zahl der erfolgreich operierenden Pharmafirmen wird also weiter sinken. Es ist sehr wahrscheinlich, daß einige große Firmen imstande sein werden, ihre Entwicklungsleistungen, ihre Produktion und die internationale Vermarktung ihrer Produkte noch weiter zu steigern. Ob ihnen das auch mit der Forschung gelingt, darf bezweifelt werden.

Während der letzten Jahrzehnte sind die mentalen – nicht unbedingt die materiellen – Voraussetzungen für die Forschung in der pharmazeutischen Industrie fast kontinuierlich schlechter geworden. Diese Aussage kann im Hinblick auf einige Unternehmen eingeschränkt werden, *grosso modo* muß sie stehenbleiben. In dem Maße, in dem die Industrie allmählich unter propagandistischen und dann auch unter ökonomischen Druck geriet, änderte sich ihr Verhältnis zu den eigenen Forschungs- und Entwicklungsorganisationen. Die Schuld für die Diskrepanz zwischen dem, was man hatte, und dem, was jeweils benötigt worden wäre, um öffentlicher Kritik oder wirtschaftlichen Pressionen zu begegnen, wurde sehr oft bei der Forschung gesucht. Dies geschah auch nicht ganz zu Unrecht. Viele Firmen boten jahrzehntelang mäßig kreativen Wissenschaftlern ökologische Nischen, in denen sie ihren Hobbys nachgehen konnten, ohne sich, wie ihre Kollegen an den Universitäten oder öffentlich finanzierten Instituten, internationaler Kritik stellen zu müssen. Ein Individualismus der Mittelmäßigkeit war für viele Firmen typisch, so lange es ihnen wirtschaftlich gut ging. Es darf aber nicht vergessen werden, daß dies auch die Zeit war, in der einzelne Wissenschaftler in der Industrie brillante Leistungen erbrachten: Gerhard Domagk, James Black, Leon Sternberg und Lo-

well Randall, Paul Janssen, Gertrud Elion, George Hitchings und
Jean Borel seien hier stellvertretend für eine größere Gruppe erwähnt. Die kreativen Leistungen dieser Wissenschaftler waren
nicht geplant, konnten es nicht sein, entsprangen keinen unterneh-
mensstrategischen Konzepten und hatten überhaupt nichts mit Un-
ternehmenspolitik zu tun.

Forscher als Funktionäre

Hier wird die These aufgestellt, daß der Typus des kreativen Individualisten, der vielleicht unternehmerisch, aber kaum jemals kommerziell denkt, der *a priori* motiviert ist, der einem wissenschaftlichen Problem nachläuft, weil er darin auch eine therapeutische
Möglichkeit sieht, daß dieser Typus aus der heutigen Pharmaindustrie fast verdrängt worden ist. An seine Stelle treten immer zahlrei-
cher Funktionäre, die strategische Maximen, die ihnen aus irgendeiner Management-Etage vorgegeben wurden, nachplappern können, Leute, die technisch vielleicht kompetent sind, aber keine größeren Zusammenhänge mehr sehen, die keine tiefe Bindung an eine
wissenschaftliche Frage mehr kennen, sondern opportunistisch alles
in Angriff nehmen, was von ihnen verlangt wird. Kurzum: die Industrie ist auf dem Wege, ihre Forschung durch einen technischen Ap-
parat zu ersetzen, der Analysen, Tierexperimente oder Synthesen
durchführen kann, aber keine Ideen mehr entwickelt, keine Konzepte mehr inszeniert. Die Forschungsorganisationen der großen Firmen führen ihre Unternehmen nicht mehr – sie *werden* geführt. Ihre
Führer sind Juristen, Finanzexperten, Kaufleute, Marktstrategen, zu
häufig Menschen, welche die Zukunft als lineare Extrapolation bis-
heriger Entwicklungen verstehen. Hier soll nicht der Eindruck erweckt werden, dies sei eine unwiderrufliche, sozusagen schon be-
schlossene Entwicklung. Wohl aber muß darauf hingewiesen werden, daß die pharmazeutische Industrie Bedingungen geschaffen
hat, die gegen wissenschaftlichen Individualismus, gegen Kreativität, Originalität selektieren und die Konsensus, Anpasserei, Unterordnung und schnelles «Erledigen» von Aufgaben begünstigen. Die
Domagks, Janssens und Blacks gibt es noch – aber ihre Nachfahren
sind die Gründer und die wissenschaftlichen Antreiber kleiner, neu

gegründeter Unternehmen, die wir vorwiegend in der sogenannten Biotechindustrie suchen müssen.

Reformen von innen und Zukunftsszenarios

Ist diese Entwicklung noch umkehrbar? Kann die Industrie in der neu gewonnenen Einsicht, daß Forschung eine andere Umgebung braucht als die derzeit in der Pharmaindustrie vorhandene, ihre Forschung auf völlig neue Füße stellen, sie sozusagen aus dem Rahmen der korporierten Strukturen herauslösen? Es liefe darauf hinaus, daß Pharmafirmen «top down», also von oben herab, kleinere Forschungseinheiten einrichten, die den Charakter von Biotechfirmen tragen. Können sie das? Ja, sie könnten, wenn sich in ihren Reihen Manager befänden, die das Problem klar erkennen und die auch die Macht haben, etwas zu tun. Daß dies der Fall ist, darf bezweifelt werden – von ein oder zwei Ausnahmen abgesehen. Und so werden die Dinge ihren Lauf nehmen. Eigentliche Forschung, das heißt auf die Entdeckung oder Erfindung neuer Wirkstoffe gerichtete Forschung, wird sich immer mehr in die kleinen Biotechunternehmen verlagern, die zwar Biotech heißen, inzwischen aber ein sehr breites Spektrum der Biologie und der Chemie bearbeiten. Zwar sagen die Auguren der Pharmaindustrie ihrer jüngeren Schwester alljährlich den baldigen Untergang voraus. Allein dazu ist es bisher nicht gekommen. Dieser Untergang wird auch nicht stattfinden, weil die Biotechindustrie immer mehr das tut, was die Pharmaindustrie vernachlässigt: nämlich in die Zukunft weisende Forschung betreiben. Damit schafft sie die Voraussetzungen für die Auffindung neuartiger, näher an den Krankheitsursachen angreifender Medikamente, und in vielen Fällen stellt sie die Prototypen dieser Medikamente auch selbst zur Verfügung.

Ein Zukunftsszenario könnte also so aussehen: eine konsolidierte, das heißt gegenüber heute noch geschrumpfte Pharmaindustrie beschäftigt sich ganz überwiegend mit internationaler Arzneimittelentwicklung, -herstellung und -vermarktung. Eine aus der Biotechindustrie hervorgehende Forschungsindustrie versorgt diese Entwickler und Verteiler mit Ideen, Konzepten, vor allem aber mit Entwicklungssubstanzen (Abb. 5.2). Ein zweites, aus heutiger Sicht op-

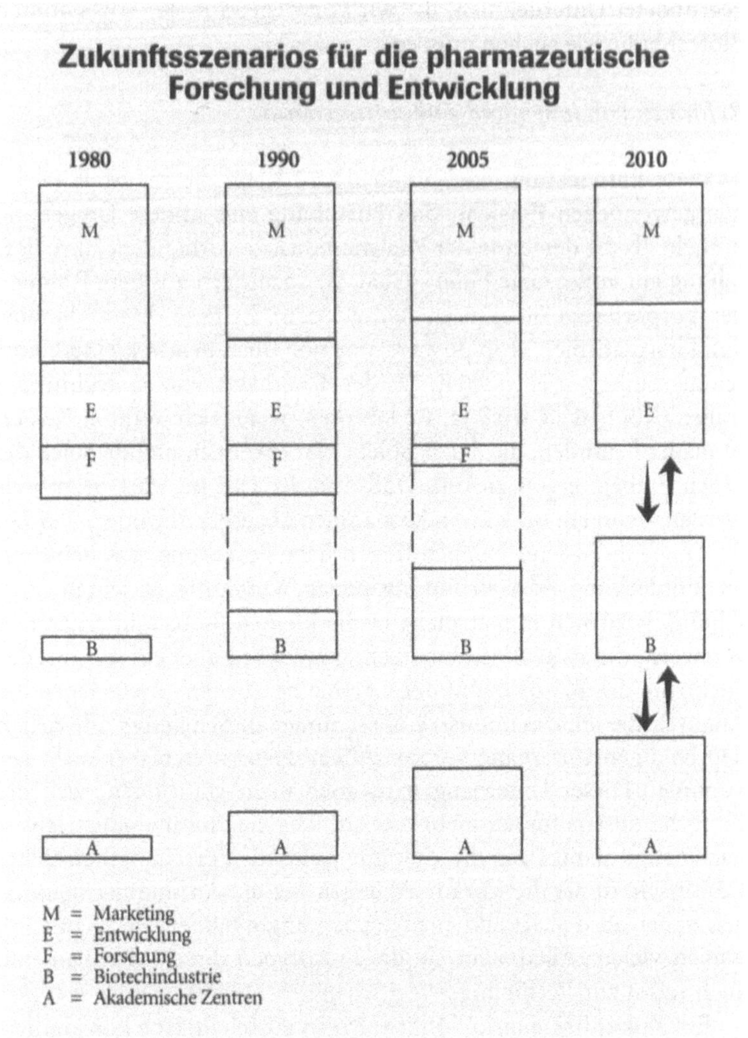

Abb. 5.2: Das Modell geht davon aus, daß die Forschungsanstrengungen der Pharmaindustrie allmählich auf die Biotechindustrie übergehen, die sich zu einer eigenen Forschungsindustrie entwickelt. Die Bedeutung der Universitätsforschung für die Arzneimittelforschung nimmt zu.

timistisches Szenario könnte vorsehen, daß zehn oder zwanzig große, international tätige Pharmafirmen die Zeichen der Zeit erkennen, den bisher verfolgten Weg einer Verplanung und Integration der Forschung in die Bürokratieburgen verlassen und dadurch selbst wieder die Führung in der Arzneimittelforschung übernehmen. Die Biotechindustrie bliebe auch unter diesen Umständen ein Partner, der sich allerdings wie bisher auf bestimmte Technologien spezialisieren und die eigentliche Integration von Methoden und Produkten den Pharmafirmen überlassen würde.

Ein drittes Szenario, das etwa die Mitte dieser Vorstellungen hält: einige wenige Firmen bleiben forschungsorientierte und durch Forschung angetriebene Unternehmen, die Mehrzahl geht den beschriebenen Weg der Entwicklung und Verteilung. Die Biotechindustrie entwickelt sich zu einer «discovery industry», die großen, weiterhin forschenden Firmen finden neue Formen der Zusammenarbeit mit Universitäten. Die Beibehaltung einer starken Forschung in der Firma hat neben einigen finanziellen Nachteilen (immobile Kosten) erhebliche Vorteile. Wer selbst forscht und auf wichtigen Gebieten gute Spezialisten und vor allem auch zu integrativem Denken befähigte Wissenschaftler hat, ist viel besser in der Lage, den Wert oder die Risiken neuer Entwicklungssubstanzen oder Technologien, die von außen angeboten werden, zu beurteilen als nicht forschende Unternehmen. Außerdem werden diese Firmen für die Forschungsindustrie gegenüber den reinen Entwicklern immer «erste» Adressen sein, mit denen man die schwierige Interphase zwischen Forschung und Entwicklung erfolgreicher und flexibler überbrücken kann als mit den ausschließlich auf Entwicklung und Verteilung spezialisierten Firmen.[18]

Wissenschaftliche Möglichkeiten – wirtschaftliche Zwänge

Ein weiterer Gesichtspunkt verdient Erwähnung. Eine unter wirtschaftlichen Zwängen stehende Industrie konzentriert sich immer stärker auf therapeutische Indikationen, die im Falle eines Erfolges hohe Gewinne versprechen. Medizinische Bedürfnisse, die sich nicht in funktionierende Märkte übersetzen lassen, werden nicht mehr bearbeitet (Tropenkrankheiten). Angesichts der auch in den Industrieländern immer größer werdenden Bevölkerungsanteile, die sozial nicht gesichert sind (in den USA sind es mehr als 30 Millionen, also rund 12 Prozent), steht zu befürchten, daß die Krankheiten der Armen oder die überwiegend weniger privilegierte Schichten befallenden Krankheiten in den Forschungsprogrammen der Pharmaindustrie kaum noch Beachtung finden. Dies bedeutet, daß sich die Pharmaindustrie von der selbst gestellten Aufgabe, die Gesellschaft mit sicheren und wirksamen Arzneimitteln zu versorgen, weiter entfernt, als es der betroffenen Gesellschaft recht sein könnte. Was könnte die Antwort darauf sein? Staatliche oder – besser – universitäre Institute für Arzneimittelforschung, die alle in diesen Zusammenhang gehörenden Funktionen umfassen müßten? Eine neue «Nischenindustrie», die unter anderen Kostenbedingungen arbeitet als die zu groß und zu global gewordene Pharmaindustrie?

Es gibt verschiedene Möglichkeiten. Sicher wird die Arzneimittelforschung im nächsten Jahrhundert nicht mehr in dem Maße ein Monopol der Pharmaindustrie sein, wie sie das in der zweiten Hälfte des 20. Jahrhunderts war. Zu vielfältig und zu unterschiedlich sind die zu lösenden therapeutischen Aufgaben, zu verschieden auch die wirtschaftlichen Möglichkeiten der Bevölkerungen, die mit Arzneimitteln zu versorgen sind. Schließlich wird sich das wissenschaftliche Repertoire noch erheblich erweitern: Gentherapie, moderne Impfstoffe, Zelltherapie, Xenotransplantationen werden ihre Rolle spielen und die Behandlung mit Arzneimitteln ergänzen.

Natürlich werden durch diese und andere neue Technologien auch wieder Bedürfnisse nach neuen Arzneimitteln entstehen. Es wurde bereits darauf hingewiesen, daß Forschungs- und Entwicklungskosten, die mehrere hundert Millionen Dollar für ein neues Präparat betragen, Firmen davon abhalten, Präparate zu entwikkeln, von denen sie sich nicht Jahreserlöse in der Höhe von mehreren hundert Millionen Dollar, Franken oder D-Mark versprechen können. Führt diese Entwicklung, wenn sie sich fortsetzt, nicht zu absurden Situationen? Kann sie nicht dazu führen, daß die Industrie sich selbst von der Wahrnehmung therapeutischer Möglichkeiten ausschließt? Einige Kenner des Gesundheitswesens sind der Meinung, daß die Entwicklungskosten erheblich gesenkt werden könnten und daß dies auch geschehen müsse, damit sich bietende Chancen zur Entwicklung wichtiger neuartiger Medikamente gewahrt bleiben. Die wissenschaftliche Entwicklung weist eindeutig in die Richtung einer größeren Selektivität von Medikamenten. Vor allem die Genomforschung wird uns Methoden in die Hand geben, mit denen wir Heilmittel für ganz bestimmte Patientengruppen herstellen können. Bluthochdruck oder Diabetes mellitus Typ II sind vermutlich keine einheitlichen Krankheiten. Es handelt sich um krankhafte Phänotypen, die durch ganz verschiedene genetische Mechanismen zustande kommen. Wenn jeder einzelne dieser Krankheitstypen seine spezifische Behandlung finden kann, dann ist diese Selektivität vom medizinischen Standpunkt aus durchaus zu begrüßen. Aber ist sie wirtschaftlich tragbar? Unter den heutigen Umständen sicher nicht.

Ein weiteres Beispiel für die Diskrepanz zwischen dem, was wünschenswert wäre, und dem, was wissenschaftlich und wirtschaftlich machbar ist: jahrzehntelang haben die forschenden Arzneimittelfirmen sich in der Entwicklung von Antibiotika mit breiten Wirkungsspektren überboten. Und sie wurden dabei von einem Beifall spendenden Troß von Klinikern unterstützt. Heute wissen nicht nur die Einsichtigen unter den Mikrobiologen und Infektionsklinikern, daß für breit wirkende, also auch breit selektierende Antibiotika ein Preis zu zahlen ist, nämlich die Entstehung weitgehend resistenter Bakterienpopulationen, die zumindest in den großen Kliniken einen beträchtlichen Teil des in der Behandlung von bakteriellen Infektionen erzielten therapeutischen Fortschrittes wieder in Frage stellen.[19] Vom epidemiologischen Standpunkt und auch aus klinischer Sicht wären hochselektiv gegen bestimmte Krankheitserreger wirkende Antibiotika vorzuziehen. Es gibt sie, wie jeder Mikrobiologe weiß, in beachtlicher Zahl. Solange aber keine Diagnostik existierte, die ein Pathogen oder mehrere für eine Infektion verantwortliche Keime *schnell* identifizieren konnte, bevorzugten Kliniker den Einsatz von Stoffen mit breiteren Wirkungsspektren. Antibiotika mit schmalen Wirkungsspektren werden nicht oder nur selten entwickelt. Unter dem Einfluß der Polymerasekettenreaktion (PCR) könnte sich das jetzt ändern. Diese Methode erlaubt es, definierte Abschnitte von genetischer Information (RNA oder DNA) beliebig oft zu kopieren. Sie hat für den Bereich der genetischen Information dieselbe Bedeutung wie die Kopiermaschine für gedruckte Informationen. Im Prinzip sollte es möglich sein, mit der PCR-Methode alle Infektionserreger innerhalb weniger Stunden zu identifizieren und auch herauszufinden, ob sie gegen gebräuchliche Antibiotika empfindlich oder resistent sind. «Schmalspektrumantibiotika» sind im Zusammenhang mit der PCR-Diagnostik überaus sinnvoll.

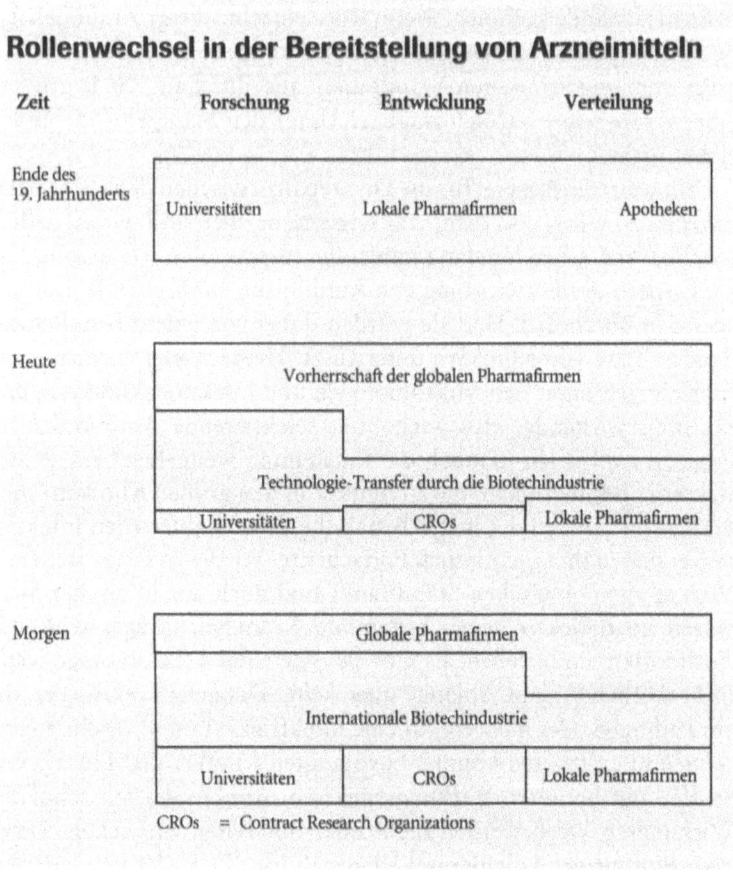

Abb. 5.3: Während des größten Teils des 20. Jahrhunderts hatte die Pharmaindustrie fast ein Monopol für Arzneimittel, F + E sowie für die Bereitstellung von Medikamenten. Sie ist heute im Begriff, dieses Monopol zu verlieren.

Ob die Industrie diesen Zusammenhang aufgreifen wird, bleibt allerdings zweifelhaft. Zu sehr steht sie unter dem Diktat der von ihr selbst verursachten oder zumindest mitverursachten wirtschaftlichen Zwänge. Es ist also unwahrscheinlich, daß Arzneimittelfirmen im nächsten Jahrhundert noch die gleiche Rolle spielen werden wie im zu Ende gehenden 20. Jahrhundert (Abb. 5.3). Arzneimittelforschung ist im Begriff, eine Aufgabe für viele Institutionen zu werden. Die Pharmaindustrie ist nur eine davon. Wie zentral ihre Rolle in Zukunft sein wird, hängt von der Elastizität und von der Phantasie ab, mit der Pharmamanager ihre Industrie gestalten und mit der sie auf gesellschaftliche Veränderungen und Bedürfnisse reagieren.

«Managed care» – die Einheit von Diagnose und Therapie

Besonders im derzeitigen amerikanischen Gesundheitssystem ist auf seiten der Krankenhäuser und anderer «Versorger» der Wunsch erkennbar, verschiedene, aufeinander abgestimmte therapeutische und diagnostische Leistungen aus einer Hand zu beziehen. Anfänge dazu existieren schon. Zum Beispiel stammen wichtige Medikamente gegen die HIV-Infektion und der weithin akzeptierte, auf der Polymerasekettenreaktion beruhende Test, der eine quantitative Erfassung der Viruslast und damit eine Kontrolle des Therapieerfolges ermöglicht, von zwei Divisionen ein und derselben Firma. Die Bereitstellung ganzer Bündel von zusammengehörigen Maßnahmen durch eine Firma bedeutet also eine weitere Herausforderung im kommenden Jahrhundert, der sich die Pharmaindustrie gegenübersieht.

Zusammenhänge zwischen Grundlagenforschung und pharmazeutischer Innovation

Aus anthropologischer Sicht könnte Wissenschaft aus zwei Grundantrieben entstanden sein: einmal aus dem Wunsch, die Welt und ihre Erscheinungen zu verstehen, und zum anderen aus dem Bedürfnis, die Welt für den Menschen bewohnbarer und beherrschbarer zu machen, also sie zu verändern. Beide Motive waren in der Menschheitsgeschichte wirksam, und beide entwickelten zunächst eigene, lange Zeit voneinander getrennte Traditionen. Die Welt der Wissenschaft gehörte in der Antike den Philosophen, den Mathematikern, später in der abendländischen Kultur den «Gelehrten», Scholastikern und Humanisten, die mit der Veränderung der Welt durch wissenschaftliche Methoden nichts im Sinne hatten. Sie repräsentierten auch den Geist, der Universitäten gründete, die bis heute in erster Linie der Erarbeitung von neuem Wissen und seiner von Anwendungsinteressen unbeeinflußten Weitergabe dienen.[20]

Demgegenüber gab es eine Tradition von Erfindern und Handwerkern, also von Baumeistern, Zeichnern, Waffenbauern, «Ingenieuren» im weitesten Sinne, die mehr auf Empirie beruhte als auf Theorienbildung. Erst im 19. Jahrhundert hatten sich die Naturwissenschaften so weit entwickelt, daß sie eine tragfähige Basis für die weitere Entwicklung der Technik abgeben konnten. Man spricht in diesem Zusammenhang von einer «Verwissenschaftlichung» der Technik.[21] Die beherrschende Stellung, die die Technik im ausgehenden 20. Jahrhundert einnimmt, ist eine direkte Folge dieser Entwicklung: Eisenbahnen, Flugzeuge, Medikamente, Computer, moderne Bau- und Beleuchtungstechniken sind Errungenschaften, die auf chemischen, physikalischen und biologischen Grundlagen beruhen. Die Entwicklung der Technik ist heute eng mit wissenschaftlichen Fortschritten verbunden, ja von ihr nicht mehr zu trennen.

Im 20. Jahrhundert folgte dieser «Verwissenschaftlichung» der Technik eine immer stärker werdende «Technisierung» der Wissenschaft. Was ist damit gemeint? Der Fortschritt in der Wissenschaft ist abhängig von der Erfindung neuer technischer Instrumente. Zum Beispiel ist moderne biologische Forschung ohne Spektroskopie, Ultrazentrifugation, Elektrophorese, Elektronenmikroskopie und viele andere «Hilfsmittel», die ursprünglich aus der Physik oder Chemie kamen, nicht mehr möglich. Wir sehen uns also heute in folgender Situation: während die Kategorien des Erkennens und Handelns, vertreten durch Wissenschaft und Technik, sich bis ins 19. Jahrhundert getrennt entwickelten, sind sie heute in vielfältiger Weise miteinander verbunden. Einerseits ermöglichte die theoretische Reife der Grundlagenforschung angewandte, das heißt auf einen außerwissenschaftlichen Zweck gerichtete Forschung, andererseits

270

hängt die Grundlagenforschung immer mehr von den Ergebnissen der angewandten Forschung und den Beiträgen einer verwissenschaftlichten Technik ab. Erkennen und Handeln, Grundlagenforschung und Anwendung sind also keine getrennten Bereiche mehr, sondern sie bedingen einander.

Dennoch bleiben die ursprünglichen Antriebe wirksam. Einer Forschung, der es vorwiegend oder ausschließlich um das Erkennen von Zusammenhängen geht, erschließt sich die Welt in anderer Weise als einer Forschung, die primär auf ein außerwissenschaftliches Ziel gerichtet ist. Obwohl Wissenschaft und Technik einander sehr nahe stehen, gehen sie nach wie vor von verschiedenen Voraussetzungen aus. Dies gilt in analoger Weise für Grundlagenforschung und angewandte Forschung.

Erkennen und Handeln in der Arzneimittelforschung

Pharmazeutische Forschung ist ihrem Wesen nach angewandte Forschung. Ihr Ziel, die Heilung oder Linderung von Krankheiten, ist ein außerwissenschaftliches Ziel; mit dem Wunsch nach Naturverständnis hat es primär nichts zu tun. In der Praxis aber ist die Arzneimittelforschung auf die Ergebnisse der Grundlagenforschung angewiesen. Umgekehrt können die Ergebnisse der angewandten Forschung der Grundlagenforschung Werkzeuge in die Hand geben, die der Aufklärung prinzipieller Lebensvorgänge dienen. Die Antibiotika sind ein Beispiel. Sie wurden zunächst als stoffliche Ursache eines Naturphänomens beschrieben, das Paul Vuillemin 1878 als Antibiosis bezeichnete.[22] Im 20. Jahrhundert wurden «antibiotisch» aktive Wirkstoffe in großer Zahl gesucht, gefunden und als Arzneimittel entwickelt. Das Studium ihrer Wirkungsmechanismen erwies sich als aufschlußreich. Die große Mehrzahl der Antibiotika hemmte biosynthetische Schlüsselvorgänge in Mikroorganismen. Als sehr spezifische Hemmstoffe der Protein- oder Nukleinsäuresynthese wurden diese Stoffe wichtige Werkzeuge in der Hand des Biochemikers. Ohne sie hätten wesentliche Zellfunktionen nicht oder nur auf großen Umwegen aufgeklärt werden können. Grundlagenforschung führte also zur Definition eines Prinzips, das dann im Hinblick auf ein medizinisches Problem, nämlich die Behandlung von Infektionen, genutzt wurde. Die dabei gefundenen Arzneimittel erwiesen sich in der Folge als wesentliche Werkzeuge der Grundlagenforschung.

Dieser «Zyklus» von Erkenntnis – Anwendung – neuer Erkenntnis – neuer Anwendung vollzieht sich heute mit viel größerer Dynamik und viel schneller, als am Beispiel der Antibiosis und der Antibiotika erkennbar ist.[23] Die Antibiosis wurde Ende des 19. Jahrhunderts zum erstenmal beschrieben (Pasteur und Joubert, 1877). Aber erst 1939 entschlossen sich Ernest Chain und Howard Florey zu einem ernsthaften Versuch, dieses Prinzip in der Medizin einzusetzen. Daß sie dabei auf das 1929 von Fleming entdeckte Penicillin zurückgriffen, war ein glücklicher Umstand.

Die Zeitabschnitte zwischen wichtigen Durchbrüchen in den Grundlagenwissenschaften und den zugehörigen praktischen Auswirkungen in Diagnose und Therapie sind heute bedeutend kürzer geworden, als es das Beispiel der Antibiotika zeigt: 1973 berichteten Herbert Boyer und Stanley Cohen über das erste Experiment, bei dem ein Säugetiergen in Bakterien kloniert und exprimiert wurde. Nur zwölf Jahre vergingen bis zur Registrierung von rekombinantem menschlichen Insulin. Bei den monoklonalen Antikörpern, die 1975 gefunden wurden, war der Abstand noch kürzer. Als 1995 das sogenannte OB-Gen kloniert, sequenziert und in verschiedenen Zellen exprimiert wurde, dauerte es nur Wochen, bis Arbeitsgruppen in der Industrie und in Universitäten das vom OB-Gen kodierte Protein, das sogenannte Leptin, auf seine therapeutische Eignung hin untersuchten. Leptin erwies sich als ein Hormon, das die Nahrungsaufnahme steuert und in der Behandlung der Fettsucht möglicherweise eine große Rolle spielen wird. Der Dialog zwischen Grundlagenforschung und Anwendung ist sehr eng geworden. Angewandte Forschung, also auch Arzneimittelforschung, kann ohne den ständigen Dialog mit der Grundlagenforschung nicht bestehen. Die funktionelle Nähe zwischen den beiden Arten von Forschung bedingt auch eine größere institutionelle und idealerweise auch räumliche Nachbarschaft.

In vielen Firmen wird allerdings nicht gesehen, daß eine Forschung, die sich nur auf außerwissenschaftliche, in unserem Falle therapeutische Ziele konzentriert, Gefahr läuft, zu erstarren, formelhaft zu werden, ihre Lebendigkeit und Originalität einzubüßen. Und in der Tat ist der Mangel an wissenschaftlicher Produktivität, an dem die Pharmaindustrie leidet, auch auf ihre unsichere und nicht genügend beachtete Verbindung zur Grundlagenforschung zurückzuführen. Wer glaubt, Grundlagenforschung im Zusammenhang mit Arzneimittelforschung sei Luxus, hat nicht verstanden, daß eine Forschung, die sich ausschließlich um Ziele bemüht, die jenseits wissenschaftlicher Horizonte liegen, früher oder später versandet.

Wie kann sich angewandte Forschung erneuern?

Wie aber kann die geforderte Nähe aussehen, wie ist sicherzustellen, daß die Batterien einer Pharmaforschung ständig wieder aufgeladen werden? Am sichersten dadurch, daß die Gruppen, die für bestimmte Projekte in der Arzneimittelforschung verantwortlich sind, in der «Nähe» ihres Projektes auch Grundlagenforschung betreiben. Natürlich muß das Hauptziel die Auffindung und Entwicklung von Arzneimitteln bleiben. Aber ein Wissenschaftler, der an einem neuen Molekül und an seiner Charakterisierung arbeitet, sollte auch die Möglichkeit haben, Fragen nachzugehen, die über diesen unmittelbaren Zweck hinausgehen. Zehn bis zwanzig Prozent der Arbeitszeit kann und sollte auf die Bearbeitung grundlegender Fragen verwendet werden. Oft führen solche Forschungen zu überraschenden Einsichten, die ihrerseits wieder Ausgangspunkt für stärker anwendungsorientierte Arbeiten werden. Manche Firmen, vor allem im Biotechbereich, geben ihren Wissenschaftlern die Möglichkeit, zehn bis zwanzig Prozent ihrer Arbeitszeit frei, das heißt ohne Projektbezug und nach eigenem Gutdünken, zu arbeiten.[23] Andere haben in dieser Hinsicht keine offiziellen Regeln, ermuntern aber wissenschaftliche Arbeiten, die außerhalb der eng gesteckten Projektziele und Notwendigkeiten liegen. Im allgemeinen wird die Beziehung zwischen Arzneimittelforschung und biologischer Grundlagenforschung jedoch vernachlässigt. Natürlich reichen Ausflüge in die biologische oder chemische Grundlagenforschung, die 20 Prozent der individuellen Arbeitszeit beanspruchen, für den einzelnen Wissenschaftler nicht aus, um auf diesen Gebieten Spitzenleistungen zu erzielen. Sie sind aber allemal ausreichend, um Zusammenarbeiten einzugehen. In und durch Allianzen mit Grundlagenforschern in Universitäten sowie in staatlichen oder privaten Instituten können Industrieforscher durchaus Zugang zu den neuesten Ideen und Techniken und zu neuen Entwicklungen in den Grundlagenfächern finden.

Industrienahe Grundlagenforschung

Natürlich gibt es zusätzliche Möglichkeiten, um Grundlagenforschung und Arzneimittelforschung wirksam zu verklammern. Eine Möglichkeit besteht darin, daß die Pharmaindustrie Abteilungen oder Institute finanziert, die in räumlicher und thematischer Nachbarschaft zu ihrer Arzneimittelforschung Grundlagenforschung betreiben. Das Friedrich Miescher Institut in Basel, eine Gründung der Ciba, das Basel Institute for Immunology, das ehemalige Roche Institute of Molecular Biology oder DNAX in Palo Alto, eine zu Schering Plough gehörende Einrichtung, sind Beispiele für diese Strategie.

Das Problem dabei liegt nicht so sehr im Aufbau und in der Erhaltung eines guten wissenschaftlichen Institutes. Dies sind sicher keine trivialen Aufgaben. Schwieriger aber ist es, ein solches Institut so mit der Firmenforschung zu assoziieren, daß einerseits maximaler Nutzen für die finanzierende Firma resultiert, andererseits aber auch die wissenschaftliche Eigenständigkeit des Institutes erhalten bleibt. Nur diese Eigenständigkeit kann es einem Institut ermöglichen, die erste Garnitur von Wissenschaftlern eines bestimmten Fachgebietes zu gewinnen. Allerdings birgt die gleiche Eigenständigkeit, die erstklassige Forscher anzieht, auch die Gefahr, daß sie sich thematisch und operativ von ihren Kollegen in der Arzneimittelforschung fern halten. Dieses Dilemma ist nur auf *informelle* Art zu lösen. Das Geheimnis liegt einmal in der Wahl des Arbeitsgebietes für ein solches Institut und zum anderen in der Wahl des Direktors oder der Direktoren, die für sein Schicksal verantwortlich sein werden.

Man muß ein Gebiet wählen, das für die Firma von weitreichendem strategischen Interesse ist. Immunologie war 1969 für Roche

274

zum Beispiel ein solches Thema. Es muß so «reif» sein, daß Kernfragen in naher oder mittlerer Zukunft (innerhalb eines Jahrzehnts) lösbar erscheinen, und es muß konkrete Ansatzpunkte für die Arzneimittelforschung enthalten. Ebenso wichtig wie die Wahl des Arbeitsgebietes ist die Wahl der Leitung eines solchen Institutes. Man sollte dazu nur Wissenschaftler wählen, die neben ihrer Leidenschaft für die Grundlagenforschung auch echtes Interesse an der Anwendung haben und die darüber hinaus gern mit Biologen und Chemikern in der angewandten Forschung zusammenarbeiten. Nähe kann man nicht von außen erzwingen – sie muß sich mit innerem Zwang aus dem gewählten Thema und aus der Struktur der beteiligten Personen ergeben. Wenn hier alles stimmt, können Institute oder Abteilungen der Grundlagenforschung im Verbund einer Pharmafirma einen enormen Gewinn darstellen. Wenn nur ein kritisches Element fehlt, können sie zu Enttäuschungen führen. Institute mit dem Auftrag, Grundlagenforschung zu treiben, sind teuer. Sie lohnen sich dann, wenn die Grundvoraussetzungen, das Arbeitsgebiet und die Person des Institutsdirektors, gut gewählt worden sind.

Weitere Möglichkeiten zur Einbindung von mehr Grundlagenforschung in die Arzneimittelforschung liegen in der Zusammenarbeit mit Universitäten und anderen Grundlageninstituten. Allerdings laufen solche Kooperationen immer Gefahr, in konventionelle Muster abzugleiten, in denen man die klassischen Rollenspiele von Universität und Industrie wiederholt. Für Zusammenarbeiten mit Universitäten, die der Förderung eines strategisch wichtigen Forschungsgebietes dienen, gelten dieselben Grundregeln, die auch für die Zusammenarbeit innerhalb stärker anwendungsorientierter Gebiete galten: man muß definieren, was beide Parteien davon erwarten, man sollte zumindest für größere und längere Kollaborationen eigene Strukturen schaffen, die gemeinsam, das heißt durch ein Team oder «Tandem» aus einem Industrieforscher und einem Kollegen aus der Universität, geleitet werden.

Sabbaticals

Schließlich soll in diesem Zusammenhang noch auf die akademische Sitte eines «sabbatical year» verwiesen werden. Professoren an angelsächsischen Universitäten haben im allgemeinen die Möglichkeit, alle sechs bis sieben Jahre jeweils ein Jahr als Gast einer anderen Universität oder Forschungsinstitution zu verbringen, nicht nur im eigenen Lande, sondern auch im Ausland. In der Industrie ist diese schöpferische Pause, die einem Wissenschaftler die Möglichkeit gibt, seine Batterien wieder aufzuladen und erneut Anschluß an die wissenschaftliche Entwicklung seines oder benachbarter Fachgebiete zu bekommen, besonders wichtig. Wer nur in interdisziplinären Konfigurationen an der Erforschung eines außerwissenschaftlichen Zieles arbeitet, braucht von Zeit zu Zeit eine Pause, in der neue Ansätze gefunden und neue Ideen entwickelt werden können. Wenn die Idee des «sabbatical year» unter den Industrieforschern – wenigstens nach den Erfahrungen des Autors – dennoch nicht den Anklang gefunden hat, der ihr zustünde, dann hat das einen wichtigen Grund: eine längere Abwesenheit (sechs Monate bis ein Jahr) ist in der kompetitiven Atmosphäre einer Industrieforschung fast immer damit verbunden, daß ein anderer Kollege die Funktion des «Abwesenden» übernimmt. Wenn der Absolvent eines «Sabbatical» dann zurückkehrt, findet er oft seine frühere Stelle und Funktion von einem Kollegen besetzt und muß sich – manchmal mühsam – einen Weg zurück in seine alte Organisation bahnen. Flexibilität ist eben nicht die Stärke der Pharmaindustrie – vor allem personelle Flexibilität nicht, hierarchische Strukturen machen die Wiedereingliederung schwer.

In kleineren Forschungseinheiten hatten solche Modelle stellenweise gut funktioniert, es sogar erleichtert, Themen zu wechseln und neue Projekte anzufangen, für die wichtige Grundlagen von «draußen» hereingeholt werden mußten. Dem Verfasser ist in guter Erinnerung, wie ein Pharmaforschungszentrum sich Mitte der siebziger Jahre thematisch umorientieren mußte. Die parasitologische Forschung wurde eingestellt, ebenso die Tierernährung und die Veterinärmedizin. Neu hinzu kamen: eine bis dahin nicht existierende antifungale Chemotherapie, Immunpharmakologie und eine moderne, auch auf Chlamydien und andere Erreger sexuell übertragener Krankheiten ausgedehnte Bakteriologie. Ohne den ausgiebigen Gebrauch von gut geplanten Forschungsaufenthalten in den besten Laboratorien der Welt – sie hatten durchaus den Charakter von

276

«Sabbaticals» – wäre diese Umorientierung, bei der niemand entlassen wurde, nicht möglich gewesen. Sie gelang vollständig innerhalb von etwas mehr als einem Jahr und erwies sich besonders in der Mykologie und in der Immunpharmakologie später als sehr erfolgreich. Man sollte sich dieses Instrumentes der «personellen und wissenschaftlichen Erneuerung» auch heute wieder erinnern.

Die «verspielte» Zukunft

Die Zukunft der Pharmaforschung wird von vielen Kräften gestaltet werden, die man in zwei großen Gruppen zusammenfassen kann. Die erste Gruppe ließe sich als wissenschaftlich-technisches Ursachenbündel klassifizieren: dazu gehört an erster Stelle der nie vorhersagbare Gang der Wissenschaft selbst; zweitens gehört dazu die Frage nach der Wirksamkeit des Technologietransfers aus den Universitäten in die Industrie. Drittens wäre das Selbstverständnis der Universitäten zu nennen, das zumindest im deutschen Sprachraum einer Neubestimmung bedarf. Viertens könnte man die Erneuerung der angewandten Forschung aus der Grundlagenforschung anführen, die ständig stattfinden muß, die aber im Idealfall positiv auf die Grundlagenforschung zurückwirkt.

Ein zweites Bündel von Einflüssen ließe sich unter dem Titel der wirtschaftlichen und gesellschaftlichen Ursachen zusammenfassen. Hierzu gehören makroökonomische Entwicklungen und weiterhin die Gestaltung der Gesundheitsmärkte. Wird sich das amerikanische Prinzip der «managed care» durchsetzen; werden die Verbraucher, also letztlich die Patienten, die Lieferung verschiedener gesundheitsorientierter Maßnahmen aus einer Hand erwarten? Oder wird das therapeutische, diagnostische, das auf Geräte, auf transplantable Zellen, Gewebe und Organe spezialisierte Wissen sich auch im Markt behaupten? Mit Sicherheit wird es Firmen für Xenotransplantationen geben, Firmen, die Haut- und Gewebetransplantate und auch Knochenmarkstransplantate anbieten. Solche Produkte erfordern ganz andere Produktionsmethoden, andere Qualitätskontrollen, andere Vertriebswege und ein anderes Marketing, als es die Pharmaindustrie oder auch die klassische Biotechindustrie heute kennen. Natürlich ist es denkbar, daß große Pharmaunternehmen diese neuen evolvierenden Geschäftsbereiche durch Kauf erwerben. Aber wir wissen heute noch zuwenig über die institutionelle Verankerung dieser neuen medizinischen Maßnahmen, um darüber weitgehende Spekulationen anstellen zu können.

Eine Vielzahl von Faktoren wird auf die pharmazeutische Forschung und auf die Pharmaindustrie einwirken, und es ist schwer, wenn nicht unmöglich, gültige, das heißt mit hoher Wahrscheinlichkeit ausgestattete Voraussagen über das Schicksal der Arzneimittelforschung einerseits und über die zukünftige Gestalt der Pharmaindustrie andererseits zu machen. Das Zusammentreffen so vieler wissenschaftlicher, wirtschaftlicher und gesellschaftlich-politischer Faktoren hat etwas Spielerisches. Sicher werden während der nächsten Jahre viele Modelle der industriellen Bearbeitung von therapeutischen und diagnostischen, vielleicht auch von präventiven Maßnahmen ausprobiert werden. Einige werden sich bewähren und den Grundstein zu länger dauernden industriellen Konfigurationen abgeben. Andere – die meisten – werden wieder verworfen werden. Die Ausprägung neuer industrieller Formen ist ein Spiel, so wie die biologische Evolution ein Spiel ist, in der durch zufällige Veränderungen und Selektion neue Formen entstehen und wieder obsolet werden, wenn die Selektionsbedingungen sich abermals ändern. Ganz ähnlich ergeht es menschlichen Institutionen, und dies wird auch in Zukunft so sein.

Voraussagen sind ja nur über kurze Zeiträume möglich, über zehn, maximal über fünfzehn Jahre zum Beispiel. Dies sind auch die Zeitspannen, die benötigt werden, damit eine neue Technologie oder ein neues wissenschaftliches Konzept in marktfähige Prozesse oder Produkte umgewandelt werden können. Was in zehn oder fünfzehn Jahren Realität sein wird, muß heute zumindest in Anfängen erkennbar sein; allerdings nicht für jeden, sondern nur für Menschen, die ein breites und sensibles Verständnis für Wissenschaft und Technik und für deren Anwendungsmöglichkeiten entwickelt haben.

Wenn der Autor diese Eigenschaften einmal für sich in Anspruch nimmt – und er kann sich dabei irren –, dann sind zwei Umstände unübersehbar: erstens nimmt die Komplexität der technischen und wissenschaftlichen Leistungen, die nötig sind, damit ein neues Arz-

278

neimittel entdeckt und entwickelt werden kann, derart zu, daß in
Kürze nur noch wenige Institutionen in der Lage sein werden, alle
dazu notwendigen Fähigkeiten unter einem Dach zu vereinigen. Andererseits bilden sich Spezialindustrien heraus, die gegenüber den
großen Pharmafirmen die Rolle von «Zulieferern» spielen: sie liefern Ideen, Technologien und neue Produkte.

Zweitens: fast alle großen Pharmafirmen neigen zum Zentralis-
mus, zur Integration von Forschung und Entwicklung in die Ge-
samtstruktur und Funktion einer Firma oder einer Division. Sie
scheinen – vielleicht unter dem gruppendynamischen Zwang großer
Organisationen – auf diesem Weg auch weitergehen zu wollen. Dieser Weg aber bedeutet die Unterordnung der Forschung unter allgemein unternehmerische, vom Markt bestimmte Strategien. Wenn
auch einige sensiblere Manager großer Pharmafirmen durchaus dif-
ferenziert über das Verhältnis der Forschung zum übrigen Unternehmen denken: die Mehrzahl ist in dieser Hinsicht ahnungslos, und
deshalb wird sich die begonnene Entwicklung weiter vollziehen.
Dies aber kann dazu führen, daß die großen Pharmafirmen einen
erheblichen Teil der ihnen heute noch gehörenden Pharmaforschung
verlieren werden, «verspielen», wenn man will. Denn was bedeutet
die Unterordnung der Forschung unter die «Belange» des Marktes?
Es heißt, daß man langfristige Probleme kurzfristigen Notwendigkeiten unterordnet, daß wirklich Neuartiges zugunsten des Bewährten zurückstehen muß.

Vor allem aber signalisiert diese Unterordnung der Forschung
eine Umkehrung des klassischen Rollenspiels zwischen Forschung
und Marketing. Der Ideenspender, die Forschung, wird zum Auf-
tragsempfänger, und der «Umsetzer» neuer Konzepte im Markt
wird zum «Ideenspender». Diese Ideen allerdings führen nicht weit,
denn sie reflektieren den Markt, das Heute, sogar das Gestern und
nie das wirklich Neue. Diese Umkehrung der Kompetenzen ist mit
origineller Forschung nicht vereinbar. Zugegeben: handwerkliche
Kompetenz, Literaturkenntnis, technisches Können vermag auch
unter diesen umgekehrten Vorzeichen zu existieren, nicht aber die
Schaffung des wirklich Neuartigen. In diesem Sinne erhält das Wort
von einer spielerischen, das heißt vom Spiel geprägten Zukunft noch
eine zweite Bedeutung: die klassische Pharmaindustrie ist im Begriff,

ihre Zukunft als *forschende* Industrie zu verspielen. Forschung, besonders Arzneimittelforschung, wird es, muß es weiter geben. Sie wird aber im 21. Jahrhundert kein Monopol einer einzigen Industrie mehr sein, sicher nicht das Monopol der klassischen Pharmaindustrie. Viele Partner werden darin unterschiedliche Rollen spielen: die Biotechindustrie als die eigentlichen «Entdecker», die Universitäten als wichtige «Zulieferer» von Ideen und «präinkubierten» Projekten, die klassischen Pharmafirmen, in zunehmender Zahl auch die Contract Research Organizations (CROs).

«Les jeux sont faits», rufen die Croupiers beim Roulette, wenn die Kugel rollt. In der Pharmaforschung rollen viele Kugeln; es ist ein kompliziertes Spiel. Wenn alle Kugeln ihren Platz gefunden haben, wird es mehrere Gewinner geben. Die Arzneimittelforschung aber wird sich – besonders in ihren schöpferischen und originellen Teilen – neue Häuser suchen müssen. Einige, so scheint es, hat sie bereits gefunden.

Anhang

Anmerkungen und Literatur

1. Einführung

1) Schumpeter, J.: Business cycles: A theoretical, historical and statistical analysis of the capitalist process. McGraw-Hill, New York 1939.
2) Horisberger, B.: Kosten-Nutzen-Analyse der Ulkustherapie. Schweiz. Med. Wochenschrift *114*, 699–706 (1984). S. a. Grundlagen der Arzneimitteltherapie. Dölle, W., Müller-Oerlinghausen, B. und Schwabe, U. Hrsgb. Bibliographisches Institut, Mannheim, Wien, Zürich 1985.
3) Drews, J.: The influence of drug research on concepts of disease in clinical medicine. Drugs made in Germany *30*, 47–52 (1987).
4) Bonnameaux, H., de Moerloose und Campana, A.: Oral contraception and menopausal hormone replacements: Effects on hemostasis and risk of venous thromboembolism. Schweiz. Med. Wochenschrift *126*, 1756–1763 (1996).
   Kanis, J. A.: Estrogens, the menopause and osteoporosis. Bone (Suppl. 5) 1853–1905 (1995).
5) Lukas, S. E.: CNS liability of anabolic-androgenic steroids. Annual Review Pharmacology *36*, 333–357 (1996).
   Lloyd, F. H., Powell, P. und Murdoch, A. P.: Anabolic steroid abuse by body builders and male subfertility. British Medicine Journal *313*, 100–101 (1996).
6) Rohypnol and Rape. Internet: Alta vista web pages on «Rohypnol and rape». http://www.ocs.mg.edu.an/korman/feminism/rohypnol/html.
7) Drews, J.: Orphan drugs – the European perspective. Drugs made in Germany *31*, 8–9 (1988).
8) Ein Europäisches «Orphan Drug»-Gesetz befindet sich zur Zeit (März 1997) in Ausarbeitung bei der Europäischen Kommission. Der vorliegende Entwurf enthält dieselben Vorkehrungen und Anreize wie das amerikanische Gesetz und sieht sogar eine noch längere Exklusivitätsperiode vor als die im amerikanischen Gesetz enthaltenen sieben Jahre.
9) Siehe auch Drews, J.: Arzneimittelforschung und ethische Verpflichtung. Editiones Roche, Basel 1994, S. 16 u. 17. Ernsthafte Programme zur Auffindung und Entwicklung von wirksamen Arzneimitteln gegen Tropenkrankheiten gehören heute nicht mehr zum Forschungsrepertoire der pharmazeutischen Industrie. Jedoch sind Modelle der Zusammenarbeit zwischen Pharmaindustrie und internationalen Geldgebern (WHO, Weltbank), die der Auffindung und Entwicklung neuer Arzneimittel gegen Malaria, Leishmaniose, Trypanosomiasis und andere Krankheiten dienen, seit kurzer Zeit wieder im Gespräch. Ein konkreter Vorschlag zu diesem Thema wird in der angegebenen Veröffentlichung beschrieben.
10) Die amerikanische Firma Bristol-Myers galt lange Zeit als ein solcher «Spezialist», der durch eigene Forschung, mehr noch durch die systematische Lizenz-

nahme neuer Stoffe auf diesem Gebiet eine sehr starke Position errang. Moderne Techniken zur Darstellung rekombinanter Proteine und monoklonaler Antikörper haben diese Position wieder relativiert. α-Interferon, Antikörper gegen B-Zell-Lymphome und gegen die Rezeptoren von Wachstumsfaktoren wurden und werden immer noch von Biotechfirmen entwickelt. Die medikamentöse Krebstherapie erhält durch diese Entwicklungen wieder eine etwas breitere Grundlage.

11) Zum Zeitpunkt der Niederschrift (1997) befinden sich drei Protease-Inhibitoren auf dem Markt. Sie erzielten im abgelaufenen Jahr (1996) allein in den USA die folgenden Umsätze:
Sequinavir: 147 Millionen Dollar (Einführung Dezember 1995); Indinavir: 120 Millionen Dollar (Einführung März 1996); Ritonavir: 46 Millionen Dollar (Einführung März 1996).

12) «Contract Research Organizations» (CROs) sind Firmen, die einzelne Teile der Entwicklung von Arzneimitteln als Dienstleistung anbieten. Zunächst belächelt und von den etablierten Pharmafirmen als qualitativ unzureichend dargestellt, haben sich diese Firmen zu sehr qualifizierten «Spezialisten» entwickelt. Viele von ihnen konzentrieren sich auf die klinische Entwicklung (Parexel, Besselaer), andere bieten auch Leistungen in der präklinischen Entwicklung an (Quintiles). Für die heutige Pharmaindustrie sind die CROs wichtige Partner. Sie erlauben es den Pharmafirmen, die eigene Personalstärke niedrig zu halten und einen wesentlichen Teil der eigenen Entwicklung als Auftragsarbeiten durchführen zu lassen. Man vermeidet auf diese Weise die Entstehung überschüssiger Kapazitäten, wenn Entwicklungsprojekte scheitern.

2. Die Geschichte der Pharmaindustrie und der Arzneimittelforschung

1) Siehe hierzu Ritter, P.: Im Spiegel der Arznei. S. Hirzel, Stuttgart 1990, S. 32. In Preußen betrug die Apothekendichte zwischen 1822 und 1855 weniger als eine Apotheke auf 10 000 Einwohner, im Westen Deutschlands lag sie etwas höher (eine Apotheke pro 7 000 Einwohner). Die Bearbeiter der preußischen Medizinalstatistik stellten immer wieder fest, daß die Neuzulassung von Apotheken mit dem Bevölkerungswachstum nicht Schritt hielt (1859 und 1867). Die vom Kultusministerium verantwortete Zurückhaltung bei der Gründung von Apotheken war einerseits der Grund für Hunderte von unnötigen Todesfällen in der Bevölkerung und bot andererseits der pharmazeutischen Industrie den Anreiz zum Aufbau einer Massenproduktion und zur Schaffung eigener Vertriebsnetze.

2) Die Entwicklungslinien (Apotheken, Seidenbandindustrie, Teerfarben), die zur Etablierung der pharmazeutischen Industrie führten, sind für die Basler Firmen in folgenden Artikeln oder Büchern genauer beschrieben: Riedl, R.: A brief history of the pharmaceutical industry in Basel. In: Pill Peddlers, J. Liebenau, New York 1990, und in: Peyer, H. C.: Roche – Geschichte einer Unternehmung 1896–1996. Editiones Roche, Basel 1996.
Eine gute Schilderung der Entwicklung der pharmazeutischen Industrie in Deutschland findet sich bei: Schadewaldt, H.: Die Anfänge der pharmazeuti-

schen Industrie in Deutschland. Münchner Med. Wschr. *36*, 1716–1722 (1965). Schadewaldt widmet der Apothekentradition in der Pharmaindustrie seine besondere Aufmerksamkeit. Der Zusammenhang zwischen Industrialisierung, dem Anfall von Steinkohlenteer und der chemischen Aufarbeitung dieses Rückstandes durch die Farbstoffindustrie wird in verschiedenen Beiträgen des Buches Pill Peddlers beschrieben. Eine wirklich ins einzelne gehende Beschreibung dieses Zusammenhanges, besonders der parallelen Entwicklungsstränge: Teerkohle, Farbstoffe, Chemotherapie einerseits und Apotheken, traditionelle Wirkstoffe, Pharmakologie andererseits, steht hingegen noch aus. Teildarstellungen finden sich bei: Moore, F. J.: A history of chemistry. McGraw-Hill, New York 1918, Kap. 18, und Farber, E.: The evolution of chemistry. Ronald Press, New York 1952, Kapitel 13.

3) An vielen Universitäten in Deutschland, Österreich und in der Schweiz existieren noch traditionelle Fakultäten für Pharmazie mit Instituten für pharmazeutische Chemie, Pharmakologie, Galenik und Pharmakognosie. Für die Universität Heidelberg wurde 1996 von einer Expertenkommission ein Vorschlag erarbeitet, der die Überführung der jetzigen Fakultät für Pharmazie in ein modernes Zentrum für Arzneimittelforschung vorsieht, in dem alle Funktionen, die für die Arzneimittelfindung wichtig sind, mit Lehrstühlen und eigenen Arbeitsgruppen vertreten sein sollen. Die Einrichtung solcher universitärer Zentren könnte der Arzneimittelforschung wichtige Impulse geben. Im Kapitel 5 wird die Möglichkeit erörtert, daß die pharmazeutische Industrie ihr «Monopol» für die Arzneimittelforschung aufgeben und daß andere Institutionen, eben auch Universitäten, daran teilhaben werden. Der Aufbau von Arzneimittelforschungsinstituten an Universitäten wäre in diesem Zusammenhang bedeutungsvoll.

4) Ebbel, B.: The Ebers Papyrus, the greatest Egyptian medical document. Leon und Muniksgaard, Kopenhagen 1937.
Leake, C. D.: The old Egyptian medical papyri. University of Kansas Press 1952.

5) Eine ausführliche und mit Originalliteratur belegte Darstellung der Geschichte des Opiums findet sich bei: Sneader, W.: The evolution of modern medicines. Wiley and Sons, Chichester, New York 1985. Weiterhin bei: Wright, A. D.: The history of opium. Med. Hist. *18*, 62–70 (1968), und in der Originalarbeit von Sertürner, F. W.: Über das Morphium, eine neue salzfähige Grundlage und die Mekonsäure als Hauptbestandtheile des Opiums. Gilberts Annalen der Physik *25*, 56–89 (1817), Leipzig.

6) Pelletier, P. I. und J. B. Caventou: Ann. Chim. Phys. (Paris) 15, 289–318 und 337–365 (1820).

7) Nach Sneader, W.: Drug discovery. John Wiley and Sons. Chichester, New York 1985, S. 13–14.

8) Nach Mann, Ch. und Plummer, M.: Aspirin, Droemer/Knauer, München 1993. Seite 34.

9) Wenckebach, K. F.: Nach: Szekeres, L. und J. G. Papp: The discovery of antiarrhythmics. In: Discoveries in Pharmacology. Parnham, M. J. und Bruinvels, J. Hrsgb. Vol. 2, S. 198. Elsevier 1984.

10) Theophrastus Paracelsus Werke, Bd. I: Med. Schriften (W. E. Peuckert Hrsgb.). Wissenschaftliche Buchgesellschaft, Darmstadt 1965.

11) Diese Angaben wurden von G. Stille übernommen. Der Weg der Arznei. Braun, Karlsruhe 1994, S. 231–234.

12) Robinson, G. G. J. und J.: An account of the foxglove and some of its medicinal uses. Birmingham 1785.

13) Hufeland, W.: Makrobiotik oder die Kunst, das Leben zu verlängern. Wien 1832.

14) Nach Sneader, W., S. 137/138.

15) Schönlein, J.L.: Allgemeine und spezielle Pathologie und Therapie. Nach den Vorlesungen niedergeschrieben und herausgegeben. Litteratur Comptoir, St. Gallen 1841.

16) Traube, L.: Über die Wirkung der Digitalis, insbesondere über den Einfluß derselben auf die Körpertemperatur in fieberhaften Krankheiten. Charité Ann. I. Ges. Beiträge zur Pathologie und Physiologie, Berlin 1871, Bd. II, S. 97 ff.

17) Böhm, R.: Untersuchungen über die physiologische Wirkung des Digitalis und des Digitalin. Pflügers Archiv 5, 153–191 (1872).

18) Dreser, H.: Über Herzarbeit und Herzgifte. Arch. exp. Pathol. u. Pharmakol. 24, 221–240 (1887).

19) Nach Sneader, W., S. 138.

20) Diese Schilderung folgt in großen Zügen der Darstellung von Mann, Ch. und Plummer, M.: Aspirin. S. 9–70, sowie Mann, J.: Murder, magic and medicine. Oxford Univ. Press 1992.
Dreser, H.: Pharmakologisches über Aspirin (Acetylsalicylsäure). Pflügers Arch. Anatomie u. Physiologie 76, 306–318 (1899).

21) Moir, J. C.: Ergot: from St. Anthony's fire to the isolation of its active principle, ergometrine (ergonovine). Am. J. of Obstetr. Gynecol. 120, 291–296 (1974). Eine sehr ausführliche Darstellung findet sich in Discoveries in Pharmacology. Vol. 2 bei Clark, B.: The versatile ergot of rye. S. 3–36 (1984).

22) Huisgen, R.: Richard Willstätter. J. Chem. Education 38, 10–15 (1961)

23) Hofmann, A.: The discovery of LSD and subsequent investigations on naturally occurring hallucinogens. In: Discoveries in Biological Psychiatry. Lippincott Philadelphia 1970, S. 91–106.

24) Siehe hierzu auch: Stille, G.: Der Weg der Arznei. Braun, Karlsruhe 1994, S. 183 ff.

25) Eine ausführliche Schilderung dieses Zusammenhanges gibt Cauguilhem, G. in: Cauguilhem, G.: Wissenschaftsgeschichte und Epistemologie. Ges. Aufsätze, herausgegeben von W. Lepenius, Suhrkamp Verlag, Frankfurt 1979, S. 75–88. Cauguilhem weist besonders darauf hin, daß C. Bernard, im Gegensatz zu seinen Vorgängern und Zeitgenossen, Abweichungen im Resultat eines Experimentes als Ergebnis unberücksichtigt gebliebener Ausgangsbedingungen des Experiments interpretierte. Er verlangte, daß nach diesen Ursachen zu suchen sei.

26) Schmiedeberg, O.: Rudolf Buchheim, sein Leben und seine Bedeutung für die Begründung der wissenschaftlichen Arzneimittellehre und Pharmakologie. Arch. expt. Path. Pharmakol. 67, 1–17 (1911/12). Buchheim, R.: Lehrbuch der Arzneimittellehre. Leopold Voss, Leipzig 1878.

27) Nach Stille, G., S. 208/209.

28) Koch-Weser, J. und Schechter, P. J.: Schmiedeberg in Straßburg 1872–1918: The making of modern Pharmacology. Life Sciences 22, 1361–1372 (1978).

29) Siehe Stille, G.: S. 223/224.

30) Organic chemistry since 1860. In: A history of chemistry. Moore, F. J., New York 1918, S. 212 ff., und Kekulé: Molecular architecture from dreams. In: Roberts, R. M.: Serendipity. John Witney and Sons, 1989.

31) Natural and artificial organic substances. In: Farber, E.: The evolution of chemistry. Philadelphia 1952.

32) In: Farber, E.: The evolution of chemistry. S. 178 ff.; s. a. Synthetic dyes and pigments. In: Roberts, R. M.: Serendipity. S. 66 ff.

33) Fracastoro, G.: Drei Bücher von den Kontagien. Sudhoffs Klassikerausgaben, Leipzig 1910.

34) Popper, K.: Logik der Forschung. 7. deutsche Auflage, Tübingen 1982.

35) Alle hier genannten Einzelheiten aus der Geschichte der Chemotherapie finden sich in den von F. Himmelweit herausgegebenen Schriften von Paul Ehrlich. Ehrlich, P.: Gesammelte Arbeiten. F. Himmelweit Hrsgb., Springer, Berlin, Göttingen, Heidelberg 1957. Etwas ausführlicher als im vorliegenden Buch ist die Geschichte der Chemotherapie dargestellt in: Drews, J.: Grundlagen der Chemotherapie. Springer, Wien, New York 1979.

36) Drews, J.: Grundlagen der Chemotherapie. Springer, Wien – New York 1979. In diesem Buch ist auch die zugehörige Originalliteratur zitiert.

37) Der Ausdruck «Antibiosis» wurde von P. Vuillemin 1877 geprägt. Er sollte das Gegenteil von «Symbiosis» zum Ausdruck bringen.
Ein Beitrag zur Ideengeschichte der Antibiotikaforschung 1850–1950 findet sich in der Dissertation von Andrea Cardon de Lichtbuer: Zur Entwicklungsgeschichte der antimikrobiellen Wirkstoffe. Basel 1990.

38) Gibbons, A.: Exploring new strategies to fight drug-resistant microbes. Science 257, 1036–1038 (1992).

39) Monaghan, R. und Tkacz, J. S.: Bioactive microbial products. Focus upon mechanisms of action. Ann. Rev. Microbiol. 45, 271–301 (1990).

40) Meldrum, N. U. und Roughton, F. J.: Carbonic anhydrase, its preparation and properties. J. Physiol. 80, 113–142 (1933).

41) Maxwell, R. A. und Eckhardt, S. B.: Drug discovery: a casebook and analysis. Humana Press, Clifton 1990.

42) AIDS in 1996. Much accomplished, much to do. Editorial. Anthony Fauci. JAMA 276, 155–156 (1996).

43) Steinmetz, M.: unveröffentlichte Daten. Die Analyse stammt aus dem Jahre 1996. Die einzelnen Kategorien dürften sich aber auch noch während der nächsten drei bis fünf Jahre relativ stabil zueinander verhalten.

44) Langley, J. N.: On the reaction of cells and certain nerve endings to certain poisons, chiefly as regards the reaction of striated muscle to nicotine and to curare. J. Physiol. (London) 33, 374–413 (1905).

45) Das Zitat wurde vom Autor (J. D.) übersetzt. Aus: Ahlquist: A study of the adrenotropic receptors. Am. J. Physiol. I, 100–106 (1948).

46) Biotechnology Medicines 1995 Survey, Pharmaceutical Research and Manufacturers of America (PhRMA) und Riethmüller, G., Schneider-Gaedicke, A. und Johnson, J. P.: Monoclonal antibodies in cancer therapy. Curr. Opin. Immunol. 5, 732–739 (1993).

47) Haseltine, W.: persönliche Mitteilung.
48) Drews, J.: Genomic sciences in the medicine of tomorrow. Nature Biotechnology *14*, 1516–1517 (1997) sowie Drews, J. und Ryser, St.: unveröffentlichte Resultate, 1997.
49) Kuhn, Th.: The structure of scientific revolution. Second ed.: University Press, Chicago 1970.
50) Siehe auch Drews, J.: Naturwissenschaftliche Paradigmen in der Medizin. Editiones Roche, Basel 1992.
51) Die Beobachtung und Klassifizierung von Organveränderungen als die den Krankheiten zugrundeliegenden Ursachen begann bereits in der griechischen Medizin. Erasistratos von Kea beschrieb die Leberzirrhose als morphologische Veränderung und erkannte auch den Zusammenhang dieser Abweichung mit dem Auftreten einer Bauchwassersucht (Ascites). Galen von Pergamon verband diese Tradition der Solidarpathologie mit der Humoralpathologie eines Hippokrates und Aristoteles. Obwohl sich Galen immer an die hippokratischen Begriffe: «heiß», «kalt», «feucht» und «trocken» hielt, wußte er, daß jede Störung einer körperlichen Funktion ihre morphologisch erkennbare Ursache haben müsse. Siehe Kudlin, F.: Griechische Medizin. Zürich 1967; Galen: Galenos-Werke (5 Teile) übersetzt von E. Beintker und W. Kahlenberg, Stuttgart 1939–1954 und Loeb edition of Hippocrates (4 Bände) herausgegeben und übersetzt von W. H. S. Jones und E. T. Withington. Cambridge, Mass. Harvard Univ. Press 1948–1953. Der Versuch einer systematischen Darstellung morphologischer Krankheitsursachen wurde allerdings erst viel später unternommen. Antonio Benevienis (1448–1502) stellte in seinem Buch: De abditis morborum causis (Ch. Singer ed. Springfield, Ohio 1954) Vergleiche zwischen klinischen Syndromen und morphologischen Befunden an. Andreas Vesalius stellte diesen Ansatz auf eine feste methodische Grundlage. Vesalius sezierte selbst und studierte Organveränderungen direkt an der Leiche. Er gilt als der Vater der Anatomie. Aber auch Vesalius konnte noch nicht als der Begründer einer umfassenden morphologisch verankerten Krankheitslehre gelten. Zu sehr war er noch mit den humoralpathologischen Vorstellungen Galens verhaftet; außerdem betrafen viele seiner Beobachtungen *normale* anatomische Befunde und nicht pathologisch-anatomische Veränderungen. Und schließlich kamen entwicklungsbiologische oder zellbiologische Aspekte in seiner Arbeit noch nicht vor. Diese Bestandteile einer morphologischen Krankheitslehre wurden erst im 18. Jahrhundert beigesteuert. Sie sind mit den Namen J. L. Prévost und J. B. Dumas in Frankreich und Karl Ernst von Baer in Deutschland verbunden. Mit der Entwicklung stärkerer Mikroskope und neuer Färbeverfahren entwickelte sich die Histologie sehr rasch. Wilhelm v. Waldeyer, der Lehrer Paul Ehrlichs, zeigte zum Beispiel, daß Krebszellen epithelialer und nicht bindegewebiger Herkunft sind. Alle diese Entwicklungen kumulierten schließlich in der Zellularpathologie R. Virchows, deren Maxime «Omnis cellula e cellula» zur Grundlage eines morphologischen Paradigmas in der Medizin wurde. Man könnte die Thesen eines solchen Paradigmas wie folgt formulieren:
1. Leben ist an Strukturen gebunden, also an Zellen, Organe und Organismen.
2. Strukturen entwickeln sich in gesetzmäßiger Weise.

3. Zwischen Struktur und Funktion bestehen demonstrierbare Zusammenhänge.
4. Krankheiten können als strukturelle Abweichungen von der Norm erkannt und interpretiert werden.
5. Einmal erkannte Zusammenhänge zwischen der Struktur und Funktion von Organen sind therapeutisch nutzbar (z. B. Chirurgie).
Siehe a. Drews, J.: Naturwissenschaftliche Paradigmen in der Medizin. Editiones Roche, Basel 1992.

52) Ebd.

53) Avery, O., McLeod, C. M. und McCarty, M.: Studies on the chemical nature of the substance inducing transformation of pneumococcal types. J. exp. Med. 79, 137–158 (1944).

54) Watson, J. D. und Crick, F. C. H.: A structure for deoxyribonucleic acid. Nature 171, 737–738 (1953).

55) Dieselben: General implications of the structure of deoxyribonucleic acid. Nature 171, 964–967 (1953).

56) Kornberg, A.: DNA replication. J. Biol. Chem. 223, 1–4 (1980).

57) Nirenberg, M. und Leder, P.: RNA codewords and protein synthesis. Science 145, 1399–1407 (1964) und Woese, C. B.: The genetic code. Harper und Row, 1967.

58) Nathans, D. und Smith, H. O.: Restriction endonucleases in the analysis and restructuring of DNA molecules. Ann. Rev. Biochem. 44, 273–293 (1975).

59) Sambrook, J., Fritsch, E. F. und Maniatis, T.: Molecular cloning. Cold Spring Harbor Laboratory Meeting 1989.

60) Sanger, F.: Determination of nucleotide sequence in DNA. Science 214, 1205–1210 (1981).

61) Maxam, A. M. und Gilbert, W.: A new method for sequencing DNA. Proc. natl. Acad. Sci. USA: 74, 560–564 (1977).

62) Saiki, R., Gelfand, D. H., Stoffel, S., Scharf, S. J., Higuichi, R., Horn, G. T., Mullis, K. B. und Ehrlich, H. A.: Primer-directed enzymatic amplification of DNA with a thermostable DNA polymerase. Science 239, 487–491 (1987).

63) Eine zusammenfassende und anschauliche Darstellung der Geschichte der zellulären Molekularbiologie findet sich in: Darnell, J., Lodish, H. und Baltimore, D.: Molecular cell biology. Second ed., Scientific Am. Books, 1990.

64) Es ist wichtig, sich zu vergegenwärtigen, daß nicht nur alle *strukturelle* Information in der DNA des Zellkerns niedergelegt ist, sondern auch die Reihenfolge, in der diese Information bei der Entwicklung eines Organismus abgerufen und wieder blockiert wird. Die DNA enthält also auch eine *zeitliche* Dimension. Der Prozeß der Zell- und Organdifferenzierung ist mit ganz bestimmten Mustern der Genaktivierung und -inaktivierung verbunden. Inwieweit z. B. die spezifische DNA-Konfiguration einer Leber- oder Gehirnzelle noch reversibel ist, steht dahin. Klonierungsexperimente, bei denen somatische Zellen mit Eizellen verschmolzen wurden, deren DNA vorher entfernt worden war, ließen bisher vermuten, daß es in der Entwicklung von Zellen einen Schritt oder mehrere Schritte gibt, in denen die «Totipotenz» einer somatischen Zelle verlorengeht. Sie wird sozusagen der «Spezialisierung» geopfert. Das jüngst publizierte Experiment über die Klonierung eines Schafes aus einer Euterzelle zeigt hingegen, daß «Toti-

potenz» zumindest in bestimmten differenzierten Zellen erhalten bleiben kann. Schnieke, W. et al. Nature *385*, 810–813 (1997).

65) Siehe auch: Drews, J.: Naturwissenschaftliche Paradigmen in der Medizin. Editiones Roche, Basel 1992.

66) Man kann zu diesem Zweck zwei prinzipiell verschiedene Wege einschlagen. Der eine Weg führt vom Gen zum Protein, der andere vom Protein zum Gen. Wer den ersten Weg einschlagen will, muß zunächst aus bestimmten Zellen wie Leber oder Gehirn mRNA isolieren. Diese RNA wird dann mittels reverser Transkriptase in cDNA umgeschrieben und anschließend mit DNA-Polymerase zur doppelsträngigen DNA ergänzt. Diese DNA-Stücke werden daraufhin in Vektoren eingefügt. Mit den so behandelten Vektoren werden Wirtszellen (Bakterien, Hefezellen) so transfiziert, daß eine Zelle jeweils ein DNA-Molekül aufnimmt. Man hat dann eine sogenannte cDNA-Bibliothek. Die einzelnen Bakterien (jedes enthält eine bestimmte von einer mRNA abgeleitete DNA) können auf Agar so angezüchtet werden, daß wiederum ein Keim eine Kolonie produziert, die einen Typ eines transfizierten DNA-Moleküls enthält. Diese DNA kann man dann sequenzieren. Entsprechend der Nukleotidsequenz lassen sich Peptide synthetisieren, die zur Immunisierung von Tieren und zur Gewinnung von Antikörpern benutzt werden. Mit Hilfe der auf diese Weise gewonnenen Antikörper läßt sich das von dem jeweiligen Gen codierte Protein isolieren. Der zweite vom Protein zum Gen führende Weg ist im Text skizziert.

67) Köhler, G. und Milstein, C.: Continuous cultures of fused cells secreting antibodies of predefined specificity. Nature *256*, 495 (1975).

68) Dieses Vier-Phasen-Modell ist ausführlich beschrieben in: Drews, J.: Medicine and genetic engineering: just another method or a new paradigm? Arzneimittelforschung/Drug Research *41* (1) 1, 94–100 (1991).

69) Die hier wiedergegebenen Informationen finden sich in Human Genome News 7, Nr. 3 u. 4 (1995).

70) Dietrich, W. F. et al: Nature *380*, 149–152 (1996). Siehe auch Jordan, E. und Collins, F. S.: A march of genetic maps. Nature *380*, 111–112 (1996).

71) Jordan, E. und Collins, F. S.: ebd., und: Kahn, P.: Human genome projects. Sequencers split over data release. Science *271*, S. 1799 (1996).

72) Oliver, St. G.: From DNA sequence to biological function. Nature, *379*, 597–600 (1996).

73) Ebd.: S. 598.

74) Ebd.: S. 598 u. 599.

75) From fly to man, cells obey same signal. Science Times. New York Times, Tuesday, January 5, 1996, B5, und Rubin, G. A. C.: Spreading genetic transformation of drosophila with transposable element vectors. Science *218*, 348–353 (1982)

76) Oliver, St. G.: S. 599.

77) Lösliche Proteine können heute in großen Datenbanken durch Sequenzanalysen identifiziert werden, die das Vorhandensein eines sogenannten Signalpeptids anzeigen. Eine experimentelle Methode zum Nachweis von Genen, die für lösliche Proteine kodieren, gelingt durch die sogenannte «Gene-trap»-Methode. Unbekannte, aus cDNA gewonnene DNA-Transkripte werden in Hefevektoren einge-

bracht, die ein Invertase-Gen enthalten. Mit einem solchen Konstrukt transfizierte invertase-negative Hefezellen wachsen, weil ihnen das transfizierte Signalpeptid die Möglichkeit gibt, die im Vektor enthaltene Invertase zu sezernieren, Rohrzucker zu spalten und zu wachsen. Falls ein Gen transfiziert wird, das keine Signalpeptide enthält, bleibt das Invertase-Gen in der Zelle und kann nicht für die Spaltung von Rohrzucker eingesetzt werden: die Zelle kann nicht wachsen.

78) Eine Anzahl von einschlägigen Arbeiten sind zitiert in: Darnell, J., Lodish, H. und Baltimore, D.: Molecular cell biology, 2nd edition, Scientific Am. Books, S. 187 (1990).

79) Zusammengefaßt in: Sokol, D. und Gewirtz, A.: Gene therapy: basic concepts and recent advances. Crit. Rev. In: Eukaryotic Gene Expr. 6 (1), 29–57 (1996).

80) Bresch, C.: Klassische und molekulare Genetik. Springer, Berlin 1964.

81) Übersichten über die verschiedenen Vektoren finden sich z. B. bei: Schimada, T.: Acta Paediatrica Japonica *33*, 176–181 (1996).
Brenner, M. K.: Human somatic gene therapy: progress and problems. Journal Int. Med. *237*, 229–239 (1995). Crystal, R.: Transfer of genes to humans: early lessons and obstacles. Science *270*, 404–410 (1995).

82) T-Lymphocyte-directed gene therapy for ADA-SCID: Initial trial results after 4 years. Science *270*, 475–480 (1995).

83) Von Mitarbeitern der Firma Somatix gibt es Hinweise auf einige Patienten mit Melanomen, die dramatisch auf das geschilderte gentherapeutische Behandlungsprinzip reagiert haben sollen. Auch Fälle mit Hypernephrom sprachen auf diese Behandlung an. Die Zahl der auswertbaren Patienten ist aber immer noch zu gering, um verläßliche Schlüsse zu ziehen.

84) Siehe Crystal, R., Science *270*, 404 (1995). Großman, M. et al.: A pilot study of ex vivo gene therapy for homozygous familial hypercholesteremia. Nature Medicine *I*, 1148–1154 (1995).

85) Siehe Crystal, R., Science, ebd.

3. Ein Medikament entsteht

1) Jackson, E. K. und J. C. Garrison: Renin and Angiotensin in Goodman and Gilman's: The pharmacological basis of therapeutics, 9th edition McGraw Hill, New York 1996, 751 ff.

2) Ebd.: S. 733 ff.

3) Cushman, D. W., Cheung, H. S., Sato, E. F. und Ondetti, M. A.: Design of potent competitive inhibitors of angiotensin-converting enzyme. Carboxyalkanoyl and mercaptoalkanoyl amino acids. Biochemistry *16*, 5484–5491 (1977)

4) Meistens wurde das erste blinde Screening so durchgeführt, daß man die zu testenden Substanzen flüssigen Kulturen von Mikroorganismen zusetzte (Endkonzentrationen im Bereich zwischen 1 und 100 µg/ml) und nach mehrstündiger Inkubation die Bakteriendichte bestimmte. Aktive Substanzen wurden anschließend an diese ersten orientierenden Untersuchungen in weiteren Verdünnungen geprüft. Dabei wurde auch die minimale Hemmkonzentration (MHK) ermittelt, die kleinste Konzentration des zu prüfenden Stoffes also, mit der noch eine kom-

plette Unterdrückung des Wachstums des getesteten Mikroorganismus erzielt werden konnte. Die Höhe der MHK hängt von verschiedenen Parametern ab. Dazu gehören: die Zusammensetzung des Mediums, in dem getestet wird, die Sauerstoffspannung, das pH und die Temperatur der Inkubation.

5) Siehe dazu: Maxwell, R. und Eckhardt, S. B.: Drug discovery, a casebook and analysis. Humana Press, Clifton, N. J., 1990.

6) Eine gut verständliche Darstellung über kombinatorische Synthesen, Bibliotheken, Screening-Strategien und Zukunftsperspektiven dieser Technologie findet sich bei: Gordon, E. et al.: Applications of combinatorial technologies to drug discovery. J. Med. Chem. 37, 1385–1401 (1994). Sowie bei Appel, K. C. et al.: Biological screening of a large combinatorial library. J. Biomol. Screening 1, 27–31 (1996).

Über die Optimierung von Leitsubstanzen durch einen «genetischen Algorithmus» wird in der folgenden Arbeit berichtet: Weber, L. et al.: Optimization of the biological activity of combinatorial compound libraries by a genetic algorithm. Angewandte Chemie. Int. Engl. Ed. 34, 2280–2282 (1995).

Eine ausführliche Darstellung, die besonders auf die Probleme der Entdeckung neuer Arzneimittel eingeht, findet sich bei: Terret, N. et al.: Combinatorial synthesis – the design of compound libraries and their application to drug discovery. Tetrahedron 51, 8135–8173 (1995).

Chemische Methoden der kombinatorischen Synthese sind in letzter Zeit durch rekombinante Methoden ergänzt worden. Das Prinzip dieser Techniken liegt darin, daß man die genetischen und biochemischen Grundlagen der Synthese sekundärer Metaboliten aufklärte, vor allem die Synthese von Polyketiden. Diese Stoffklasse umfaßt chemisch sehr unterschiedliche Verbindungen wie z.B. Makrolide, Rifamycine, Tetrazykline, Doxorubicin, Rapamycin, Lovastatin und viele andere. Gemeinsam ist diesen strukturell so unterschiedlichen Verbindungen das Prinzip der chemischen Synthese, durch das sie entstehen. Die Synthese dieser Strukturen wird durch große Proteine bewerkstelligt, die mehrere linear angeordnete Enzymaktivitäten enthalten. Hierbei handelt es sich um eine Acyltransferase, mit welcher der Syntheseprozeß beginnt, ein sog. Acylträgerprotein, eine Ketosynthetase, weitere Acyltransferasen, Ketoreduktasen, Dehydrogenasen und weitere «kohlenstoffmodifizierende» Enzyme. Diese Enzymaktivitäten sind auf einem oder auf mehreren Proteinen wie die Funktionen eines Fließbandes angeordnet. Die Synthese eine Polyketids, z.B. eines Makrolids, beginnt an einem Ende des Polyenzyms, und das Produkt wird schrittweise aufgebaut und dabei auf dem «Fließband» weiterbefördert, bis es schließlich am Ende der Funktionskette als fertiges Produkt abgespalten wird. Die Gene, die für die Enzyme kodieren, sind auf dem Genom von Mikroorganismen in derselben Reihenfolge angeordnet wie die Enzymaktivitäten auf dem Protein. Durch die Inaktivierung oder den Austausch einzelner enzymatischer Aktivitäten läßt sich die Reihenfolge oder die Qualität der Syntheseschritte auf dem «Fließband» verändern. Man kann auf diese Weise ganz neuartige Stoffe mit potentiell neuen Wirkungen erzeugen. Das kombinatorische Potential der Polyketidsynthese liegt bei einigen hunderttausend bis mehreren Millionen Verbindungen. Es läßt sich nach folgender Formel ermitteln:

$$CP = AT^L \times [AT^E \times 4]^M$$

CP: kombinatorisches Potential
AT^L: Acyltransferasen, die den Initialschritt der Synthese katalysieren
AT^E: Zahl der kettenverlängernden Malonyltransferasen
4:     Die Zahl der kohlenstoffmodifizierenden Enzyme
M: Die Anzahl der hintereinander geschalteten Module, die jeweils aus mehreren Enzymaktivitäten bestehen

Ein typisches Beispiel: $CP = 1 \times [2 \times 4]^7 = > 2$ Millionen

Das Potential einer genetisch gesteuerten rekombinanten Chemie der Mikroorganismen ist erst in Umrissen erkennbar. Auf den Prozeß der Entdeckung neuer Arzneimittel hat es bisher noch keinen Einfluß. Da Polyketide unter den heute gebräuchlichen Arzneimitteln aber einen hervorragenden Platz einnehmen, ist damit zu rechnen, daß die Rekombination dieser Strukturen ebenfalls zu einer größeren Anzahl neuer und wertvoller Stoffe führt. Weiterführende Literatur: Verdine, G. L.: Combinatorial chemistry of nature. Nature *384*, 11–13 (1996). Hutchinson, R. C.: Drug synthesis by genetically engineered microorganisms. Biotechnology *12*, 375–380 (1994).
McDaniel, R. et al.: Rational design of aromatic polyketide natural products by recombinant assembly of enzymatic subunits. Nature *375*, 549–554 (1995).

7) Das vom Genetic Institute eingeführte System zur Identifikation löslicher Proteine ist in allgemeinverständlicher Form in verschiedenen Publikationen beschrieben worden: The haystack gets smaller. Business Week, October 21, 1996.
Potera, C.: Genetic Institute unveils a new platform for gene isolation and functional analysis. Gen. Eng. News *16*, Nr. 18 (15. Okt. 1996).
Ausführlicher bei: Erickson, D.: GI goes fishing. In vivo *14*, Nr. 9 (1996).

8) Wer die einzelnen Schritte der Arzneimittelentwicklung im einzelnen studieren möchte, sei auf folgende Bücher verwiesen: Grundlagen der Arzneimitteltherapie, W. Dölle, B. Müller-Oerlinghausen und Schwabe, U.. Hrsgb. BI Wissenschaftsverlag, Mannheim, Wien, Zürich 1986, und auf die Serie: Drugs and the pharmaceutical sciences. James Swarbrick ed. Bd. 1–78. Marcel Dekker Inc., New York, Basel, Hongkong 1996 und früher.

9) Siehe auch: Banker, G.: Drug products: Their role in the treatment of disease, their quality, and their status as drug delivery systems. In: Modern Pharmaceutics, G. Banker und Ch. Rhodes Hrsgb. 3. Aufl. Marcel Dekker, New York 1996.

10) A. Evans hat die erforderlichen Toxizitätsstudien übersichtlich zusammengestellt in: New drug approval in the U.S. Chapter 2: Nonclinical drug testing. Parexel (1995).

11) Die Einstellung der FDA zu Surrogatmarkern hat sich im Gefolge der AIDS-Epidemie deutlich geändert.

12) Die Gültigkeit der Viruslast als Surrogatmarker ist abgehandelt bei Deyton, L.: Importance of surrogate markers in evaluation of antiviral therapy for HIV infection. JAMA *276*, 159–160 (1996).
Levy, J. A.: Is there truth in numbers? Ebd., S. 161–162 und Mellors, J. et al.: Quantification of HIV RNA in plasma predicts outcome after seroconversion. Ann. Int. Med. *122*, 573–579 (1995).

13) Yong Ming Li et al: Prevention of cardiovascular and renal pathology of aging by the advanced glycation inhibitor aminoguanidine. Proc. Natl. Acad. Sci. *93*, 3902–3907 (1996) und Altheon Comp., Ramsey, N. J., persönliche Mitteilung.

14) Di Masi, J. et al.: Research and Development costs for new drugs by therapeutic category. PharmaEconomics 1995.

15) Mathieu, M. et al.: New drug approval in the United States. Parexel 1995.

16) Ebd.: S. 91.

17) Shulman, S. und Kaitin, K.: The prescription drug user fee act of 1992. A five year experiment for the industry and for the FDA. PharmacoEconomics, Feb. 9, 1996, S. 121–133.

18) Mathieu, M. et al.: New drug approval in the United States, 1995, S. 103–104.

19) Shulman, S. und Brown, J. S.: The Food and Drug Administration's early access and fast track approval initiatives: how have they worked? Food and Drug Law Journal *50*, 503–531 (1995), s. besonders 515– 517.

20) Evers, P. T. et al.: New drug approval in the European Union. Parexel 1995.

21) Mathieu, M. et al.: New drug approval in the US, 1995, S. 111 ff.

22) Der folgende Abschnitt stützt sich weitgehend auf Nielsen, R.: Handbook of Federal Drug Law. Lea und Febiger, 2nd edition, Philadelphia 1992.

23) Ebd.

24) Ebd.: S. 8, und aus europäischer Sicht: Drews, J.: Orphan drugs aus europäischer Sicht. Die Pharmazeutische Industrie *50*, 803–805 (1988).

25) Dieser Abschnitt stützt sich auf die folgenden Quellen: Stewart, Ronald B.: Tragedies from drug therapy. Kapitel III. Charles Thomas, Springfield, Ill. 1985, und McBride, W.: Thalidomide embryopathy. Teratology *16*, 79–82 (1977). Weiterhin Knightley, P., Evans, H., Potter, E. und Wallace, M.: Suffer the children: The story of Thalidomide. Viking Press 1979, Kap. 2: When is a rat asleep?

26) Siehe auch Lenz, W. und Knapp, K.: Foetal malformations due to thalidomide. German Medical Monthly VII, 200–206 (1962). Es handelt sich hier um die englische Ausgabe der Deutschen Medizinischen Wochenschrift.

27) Delahunt, C. S. und L. J. Lassen: Thalidomide syndrome in monkeys. Science *146*, 1300–1305 (1964).
Lucey, J. und Behrmann, R.: Thalidomide: effect upon pregnancy in the Rhesus monkey. Science *139*, 1295–1296 (1963).

28) Mossinghoff, G. J.: Health care reform and pharmaceutical innovation. Drug Information Journal *29*, 1077–1090 (1995).
Schwartz, H.: Why research costs are rising so rapidly – the Schwartz view. Scrip Magazine, 15–16, March, 1997.

29) Mathieu, M. et al.: New drug approval in the United States. Parexel, 1995.

30) Hjalmarson, A. und Olsson, G.: Myocardial infarction – effects of β-blockade. Circulation *84*, suppl. VI, 101–107, 1991.

4. Innovationsmanagement

1) Siehe auch Drews, J.: Research in the pharmaceutical industry. Eur. Management J. *7*, 23–30 (1989).

294

2) Wir (Stefan Ryser und Jürgen Drews) sind 1993 der Frage nachgegangen, wie sich gentherapeutische Methoden auf die Arzneimitteltherapie auswirken würden, wenn alle in diesem Jahre unternommenen gentherapeutischen Versuche erfolgreich gewesen wären. Wir kamen damals zu dem Schluß, daß in einem solchen Falle Arzneimittelverkäufe in der Größenordnung von zwölf Milliarden Dollar obsolet werden würden. Auf den pharmazeutischen Markt des Jahres 1993 berechnet, wären dies etwa 17 Prozent der weltweit getätigten Arzneimittelverkäufe gewesen.

3) Siehe dazu: Drews, J.: Science and technology are the prime movers of the pharmaceutical industry. Chimica oggi/chemistry today *12*, 9–13 (1994).

4) Zum Teil nahmen derartige Anstrengungen durchaus skurrile Formen an. Nach den Vorstellungen vieler «Reengineering»-Spezialisten sollten «alle über alles» entscheiden. Zusammenarbeit wurde ganz groß, Sachkenntnis, besonders medizinische und ärztliche Sachkenntnis, recht klein geschrieben. Die Erleichterung und Beschleunigung eines interdisziplinären Prozesses über funktionelle Grenzen hinweg ist ein sehr sinnvolles Anliegen. Allerdings werden bei der Einübung eines dem Gesamtziel verpflichteten Verhaltens oft die Grenzen der Logik verletzt. Wenn man die Durchgängigkeit der Grenzen zwischen Abteilungen und Funktionen dadurch verbessert, daß man die Fachkompetenz negiert oder zumindest vernachlässigt, erzeugt man am Ende «durchgängige» Inkompetenz. Unternehmen, besonders große Unternehmen, haben es schwer, Veränderungen durchzusetzen. Viele Mitarbeiter müssen überzeugt und zu einem neuen Verhalten erzogen werden. Oft verleitet diese Notwendigkeit zu vergröbernder und vereinfachender sprachlicher Darstellung. Ob es sich nun um die Erhöhung der Qualität (quality management), um die Konzentration auf Ziele (management by objectives), um die gezielte Delegation von Aufgaben (management by exception) oder eben um die Verbesserung von Prozessen handelt: immer besteht die Gefahr, daß solche «neuen» Impulse sich einen eigenen Jargon schaffen, der an den manipulativen Sprachgebrauch in totalitären Staaten erinnert. Damit aber vertreibt man die sensibleren und häufig auch intelligenteren Mitarbeiter. Es wird nach allem bisher Gesagten einleuchten, daß Forschung in einem solchen Sprach- und Gedankenklima nicht gedeiht. Bezeichnenderweise nahm die biomedizinische Forschung in totalitären Systemen verglichen mit offenen Gesellschaften eine überwiegend negative Entwicklung.

5) Diese Möglichkeit wird unter den Forschungsleitern der großen Pharmafirmen nicht bestritten. Die Meinung des Autors wird jedoch nicht von allen Forschungsleitern geteilt. Viele sind der Ansicht, daß die Industrie einen ganz neuen Typ von Wissenschaftler anziehen muß, auf den die hier geschilderten Verhaltensmuster nicht unbedingt zutreffen. Sie gehen davon aus, daß der «drug discovery process» sich weitgehend zu einem automatisierten, miniaturisierten und von Computern gestützten Prozeß entwickeln wird. Für diesen Prozeß – so lautet das Argument – wird ein ganz anderer Typ von Forscher benötigt: er zeichnet sich durch hervorragende Kenntnisse in der Informatik, in der Prozeßoptimierung und durch eine fast ausschließlich durch das Ziel (neues Medikament) vorgegebene Motivation aus. Dieser Typ reagiere positiver auf ein von Interdisziplinarität und Geschäftstüchtigkeit geprägtes Umfeld als sein «wissenschaftlich» motivierter Vorgänger.

6) Die Gründung von «Roche Bioscience» auf dem Gelände der von Roche über-
nommenen ehemaligen Firma Syntex in Palo Alto, Kalifornien, folgte diesen
Maximen. Die bisher durchaus positiven Erfahrungen mit dieser Organisations-
form ermutigten Roche, dieselben Grundvorstellungen nun auch auf ihre traditionellen Forschungszentren anzuwenden.

7) Dieser Gesichtspunkt wird auch innerhalb der Industrie zuwenig beachtet. Wissenschaftler, die in die Industrie eintraten, gingen oft ihren wissenschaftlichen
Interessen nach, obwohl es ihnen klar sein mußte, daß sie dabei kaum eine
Chance haben würden, ein neues Medikament zu finden. Und Geschäftsleute
denken häufig, daß sie mehr Resultate erwarten können, wenn sie in ein Arbeitsgebiet oder in ein Projekt mehr Geld investieren. Dieser Zusammenhang aber
besteht nur innerhalb genau zu definierender wissenschaftlicher und technischer
Grenzen.

8) Die in diesem Zusammenhang relevanten Einzelheiten finden sich in dem Buch
von Maxwell, R. A. und Eckhardt, S. B.: Drug discovery. Humana Press, Clifton, N. J. (1990).

9) Wells, J. und deVos, A.M.: Hematopoetic receptor complexes. Ann. Rev. Biochem. *65*, 609–634 (1996). S. besonders S. 624 ff.
Wells und deVos weisen darauf hin, daß ein kleines Molekül sehr wohl in der
Lage sein müßte, die Interaktion von zwei großen Proteinen mit einer relativ
planen Interaktionsebene zu verhindern, weil die Bindungsenergie sich nicht
gleichmäßig über die ganze Fläche einer solchen Interaktion erstreckt, sondern
auf verschiedene, eng umschriebene Areale konzentriert sein kann. Die «Störung» eines solchen Areals könnte auch die Interaktion der Proteine untereinander verhindern. In der Praxis gibt es allerdings kaum Substanzen, die diesen
Umstand ausnutzen.
Clackson, T. und Wells, J.: Science *267*, 383–386 (1995) und Cunningham,
B. C. und Wells, J.: Journal of Molecular Biology *234*, 554–563 (1993).

10) In einer immer mehr von finanziellen Analysen bestimmten Entwicklung ist die
Durchsetzung dieses Prinzips oft schwierig geworden.

11) Wenn dieser «peer review» auch nicht in allen Firmen institutionalisiert ist, so
sorgt doch ein oft sehr dicht gestaffeltes System von auswärtigen Konsulenten
für die «objektive» Beurteilung der eigenen Projekte. Insofern sind die Unternehmen über ein Netz von akademischen Konsulenten zusammengeschlossen.
Durch dieses Netz werden kompetitive Mechanismen wirksam. Information
wird durch die Berater zwar nicht direkt und unter Nennung der betreffenden
Firmennamen weitergegeben. Eine «gut beratene» Firma erfährt aber häufig, ob
sie nach Meinung der Gutachter auf einem bestimmten Gebiet gut im Wettbewerb positioniert ist oder nicht.

12) Die Stichhaltigkeit dieser Angabe kann im einzelnen überprüft werden. Dazu
eignen sich besonders die folgenden Bücher: Sneader, W.: Drug discovery, The
evolution of modern medicines. John Wiley and Sons, New York 1985, sowie
Discoveries in Pharmacology. 2 Bde. Panham, M. J. und Bruinvels, J. (Hrsgb.),
Elsevier, Amsterdam, New York, Oxford 1983.
Es ist immerhin bemerkenswert, daß man heute im Zeitalter der Genomforschung und der kombinatorischen Chemie wieder zum blinden Screening zu-

rückkehren will – allerdings auf einer technisch höheren Ebene. Dennoch bleibt abzuwarten, ob die Umgestaltung der Arzneimittelentdeckung in einen «drug discovery process» den Erfolg haben wird, der dem konventionellen blinden Screening versagt blieb.

13) Die funktionelle Deutung des Genoms wird durch das Studium des Proteoms unter Umständen sehr erleichtert. Durch zweidimensionale Gelelektrophorese lassen sich Proteine heute sauber und reproduzierbar auftrennen. Man kann mit dieser Technik z. B. auch rasch erfassen, welche Proteine unter bestimmten Bedingungen, z. B. nach Bindung eines Liganden durch einen Rezeptor, phosphoryliert werden. Durch eine Teilsequenzierung solcher Proteine kann man auf das Genom zurückverwiesen werden und die Funktion von Genen innerhalb von Regelkreisen oder Signalwegen erkennen.

14) Siehe hierzu die Arbeiten aus dem Labor von Stuart Schreiber; z.B. Chen, K. J. und Schreiber, St.: Combinatorial synthesis and multidimensional NMR spectroscopy: an approach to understanding protein-ligand interactions. Angew. Chemie (Int. Ed.) 34, 953–963 (1995), und Belshaw, P. et al.: Controlling protein association and subcellular localization with a synthetic ligand that induces heterodimerization of proteins. Proc. Natl. Acad. Sci. 93, 4604–4607 (1996).

15) Allerdings sehen die Forschungsleiter großer Firmen zumindest vorläufig den Einsatz von dreißig Prozent des Forschungsbudgets für Zusammenarbeiten und Forschung außerhalb des eigenen Hauses als eine Art Grenze an. Maßgebend für diese Limite ist in erster Linie die Managementzeit, die aufgewendet werden muß, damit die Zusammenarbeiten auch funktionieren, damit also Technologien wirklich assimiliert werden und konkrete Projekte für die eigene Forschung entstehen.

16) Manager, die selbst keine Ärzte oder Wissenschaftler sind, verhalten sich bei der Einrichtung selbständiger Forschungseinheiten oft kontraproduktiv. Sie übersehen, daß Forschung heute ein sich über institutionale Grenzen erstreckender interdisziplinärer Prozeß ist und daß aus der Zusammenarbeit der eigenen Forschungszentren wichtige synergistische Wirkungen resultieren können. Dabei handelt es sich oft um recht banale Dinge, wie um den Austausch von Reagenzien, eine methodische Hilfe oder den Hinweis auf ein anderes Labor, in dem spezifische Unterstützung gefunden werden könnte. Auch bei der Zusammenarbeit mit Dritten ist eine gewisse Koordination und sei es nur eine gegenseitige Information wünschenswert. Der Autor hat oft erlebt, daß ein Lizenzteam einer Filiale ein Land, z. B. Japan, besucht, ohne daß jemand in der Zentrale etwas davon wußte und auf diesen Umstand erst aufmerksam wurde, wenn eine Gruppe aus dem Stammhaus denselben Partner besuchte und nun feststellen mußte, daß ein Team der eigenen Firma bereits Verhandlungen mit dem japanischen Partner geführt hatte. Keine sehr effiziente Art, über Zusammenarbeiten oder Lizenzen zu verhandeln.

17) Schumpeter, J. A.: Business cycles. A theoretical, historical and statistical analysis of the capitalist process. McGraw-Hill, New York 1939.

18) Drews, J.: An innovation strategy for the pharmaceutical industry. Drug News and Perspectives 7 (3), 133–137 (1994).

19) Viele davon findet man bei: Maxwell, R. A. und Eckhardt, S. B.: Drug discovery: A casebook and analysis. Humana Press Clifton, 1990.

20) Siehe auch 4. Innovationsmanagement

21) Mitteilungen der National Institutes of Health: The biomedical research and development price index. Nat. Inst. of Health, Bethesda, MD, USA (1996).

22) Allerdings gibt es hierfür auch Einschränkungen. Oft zeigen «gene knockouts» keinen eindeutigen Phänotyp. Beispiele bieten die Inaktivierungen des Priongens oder des Gens für das β-Amyloid-Vorläuferprotein. Diese Befunde könnten Hinweise auf die starke funktionale Vernetzung verschiedener Genprodukte sein, die dazu führt, daß kaum Ausfälle eintreten, wenn eines dieser Gene inaktiviert wird. Umgekehrt zeigen transgene Tiere häufig sehr pleiotrope Effekte. Auch hier könnte funktionale Vernetzung im Spiel sein. Die medizinische oder pharmakologische Bewertung von Pleiotropen mit genetischen Effekten befindet sich noch in ihren Anfangsstadien.

23) Nach Angaben der Pharmaceutical Research Based Manufacturer's Association (PhRMA), 1996.

24) Die Entwicklung, die sich fortzusetzen scheint, ist noch aus einem anderen Grunde bedenklich. Nehmen wir an, die F+E-Kosten für ein neues Präparat betrügen 500 Millionen Dollar. Wenn man diese Summe mit 10 Prozent verzinst, also zu einem Zinsfuß, den große Unternehmen durchaus erzielen können, wenn sie ihr Kapital auf den internationalen Finanzmärkten arbeiten lassen, dann erhielte man nach 10 Jahren etwas mehr als 1,4 Milliarden Dollar. Da Forschung und Entwicklung aus dem Gewinn vor Steuern bezahlt werden und dieser Ertrag in der Größenordnung von 20–30 Prozent der Verkäufe liegt, müßten grob gerechnet mit dem für 500 Millionen entwickelten Präparat über 10 Jahre hinweg Verkäufe von insgesamt 7 Milliarden Dollar erzielt werden, damit die Entwicklungskosten wieder eingespielt werden. Das bedeutete Verkäufe von 700 Millionen pro Jahr über 10 Jahre hinweg, nur um die Forschungsinvestitionen wieder zu kompensieren. Natürlich ist die Lebensdauer eines erfolgreichen Präparates länger als 10 Jahre. In unserem Beispiel würde man aber erst nach 10 Jahren anfangen, an einem solchen Präparat zu verdienen. Welches Medikament und welche Indikationen erfüllen diesen Anspruch? Nur neuartige Stoffe, die überaus häufige und ernste Krankheiten beeinflussen, kommen überhaupt in Betracht. Medikamente gegen viele ernste und gar nicht so seltene Krankheiten hätten unter diesen Bedingungen kaum eine Chance, entwickelt zu werden. Wenn die Entwicklungskosten nicht drastisch gesenkt werden – und dies kann nur durch eine grundlegende Revision des Prozesses geschehen –, wird die Industrie sich allmählich von ihren eigenen angestammten Arbeitsgebieten ausschließen. Siehe auch 5. Die Zukunft von Forschung und Entwicklung.

5. Die Zukunft von Forschung und Entwicklung

1) Statistische Jahrbücher der Bundesrepublik Deutschland 1992–1996 (Rote Zahlen)

2) Angaben der National Institutes of Health: The biomedical research and development price index. Nat. Inst. of Health, Bethesda, MD, USA (1996).

3) Die Anteile der Arzneimittelkosten an den Gesundheitskosten der betreffenden

Länder betrugen 1993 in den USA 8,5%, im Vereinigten Königreich 15,5%, in Deutschland 18,6%, in den Niederlanden 11,5%, in Kanada 14,7%, in Frankreich 16,3% und in Italien 11,6%. Quelle: www.pharma.org/facts/industry/chapter4/htm.

4) Eine in mehreren Heften des New Engl. J. Med. erschienene kritische Analyse zu diesem Thema stammt von David Blumenthal: Quality of care. What is it? New Engl. J. Med. *335*, 891–893 (1996); Measuring quality of care. Ebd. *335*, 966–969; Improving the quality of care. Ebd. *335*, 1060–1062; The origins of the quality of care debate. Ebd. *335*, 1146–1148.

5) Diese Studie ist an zwei Stellen publiziert worden. Eine ausführliche Schilderung der Methode findet sich in: Drews, J. und Ryser, St.: Drug Information Journal *30*, 97–108 (1996).

Eine Zusammenfassung und strategische Bewertung bei: Drews, J.: The impact of cost containment on pharmaceutical research and development. Tenth Centre of Medicines Annual Lecture, June 1995 (zu beziehen bei: CMR, Woodmanssterne Rd., Carshalton, Surrey, SM5 4DS, UK. Fax: +44 181–770 7958).

6) Jan Leschly, Chief Executive Officer von SmithKline und Beecham, kam mit einem etwas veränderten Ansatz zu vergleichbaren Ergebnissen.

7) Siehe auch 5. Die Zukunft von Forschung und Entwicklung.

8) Drews, J.: Die Führung von Mitarbeitern in Innovationsprozessen. NZZ 211, Nr. 123, S. 65, 1990.

9) Brunt, J.: BioWorld Financial Watch, Jan. 22, 1996.

10) Siehe hierzu auch 5).

11) Public funding for basic biomedical research. Science *274*, 491 (1996), 25. Oktober.

12) Blumenthal, D. et al.: Relationships between academic institutions and industry in the life sciences / an industrial survey. New Engl. J. Med. *334*, 368–373 (1996).

13) Einige «Medical Schools» in den USA wollen eigene Firmen (Verwertungsgesellschaften) gründen. Diese Gesellschaften sollen die Aufgabe haben, Resultate aus der Universität entweder direkt an die Industrie zu verkaufen oder solche Resultate auf eigene Kosten weiterzuentwickeln. Anschließend sollen sie dann an die Industrie verkauft oder in Lizenz vergeben werden. Die beteiligten Hochschullehrer könnten durch Aktienbesitz an den Gesellschaften beteiligt werden und dadurch auch von der kommerziellen Auswertung ihrer eigenen Ideen und Resultate profitieren. Die Verwertungsgesellschaften sollen von einem unabhängigen Management geleitet werden. Die Universität, so lautet eines der diskutierten Modelle, kann Anteile an der Verwertungsgesellschaft besitzen, sollte aber nicht Mehrheitsaktionär sein.

Eine ähnliche Idee ist im Rahmen des BioRegio-Wettbewerbs von der Heidelberger Arbeitsgruppe vorgestellt worden. (Antrag der Bioregion Rhein-Neckar Dreieck zum BioRegio-Wettbewerb 1996.)

14) Siehe hierzu die von dem Beratungsunternehmen Ernst and Young herausgegebenen Jahresberichte über den Status der Biotechindustrie in den Vereinigten Staaten und in Europa.

15) Die geographische Verteilung dieser Unternehmen steht im umgekehrt propor-

tionalen Verhältnis zu dem Widerstand, den man in den verschiedenen europäischen Ländern der Entwicklung der Biotechnologie in den Weg stellt. England (UK) beherbergt mit großem Abstand die meisten dieser Firmen, gefolgt von Frankreich und den Beneluxländern. Deutschland lag lange Zeit am untersten Ende der Rangliste. Erst in allerjüngster Zeit haben sich hier Veränderungen ergeben. Zu den für die Ansiedlung von Biotechfirmen wichtigen Standortfaktoren gehören: die Verfügbarkeit von Kapital, vor allem von Wagniskapital, niedrige Unternehmenssteuern, finanzielle Anreize für die Mitarbeiter, ein gutes wissenschaftliches Umfeld, das unternehmerischen Aktivitäten interessiert gegenübersteht, sowie eine freundlich eingestellte Öffentlichkeit und ein günstiges regulatorisches Klima. An allen diesen Faktoren hat es in den deutschsprachigen Ländern Europas lange Zeit gefehlt. Dadurch ist ein wesentlicher Rückstand gegenüber den USA entstanden, der nicht mehr einzuholen sein wird. Durch konzentrierte Anstrengungen sollte es jedoch möglich sein, in einigen Jahren etwa das Niveau von Frankreich oder England (Vereinigtes Königreich) zu erreichen. Siehe hierzu auch Unterlagen zum BioRegio-Wettbewerb des BMFT 1996.

16) Siehe auch: Drews, J.: The changing roles of industry and academia. Scrip Magazine, June 1993.

17) Siehe auch Drews, J.: Strategic choices facing the pharmaceutical industry: a case for innovation. Drug Discovery Today 2, 72–78 (1997).

18) Drews, J.: Ebd., und: An innovation strategy for the pharmaceutical industry. Drug News and Perspectives 7 (3), 133–137 (1994).

19) Fish, D. et al.: Development of resistance during antimicrobial therapy: A review of antibiotic classes and patient characteristics in 173 studies. Pharmacotherapy 15 (3): 279–291 (1995).
Cohen, M. L.: Epidemiology of drug resistance: implications for a post-antimicrobial era. Science 257, 1050–1055 (1992). Siehe auch das Editorial: The microbial wars von Daniel E. Koshland, ebenfalls in Science 257, 21. August 1992, und Neu, H. C.: The crisis in antibiotic resistance. Ebd. 257, 1064–1073 (1992).

20) Eine kurze Darstellung der unterschiedlichen Ursprünge von Wissenschaft und Technik in: Drews, J.: Erkennen oder Handeln? Wissenschaftsverständnis im Wandel. In: Forschung bei Roche. J. Drews und F. Melchers Hrsgb., Editiones Roche 1989. Ausführlicher in: Böhme, G. et al.: Starnberger Studien: Die gesellschaftliche Orientierung des wissenschaftlichen Fortschritts. Edition Suhrkamp, Frankfurt/Main 1978.

21) Ebd.: Böhme, G. und Daele, W. v. d.: Die Verwissenschaftlichung von Technologie. S. 339–375 (1978).

22) Siehe Kapitel 2.

22) Siehe auch Drews, J.: Scrip Magazine, Juni 1993.

23) Genentech ist ein typisches Beispiel. Aus den «Spielprojekten» sind im Laufe der Jahre mehrere Entwicklungssubstanzen hervorgegangen.

Glossar

Abszeß	bakterielle Infektion mit eitriger Einschmelzung.
ACE-Inhibitoren	(Angiotensin-Converting-Enzyme-Inhibitoren) Stoffe, die die Umwandlung von Angiotensin II in das wirksamere Angiotensin I verhindern.
Acetolamid	ein harntreibendes Medikament.
Adrenerg	Stoffe oder Rezeptoren, die adrenalinähnliche Wirkungen erzeugen oder übermitteln.
Adrenotrop	auf die Nebennierenmarkhormone Epinephrin oder Norepinephrin reagierend.
Agonist	Stoff, der an einem Rezeptor eine positive (meist erregende) Wirkung auslöst.
Amnesie	Vergeßlichkeit.
Amphetamine	zentralerregende Stoffe.
Analgesie, Analgetikum	schmerzverhindernde oder -dämpfende Maßnahmen und dazu geeignete Medikamente.
Anämie	Blutarmut.
Anästhesie	Schmerzlosigkeit.
Antagonist	Stoff, der eine agonistische Wirkung verhindert.
Antifungal	gegen Pilze gerichtet, z. B. *antifungale* Chemotherapie.
Antisepsis	Verfahren der Keimabtötung durch Versprühung von Karbolsäure (Phenol).
Antitussiva	Mittel gegen Husten.
Arrhythmie	unregelmäßiger Herzschlag.
β-Laktame	Antibiotika, die einen β-Laktam-Ring enthalten. Dazu gehören Penicilline und Cephalosporine .
Benzodiazepine	Beruhigungsmittel mit einer bestimmten Struktur.
β-Blocker	Stoffe, die β-Rezeptoren blockieren. Verhindern bestimmter Wirkungen des Adrenalins.
Bioassay	Funktionstest, der auf der Reaktion von Zellen beruht (im Unterschied zu rein biochemischen Tests).
Blutplasma	nicht geronnenes, aber von allen zellulären Bestandteilen befreites Blut.
Bradykardie	langsamer Herzschlag.
Carboanhydrase	Enzym, das aus Kohlensäure Wasser und CO_2 freisetzt.
Chrysoidin	Farbstoff. Chemisch handelt es sich bei dem Chrysoidin um ein dem Prontosil, dem ersten Sulfonamid, ähnlichen Stoff.
Cytoskelett	Proteine, die einer Zelle einerseits Halt, andererseits Beweglichkeit verleihen.

Darstellung *(von Substanzen)*	Herstellung, Gewinnung in reiner, einheitlicher Form.
Dialyse	Blutwäsche (bei Nierenversagen).
Dilatator pupillae	Muskel, der die Pupille erweitert.
Diploid	Zahl der Chromosomen in einer normalen Körperzelle.
Diuretika	harntreibende Stoffe.
DNA	Desoxyribonukleinsäure – genetisches Material.
DNase	Enzym, das DNA spaltet.
Drug delivery	Maßnahmen, die dafür sorgen, daß ein Arzneimittel an den Ort seiner Wirkung gelangt.
Endothelin	Hormon, das die Gefäße bei Verletzungen engstellt. Endothelinantagonisten sind demnach gefäßerweiternde Stoffe.
Ephedra	Pflanzenarten, die Ephedrin enthalten.
Epidemiologie	Lehre von der Häufigkeit und der Verbreitung von Krankheiten.
Episomal	nicht in die Chromosomen aufgenommene genetische Information.
Erysipel	Streptokokkenentzündung der Haut und Unterhaut. Auf deutsch: Wundrose.
Erythropoetin	Faktor, der die Bildung von roten Blutzellen stimuliert.
Eukaryont	Zellen mit einem ausgebildeten Zellkern (im Gegensatz zu Bakterien oder Prokaryonten).
Expression, exprimieren	Aktivierung von Genen in bestimmten Zellen oder Organismen.
Exzitatorisch	erregend.
FDA	Federal Drug Agency – amerikanische Zulassungsbehörde für Medikamente.
Federal Drug Agency	Amerikanische Arzneimittelbehörde.
Filariose	tropische Wurmerkrankung.
Furosemid	harntreibendes Mittel, sogenanntes «Loop»-Diuretikum.
G-CSF	koloniestimulierender Faktor, der die Bildung von weißen Blutkörperchen stimuliert.
G-Protein	Element der intrazellulären Signalübermittlung, das mit dem Liganden GTP (Guanosin-5-triphosphat) funktioniert.
Gangrän	Absterben von Gewebe.
GM-CSF	koloniestimulierender Faktor, der die Bildung von Granulozyten und Monozyten anregt.
Grampositiv, -negativ	Farbverhalten bei der Färbung nach Hans Gram (dänischer Arzt, 1853–1938). Wird zur Klassifizierung von Bakterien benutzt.
Hämatologie	Lehre vom Blut und von den Blutkrankheiten.
Haploid	bezieht sich auf den Chromosomensatz der Keimzellen, der nur die Hälfte des normalen diploiden Chromosomensatzes beträgt.

Hepatitis — durch Viren verursachte Leberentzündung. Häufigste Formen: Hepatitis A, Hepatitis B und Hepatitis C. Die beiden zuletzt genannten Infektionen werden durch Blutkontakte übertragen.

Histologie — Gewebskunde. Beschäftigt sich mit der mikroskopischen und submikroskopischen Gewebsstruktur.

Humoral — durch Körpersäfte bedingt.

Hydrochlorothiazide — diuretische (harntreibende) Medikamente, die die Rückresorption von Natrium an den distalen Nierenkanälchen verhindern.

Hypercholesterinämie — erhöhter Cholesterinspiegel im Blut. Ist ein Risikofaktor für Herz- und Kreislaufkrankheiten.

Hypernephrom — bösartiger Nierentumor (Carcinom).

Hypertonie — Bluthochdruck.

Hypnotikum — Schlafmittel.

In situ — am natürlichen Ort befindlich.

IND — Investigational New Drug Application. Antrag auf erste klinische Untersuchung eines neuen Medikamentes.

Indikation — Heilanzeige. Grund zur Verordnung eines bestimmten therapeutischen Verfahrens.

Infestation — Infektion mit Parasiten.

Integrine — an der Oberfläche vieler Zellen gelegene Proteine, die den Zusammenhalt von Zellen in Geweben bedingen oder das Haften einer Zellart an einer anderen bewirken.

Interleukin-3 — koloniestimulierender Faktor mit breitem Wirkungsspektrum.

Ionenkanal — Öffnung in der Zellmembran, durch die elektrisch geladene Partikel (Anionen oder Kationen) die Zelle betreten oder verlassen können.

Ipecacuanha — Pflanze, in deren Wurzeln Emetin vorkommt.

Isomere — Stoffe mit gleicher Summenformel, aber Unterschieden in der Strukturformel.

Kalziumantagonisten — Stoffe, die den Einstrom von Kalzium durch bestimmte Kalziumkanäle verhindern.

Klonieren — Vereinzelung und anschließende Vermehrung von Genen.

Kodieren — Information enthalten für ein Protein.

Koloniestimulierende Faktoren — Hormone, welche die Neubildung von Blutzellen stimulieren.

Makrolide — chemische Struktur. Antibiotika mit dieser Struktur haben ein überwiegend grampositives Wirkungsspektrum.

Miasmen — giftige Dämpfe, die nach älteren, heute nicht mehr haltbaren Vorstellungen Infektionskrankheiten auslösten.

Mutagen	Stoff, der Änderungen im Erbgut erzeugt.
National Institutes of Health (NIH)	staatliche Forschungseinrichtung in den USA.
Neuroleptika	Substanzen, die in der Schizophreniebehandlung Verwendung finden.
NMDA-Rezeptor	N-Methyl-D-Aspartat-Rezeptor. Rezeptor im Gehirn, der auf sogenannte exzitatorische (erregende) Aminosäuren reagiert.
Nosologie	Lehre von den Krankheiten.
Nuclear magnetic resonance (NMR)	Kernresonanz. Bildgebendes Verfahren in der Diagnostik.
Nukleär	dem Zellkern zugehörig.
Obesitas	Fettsucht.
Perkussion	Bestimmung der Lage und Ausdehnung von Organen durch äußeres Beklopfen des Körpers.
Phänotyp	Erscheinungsbild im Unterschied zum Genotyp, der Summe der Erbeigenschaften.
Phenothiazine	chemische Stoffklasse. Viele Angehörige dieser Klasse werden in der Behandlung von Psychosen eingesetzt.
Polyarthritis	chronischer Gelenkrheumatismus.
Portfolio	in der Pharmaindustrie die Gesamtheit aller in der Forschung oder in der Entwicklung befindlichen Präparate (Forschungs- oder Entwicklungsportfolio).
Positron-Emissions-Tomographie	bildgebendes Verfahren, bei dem Organe und Gewebe in großer Deutlichkeit dargestellt werden können.
Prävalenz	Häufigkeit einer Krankheit in einer Bevölkerung zu einem bestimmten Zeitpunkt.
Promotor	Abschnitt auf der DNA, der einem Gen oder einer Gengruppe vorgeschaltet ist und bei Bindung eines Transkriptionsfaktors die Aktivierung der nachgeschalteten Gene bewirkt.
Proteasehemmer	Hemmstoff für Proteasen, z. B. ACE-Hemmer, Hemmer von Virusproteasen = antivirale Substanzen.
Psychose	Geisteskrankheit mit Verkennung der Wirklichkeit.
Razemat	Gemisch aus der optisch links- und rechtsdrehenden Form einer Substanz.
Reflextachykardie	eine durch Blutdrucksenkung erzeugte Beschleunigung des Herzschlages.
Rekombinante Proteine	durch Genrekombination gewonnene Proteine.
Remission	Verschwinden von Tumorsymptomen nach Therapie.
Renal	von den Nieren ausgehend.
Reverse Transkriptase	Schlüsselenzym in Retroviren. Damit wird die Ribonukleinsäure des Virus in DNA umgeschrieben.
Rezeptor	Bindungsstelle für bestimmte zum Rezeptor passende Moleküle.
Sedativum	Beruhigungsmittel.

Segregation	Aufspaltung des genetischen Materials bei der Zellteilung oder von einer Generation auf die Nächste.
Serendipity	glücklicher Zufall. Der Ausdruck ist einer Geschichte von Hugh Walpole entlehnt, in der drei Prinzen von Serendip lauter Dinge finden, die sie gar nicht suchten.
Spasmodisch	krampfhaft.
Subarachnoidalblutung	Blutung in die Hirnhäute durch Zerreißen eines Blutgefäßes.
Sympathikomimetisch	s. adrenotrop.
Teratogenität	Einflüsse, die zu Mißbildungen führen.
Tetrazykline	Breitbandantibiotika von typischer Struktur, die vier aromatische Ringe enthält.
Thrombolyse	Auflösung von Thromben, Blutgerinnseln.
Thrombose	Blutgerinnsel in einem Blutgefäß.
TNF-Rezeptoren (siehe auch Tumor. Necrosis Factor)	Andockstellen für TNF.
Tomographie	bildgebendes Verfahren, bei dem der gesamte Körper oder Körperbereiche in dicht aufeinanderfolgenden Querschnitten dargestellt werden.
Toxizität	Giftigkeit.
Tranquilizer	Beruhigungsmittel, enthält meistens Benzodiazepine.
Transfektion	Einschleusung von DNA in lebende Zellen.
Transgen	ein in die Keimbahn eines anderen Tieres (Tierart) eingeschleustes Gen.
Transkription	die Umschreibung von DNA in RNA.
Transkriptionsfaktor	Protein, das nach Bindung an einen Promotor die Transkription eines Gens aktiviert.
Translation	die Übersetzung von Messenger-RNA in Protein.
Trypanosomen	schlanke, einzellige Flagellaten. Wichtige Krankheitserreger. Trypanosoma gambiense ist der Erreger der afrikanischen Schlafkrankheit.
Tumor Necrosis Factor (TNF-a)	für die Entstehung von Entzündungen verantwortliches Protein.
Vasodilatation	Gefäßerweiterung.
Vasokonstriktion	Engstellung der Gefäße.
Vasospasmus	Gefäßkrampf.
Vigilanz	Wachheit.
Xenotransplantation	Transplantation von Organen über Artgrenzen hinweg, z. B. Verpflanzung einer Affenniere auf den Menschen.
Zentimorgan	Strecke auf dem Erbmaterial, innerhalb deren nur noch in 1 Prozent aller Fälle der Austausch von genetischem Material stattfindet («cross-over»). Entspricht beim Menschen einer Million Basenpaaren.
Zona glomerulosa	Schicht in der Nebennierenrinde, in der das salzsparende Hormon Aldosteron hergestellt und sezerniert wird.

Index

Parasitotrop   80, 81
Parkinson   63, 129
Pasteur, Louis   76, 92
Pasteurella pestis   87
Patent   168
Patienteninitiative   34
Peer review   213, 215
Pelletier, Joseph   50f.
Penicilin   79, 89, 91, 178, 199, 272
Penicillium notatum   86
Peptidomimetika   146
Perkin, William Henry   74
Pflanzenextrakt   37, 42
Phänotyp   112, 122, 127, 131
Pharmaindustrie   25, 37, 199, 100,
    204, 208, 242, 244, 248, 255,
    263, 276, 278
Pharmakologie   41f., 71, 92, 96, 107,
    153, 188
    experimentelle   50, 58, 63f., 66
Pharmakovigilanz   171
Pharmamanagement   207
Pharmazie   42, 199
Phenacetin   59
Phenazon   53
Phenothiazin   226
Phokomelie   175, 181f.
Phosphatase   217f.
Physik   102
Physiologie   41, 64f., 69, 100, 107,
    153
Pilz, pathogener   193
Placebo   163, 165
Plasmaprotein   57
Plasmid   114
Plasmodium 53, 80
Plaut-Vincent-Angina   88
Pneumokokken   91, 131
Polyaethylenglykol   137
Polyarthritis   208
Polymerasekettenreaktion   110, 121,
    164, 267, 269
Popper, Karl   76
Positron-Emissions-Tomographie
    (PET)   20
Produktivität   204, 258, 272

Produkthypothese   188
Projekt
    präinkubiertes   257, 280
    präklinisches   257
Projektmanagement   197, 214
Prontosil   83, 149, 226
Proof of concept   207, 222f.
Protein   92, 152
    als Medikament   98
    cytoskeletales   218
    lösliches   98f.
    rekombinantes   98, 130, 199,
        248, 252
Proteasehemmer   29
Proteaseinhibitor   163
Protozoen   81
Provirus   134
Pseudomonas pyocyanea   87
Psychiatrie   20
Psychopharmaka   20, 98
Pulmozyme   28
Pyocyanase   87

Q

Qualitätskriterien   166
Quotienten, therapeutische   82

R

Randall, Lowell   261
Ranitidin   17
Razemat   179
RDA (recommended daily allowance)
    23
Reduktion   92, 121
Reduktionismus   66
Reflextachykardie   227
Registrierung   261
Renin   145
Rentabilität   30
Resistenz   90
Restriktionsenzym   114
Rezeptor   92, 96f., 218
Rezeptorantagonist   148
Rhesusaffe   184

314

Nanotechnologie – Science-fiction?

Ein Motor, der 0,000 000 001 Meter mißt und läuft und läuft, komplizierte Maschinen, die nur einige Millionstel Millimeter groß sind und als Miniroboter das Immunsystem in Ihrem Körper verstärken. Undenkbar? Science-fiction? Nein – Nanotechnologie.

Ein Nanometer ist der millionste Teil eines Millimeters; dies ist in etwa die Größenordnung, in der sich einzelne Atome zu Molekülen zusammenstellen. Nanotechnologie ist eine neue Form von Technik, die in diesem Maßstab operiert. Sie arrangiert – nach dem Vorbild der Natur – einzelne Atome zu Verbänden. So wie lebende Zellen die kniffligsten technischen Probleme scheinbar mühelos bewältigen, werden auch die Nanomaschinen komplexeste Aufgaben auf kleinstem Raum ausführen können. Die Folgen sind unabsehbar. Wieder einmal, so scheint es, stehen wir am Anfang einer wissenschaftlich-technischen Revolution. Dies zumindest verkünden die Propheten der neuen Wundertechnik.

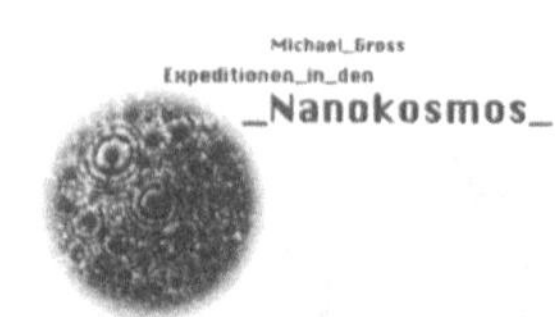

Michael Groß erklärt auch für den Laien verständlich, was sich hinter dem Begriff verbirgt, und was Nanotechnologie in Gegenwart und Zukunft leisten kann.

Michael Groß
Expeditionen in den Nanokosmos
Die technologische Revolution
im Zellmaßstab
196 Seiten, 30 sw-Abbildungen.
Gebunden mit Schutzumschlag
ISBN 3-7643-5209-4